应用型本科规划教材

传感器与检测技术

（第二版）

主　编　马修水

副主编　钟伟红　陈　琢　刘西琳

主　审　徐科军

ZHEJIANG UNIVERSITY PRESS
浙江大学出版社

内 容 提 要

本书包括自动检测技术的基础知识、传感器原理与应用和检测仪表三部分内容。第一部分介绍传感器与检测技术的基本概念、测量误差与数据处理以及传感器的静动态特性。第二部分介绍电阻式传感器、电感式传感器、电容式传感器、磁电式传感器、压电式传感器、光电式传感器的工作原理与应用。第三部分介绍温度检测、流量检测和物位检测。

本书可以作为自动化、电气工程及自动化、测控技术与仪器等专业的本科生教材，也可供相关领域的工程技术人员参考。

图书在版编目(CIP)数据

传感器与检测技术/马修水主编. —杭州：浙江
大学出版社，2012.12(2022.8 重印)
ISBN 978-7-308-10871-3

Ⅰ. ①传… Ⅱ. ①马… Ⅲ. ①传感器－检测 Ⅳ.
①TP212

中国版本图书馆 CIP 数据核字（2012）第 286689 号

传感器与检测技术（第二版）

主编　马修水

责任编辑　王　波
出版发行　浙江大学出版社
　　　　　（杭州市天目山路 148 号　邮政编码 310007）
　　　　　（网址：http://www.zjupress.com）
排　　版　杭州青翊图文设计有限公司
印　　刷　杭州高腾印务有限公司
开　　本　787mm×1092mm　1/16
印　　张　15
字　　数　365 千
版 印 次　2012 年 12 月第 2 版　2022 年 8 月第 9 次印刷
书　　号　ISBN 978-7-308-10871-3
定　　价　39.00 元

应用型本科院校自动化专业规划教材

编　委　会

总　序

　　近年来我国高等教育事业得到了空前的发展,高等院校的招生规模有了很大的扩展,在全国范围内涌现了一大批以独立学院为代表的应用型本科院校,这对我国高等教育的全方位、持续、健康发展具有重大的意义。

　　应用型本科院校以着重培养应用型人才为目标,开设的大多是一些针对性较强、应用特色明确的本科专业,但目前所采用的教材大多是直接选用普通高校的那些适用于研究型人才培养的教材。这些教材往往过分强调系统性和完整性,偏重基础理论知识,而对应用知识的传授却不足,难以充分体现应用型本科人才的培养特点,无法直接有效地满足应用型本科院校的实际教学需要。

　　浙江大学出版社认识到,高校教育层次化与多样化的发展趋势对出版社提出了更高的要求,即无论在选题策划,还是在出版模式上都要进一步细化,以满足不同层次的高校的教学需求。应用型本科院校是介于研究型本科与高职之间的一个新兴办学群体,它有别于普通的本科教育,但又不能偏离本科生教学的基本要求,因此,教材编写必须围绕本科生所要掌握的基本知识与概念展开。但是,培养应用型与技术型人才又是应用型本科院校的教学宗旨,这就要求教材改革必须有利于进一步强化应用能力的培养。

　　在人类科技进步的历史进程中,自动化科学和技术的产生改变了人们的生产方式和工作方式,控制和反馈思想则一直影响着人们的思维方式。蒸汽机和电机的应用,延伸了人的体力劳动,推动了自动化技术的发展,催生了工业革命,使人类社会通过工业化从农业社会发展到工业社会。而现代信息技术的应用,则延伸了人的脑力劳动,引发了以数字化、自动化为主要特征的新的工业革命,使人类社会通过信息化从工业社会发展到信息社会。信息时代的自动化技术有了更加宽广的应用领域和难得的发展机遇。为了满足当今社会对自动化专业应用型人才的需要,国内百余所应用型本科院校都设置了自动化及相关专业。

　　针对这一情况,浙江大学出版社组织了十几所应用型本科院校自动化类专业的教师共同开展了"应用型本科自动化专业教材建设"项目的研究,共同研究目前教材的不适应之处,并探讨如何编写能真正做到"因材施教"、适合应用型本科层次自动化类专业人才培养的系列教材。在此基础上,组建了编委会,确定共同编写"应用型本科院校自动化专业规划教材"系列。

本套规划教材具有以下特色:

在编写的指导思想上,以"应用型本科"学生为主要授课对象,以培养应用型人才为基本目的,以"实用、适用、够用"为基本原则。"实用"是对本课程涉及的基本原理、基本性质、基本方法要讲全、讲透,概念准确清晰。"适用"是适用于授课对象,即应用型本科层次的学生。"够用"就是以就业为导向,以应用型人才为培养目的,讲透关键知识点,达到理论够用,不追求理论深度和内容的广度。突出实用性、基础性、先进性,强调基本知识,结合实际应用,理论与实践相结合。

在教材的编写上重在基本概念、基本方法的表述。编写内容在保证教材结构体系完整的前提下,注重基本概念,追求过程简明、清晰和准确,重在原理,压缩繁琐的理论推导。做到重点突出、叙述简洁、易教易学。还注意掌握教材的体系和篇幅能符合各学院的计划要求。

在作者的遴选上强调作者应具有丰富的应用型本科教学经验,有较高的学术水平并具有教材编写经验。为了既实现"因材施教"的目的,又保证教材的编写质量,我们组织了两支队伍,一支是了解应用型本科层次的教学特点、就业方向的一线教师队伍,由他们通过研讨决定教材的整体框架、内容选取与案例设计,并完成编写;另一支是由本专业的资深教授组成的专家队伍,负责教材的审稿和把关,以确保教材质量。

相信这套精心策划、认真组织、精心编写和出版的系列教材会得到广大院校的认可,对于应用型本科院校自动化专业的教学改革和教材建设起到积极的推动作用。

系列教材编委会主任
宋执环
2008 年 11 月 12 日

前　　言

在工农业生产、科学研究、国防建设和日常生活中，人们需要测量一些非电量，例如位移、速度、加速度、力、力矩、温度、压力、流量和物位等，以便及时、准确地获取信息，这就要求能合理选择和善于应用各种传感器和检测仪表。随着高等教育大众化及高等学校的扩招，传统的研究型大学和教学研究型大学自动化专业的本科生教材已不能适应应用型本科人才培养的需要，有必要组织编写适应应用型本科教学需要的教材。《传感器与检测技术》是浙江省自动化学会教学工作委员会、浙江大学出版社组织的应用型本科自动化专业系列教材之一，也是作者在多年从事传感器及检测技术的教学和科学研究基础上编写的。本书在编写过程中，注意与其他课程之间知识点的衔接，对基本概念、基本理论的介绍，注重应用型本科学生认知的特点，以够用为原则，强调工程的概念，从工程应用的角度出发来编写教材，而不是仅仅作为知识点的介绍，同时注重近年来本领域理论和技术的发展，根据本科教学的需要，有选择性地将部分新方法和新技术编入本教材中。

全书内容分三个部分。第一部分介绍自动检测技术的基本知识，包括测量误差和数据处理的基本知识、传感器静动态特性；第二部分系统地介绍各种传感器的原理、结构和应用，目的在于培养学生使用各类传感器的能力；第三部分介绍传感器在工程检测中的应用。将传感器和工程检测方面的知识有机地结合起来，以温度检测、流量检测和物位检测为例，使学生能够进一步应用传感器方面的知识解决工程检测中的具体问题。

本书作为应用型本科自动化专业规划系列教材之一，2009年被评为浙江省十一五重点建设教材。浙江省自动化学会教学工作委员会副主任、浙江大学教授、浙江大学宁波理工学院专业责任教授宋执环为系列教材的编写，特别是本教材的编写倾注了大量的心血。本书由合肥工业大学徐科军教授担任主审。徐教授仔细审阅了书稿，并提出了许多宝贵的修改意见。本书第一次印刷后，曾多次召集编写人员及有关任课教师进行研讨，对书中存在的问题进行修订，同时讨论了第2版的编写大纲及目录。

　　本书由浙江大学宁波理工学院马修水担任主编。浙江大学宁波理工学院钟伟红编写了第4章的第1、2、3、4、5节，第7章的第5节和第8章；浙江大学城市学院陈琢编写了第9章；浙江科技学院刘西琳编写了第2章；浙江工业大学应艳杰编写了第3章的第1、3节；中国计量学院何金龙编写了第7章的第2、3、4节；中国计量学院金英莲编写了第7章的第1节和第10章；中国计量学院郑恩辉编写了第5章和第6章；浙江工业大学应艳杰和浙江大学宁波理工学院马修水共同编写了第3章的第2节；浙江大学宁波理工学院马修水编写第1章和第4章的第6节。全书由浙江大学宁波理工学院马修水统稿。在本书编写过程中，参阅了许多专家的教材、著作和论文，还得到了国内外有关企业和同行的支持，在此一并表示衷心的感谢。

　　本书提供配套的电子课件，可登录浙江大学出版社的网站：www.zjupress.com，免费下载。

　　由于编者水平有限，出现差错在所难免，恳请广大读者批评指正。

编　者

2012 年 9 月

目 录

第1章 自动检测的基础知识

1.1 自动检测技术概述

1.1.1 自动检测技术的地位和作用

在科学研究中,一些研究成果必须要通过实验来证实,这就需要一定的测试手段来完成;在工农业生产中,为了保证能正常、高效地生产,也要有一定的测试手段进行生产过程的检查和监视,这些测试手段就是仪器仪表。

关于仪器仪表,最早得到广泛应用的是机械式仪表,以后发展到光学的、电学的仪表等。仪表的发展也是随着科学技术的发展而发展的,每当科学技术前进一步,就要求能够提供新的测试手段,因而推动了仪器仪表的发展,同时,科学技术的成果也为发展新型仪器仪表提供了条件。

由于微电子技术、计算机技术、通信技术及网络技术的迅速发展,对电量的测量技术相应地得到了提高,如准确度高、灵敏度高、反应速度快、能够连续进行测量、自动记录、远距离传输和组成控制网络等。可是,在工程上所要测量的参数大多数为非电量,如机械量(位移、尺寸、力、振动、速度等)、热工量(温度、压力、流量、物位等)、成分量(化学成分、浓度等)和状态量(颜色、透明度、磨损量等)等,因而促使人们使用电测的方法来测量非电量的仪器仪表,研究如何能正确和快速地测量非电量的技术。

由于非电量电测技术具有测量精度高、反应速度快、能自动连续地进行测量、可以进行遥测、便于自动记录、可以与计算机连接进行数据处理、可采用微处理器做成智能仪表、能实现自动检测与转换等优点,在国民经济各部门得到了广泛应用。

在机械制造业中,需要测量位移、尺寸、力、振动、速度、加速度等机械量参数,利用非电量电测仪器,监视刀具的磨损和工件表面质量的变化,防止机床过载,控制加工过程的稳定性。此外,还可用非电量电测单元部件作为自动控制系统中测量反馈量的敏感元件(如光栅尺、容栅尺等)来控制机床的行程、启动、停止和换向。在化工行业需要在线检测生产过程的温度、压力、流量、物位等热工量参数,实现对工艺过程的有效控制,确保生产过程能正常高效地进行,确保安全生产,防止事故发生。在烟草行业,如卷烟包装等自动化生产线,利用非电量电测技术,监控产品质量,剔除废品,并在线统计产品的产量、合格率等管理信息,为生产自动化、管理现代化提供可靠的技术保障。在环境保护等部门需要检测物质的化学成分、浓度等成分量。在现代物流行业,如在控制搬运机器人作业过程中,需要实时地检测工件安放的位置参数,以便准确地控制执行机构工作,可靠地安放货物。在科学研究和产品开发中,将非电量电测技术应用到逆向设计和逆向加工过程中,可缩短产品设计和开发周期。甚至在文物保护领域,研究人员已开始用非电量电测技术进行文物的保护和修复。

综上所述,自动检测技术与我们的生产、生活密切相关。它是自动化领域重要的组成部分,尤其在自动控制中,如果对控制参数不能有效准确地检测,控制就成为无源之水、无本之木。

1.1.2　自动检测系统的组成

在自动检测系统中,各个组成部分常以信息流的过程划分,一般可分为信息的提取、转换、处理和输出几个部分。它首先要获取被测量的信息,把它变换成电量,然后把已转换成电量的信息进行放大、整形等处理,再通过输出单元(如指示仪和记录仪)把信息显示出来,或者通过输出单元把已处理的信息送到控制系统其他单元使用,成为控制系统的一部分等。其组成框图如图1.1.1所示。

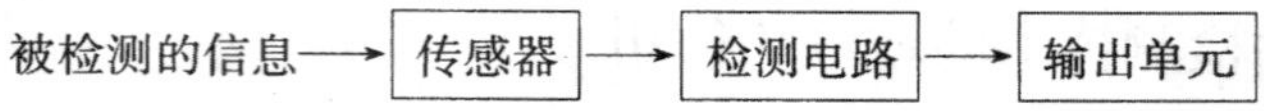

被检测的信息 ⟶ 传感器 ⟶ 检测电路 ⟶ 输出单元

图1.1.1　检测系统的组成

在检测系统中,传感器是把被测非电量转换成为与之有确定对应关系,且便于应用的某些物理量(通常为电量)的检测装置。传感器获得信息的正确与否,关系到整个检测系统的精度,如果传感器的误差很大,即使后续检测电路等环节精度很高,也难以提高检测系统的精度。

检测电路的作用是把传感器输出的变量变换成电压或电流信号,使之能在输出单元的指示仪上指示或记录仪上记录;或者能够作为控制系统的检测或反馈信号。测量电路的种类常由传感器类型而定,如电阻式传感器需用一个电桥电路把电阻值变化变换成电流或电压值变化输出,由于电桥输出信号一般比较微弱,常常要将电桥输出信号加以放大,所以在检测电路中一般还带有放大器。

输出单元可以是指示仪、记录仪、累加器、报警器、数据处理电路等。若输出单元是显示器或记录器,则该检测系统为自动测量系统;若输出单元是计数器或累加器,则该检测系统为自动计量系统;若输出单元是报警器,则该检测系统为自动保护系统或自动诊断系统;如果输出单元是处理电路,则该检测系统为部分数据分析系统,或部分自动管理系统,或部分自动控制系统。

1.1.3　自动检测技术的发展趋势

随着微电子技术、通信技术、计算机网络技术的发展,对自动检测技术也提出了越来越高的要求,也进一步推动了自动检测技术的发展,其技术发展趋势主要有以下几个方面。

(1) 不断提高仪器的性能、可靠性,扩大应用范围。随着科学技术的发展,对仪器仪表的性能要求也相应地提高,如提高其分辨力、测量精度,提高系统的线性度、增大测量范围等,使其技术性能指标不断地提高,应用领域不断扩大。

(2) 开发新型传感器。开发新型传感器主要包括:利用新的物理效应、化学反应和生物功能来研发新型传感器,采用新技术、新工艺填补传感器空白,开发微型传感器,仿照生物的感觉功能研究仿生传感器等。

（3）开发传感器的新型敏感元件材料和采用新的加工工艺。

新型敏感元件材料的开发和应用是非电量电测技术中的一项重要任务,其发展趋势为:从单晶体到多晶体、非晶体,从单一型材料到复合型材料,原子(分子)型材料的人工合成。其中,半导体敏感材料在传感器技术中具有较大的技术优势,陶瓷敏感材料具有较大的技术潜力,磁性材料向非晶体化、薄膜化方向发展,智能材料的探索在不断地深入。智能材料指具备对环境的判断和自适应功能、自诊断功能、自修复功能和自增强功能的材料,如形状记忆合金、形状记忆陶瓷等。

在开发新型传感器时,离不开新工艺的采用。如把集成电路制造工艺技术应用于微型传感器的制造。

（4）微电子技术、微型计算机技术、现场总线技术与仪器仪表和传感器的结合,构成新一代智能化测试系统,使测量精度、自动化水平进一步提高。

（5）研究集成化、多功能化和智能化传感器或测试系统。

传感器集成化主要有两层含义:一是同一功能的多元件并列化,即将同一类型的单个传感元件在同一平面上排列起来,排成一维构成线型传感器,排成二维构成面型传感器(如CCD)。另一层含义是功能一体化,即将传感器与放大、运算及温度补偿和信号输出等环节一体化,组装成一个器件(如容栅传感器动栅数显单元)。

传感器多功能化是指一器多能,即用一个传感器可以检测两个或两个以上的参数。多功能化不仅可以降低生产成本、减小体积,而且可以有效地提高传感器的稳定性、可靠性等性能指标。

传感器的智能化就是把传感器与微处理器相结合,使之不仅具有检测功能,还具有信息处理、逻辑判断、自动诊断等功能。

1.2 传感器概述

1.2.1 传感器定义

传感器是一种以一定精确度把被测量(主要是非电量)转换为与之有确定关系、便于应用的某种物理量(主要是电量)的测量装置。这一定义包含了以下几个方面的含义:① 传感器是测量装置,能完成检测任务;② 它的输入是某一被测量,如物理量、化学量、生物量等;③ 它的输出是某种物理量,这种量要便于传输、转换、处理、显示等,这种量可以是气、光、电量,但主要是电量;④ 输出与输入间有对应关系,且有一定的精确度。

在某些学科领域,传感器又称为敏感元件、检测器、转换器、发讯器等。这些不同提法,反映了在不同的技术领域中,只是根据器件的用途对同一类型的器件使用着不同的技术语而已,它们的内含是相同或相似的。

1.2.2 传感器的组成

传感器一般由敏感元件、转换元件、测量电路三部分组成,组成框图如图1.2.1所示。

被测量 → 敏感元件 → 转换元件 → 测量电路 → 电量

图 1.2.1 传感器组成框图

（1）敏感元件：它是直接感受被测量，并输出与被测量成确定关系的某一物理量的元件。

（2）转换元件：敏感元件的输出就是它的输入，它把输入转换成电路参数。

（3）测量电路：将上述电路参数接入测量电路，并转换成电量输出。

实际上，有些传感器很简单，有些则较为复杂，大多数是开环系统，也有些是带反馈的闭环系统。最简单的传感器由一个敏感元件（兼转换元件）组成，它感受被测量时直接输出电量，如热电偶传感器。有些传感器由敏感元件和转换元件组成，没有测量电路，如压电式加速度传感器。有些传感器，转换元件不止一个，需经过若干次转换。

1.2.3　传感器分类

传感器是一门知识密集型技术，其原理各种各样，与许多学科都有关，种类繁多，分类方法也很多，目前广泛采用的分类方法有以下几种。

（1）按照传感器的工作机理，可分为物理型、化学型、生物型等。

（2）按构成原理，可分为结构型和物性型两大类。

结构型传感器是利用物理学中场的定律构成的，包括力场的运动定律、电磁场的电磁定律等。这类传感器的特点是传感器的性能与它的结构材料没有多大关系，如差动变压器。

物性型传感器是利用物质定律构成的，如欧姆定律等。它的性能随材料的不同而异，如光电管、半导体传感器等。

（3）按传感器的能量转换情况，可分为能量控制型传感器和能量转换型传感器。

能量控制型传感器在信息变换过程中，其能量需外电源供给。如电阻、电感、电容等电路参量传感器都属于这一类传感器。

能量转换型传感器，主要由能量变换元件构成，它不需要外电源。如基于压电效应、热电效应、光电效应、霍尔效应等原理构成的传感器属于此类传感器。

（4）按照物理原理分类，可分为电参量式传感器（包括电阻式、电感式、电容式等）、磁电式传感器（包括磁感应式、霍尔式、磁栅式等）、压电式传感器、光电式传感器、气电式传感器、波式传感器（包括超声波式、微波式等）、射线式传感器、半导体式传感器、其他原理的传感器（如振弦式和振筒式传感器等）。

（5）按照传感器的使用来分类，可分为位移传感器、压力传感器、振动传感器和温度传感器等。

1.3　测量误差

1.3.1　测量误差的概念

1. 有关测量技术中的部分名词

（1）等精度测量：在同一条件下所进行的一系列重复测量称为等精度测量。

（2）非等精度测量：在多次测量中，如对测量结果精确度有影响的一切条件不能完全维持不变的测量称为非等精度测量。

（3）真值：被测量本身所具有的真正值称之为真值。真值是一个理想的概念，一般是不知道的,但在某些特定情况下,真值又是可知的,如一个整圆圆周角为 360°等。

(4) 实际值:误差理论指出,在排除系统误差的前提下,对于精密测量,当测量次数无限多时,测量结果的算术平均值极限接近于真值,因而可将它视为被测量的真值。但是测量次数是有限的,故按有限测量次数得到的算术平均值,只是统计平均值的近似值,而且由于系统误差不可能完全被排除,因此,通常只能把精度更高一级的标准器具所测得的值作为真值。为了强调它并非是真正的真值,故把它称为实际值。

(5) 标称值:测量器具上所标出来的数值。

(6) 示值:由测量器具读数装置所指示出来的被测量的数值。

(7) 测量误差:用测量器具进行测量时,所测量出来的数值与被测量的实际值(或真值)之间的差值。

2. 误差的分类

按照误差出现的规律,可把误差分为系统误差、随机误差(也称为偶然误差)和粗大误差三类。

(1) 系统误差

在同一条件下,多次测量同一量值时绝对值和符号保持不变,或在条件改变时按一定规律变化的误差称为系统误差,简称系差。

引起系统误差的主要因素有:材料、零部件及工艺的缺陷,标准量值、仪器刻度的不准确,环境温度、压力的变化,其他外界干扰。

(2) 随机误差

在同一测量条件下,多次测量同一量值时,绝对值和符号以不可预定的方式变化着的误差称为随机误差。

随机误差是由很多复杂因素的微小变化的总和引起的,如仪表中传动部件的间隙和摩擦,连接件的弹性变形,电子元器件的老化等。随机误差具有随机变量的一切特点,在一定条件下服从统计规律,可以用统计规律来描述,从理论上估计对测量结果的影响。

(3) 粗大误差

超出规定条件下预期的误差称为粗大误差,简称粗差,或称"寄生误差"。

粗大误差值明显歪曲测量结果。在测量或数据处理中,如果发现某次测量结果所对应的误差特别大或特别小时,应判断是否属于粗大误差,如属粗差,此值应舍去不用。

1.3.2　精　度

反映测量结果与真值接近程度的量,称为精度。精度可分为:

(1) 准确度。反映测量结果中系统误差的影响程度。

(2) 精密度。反映测量结果中随机误差的影响程度。

(3) 精确度。反映测量结果中系统误差和随机误差综合的影响程度,其定量特征可用测量的不确定度(或极限误差)表示。

对于具体的测量,精密度高的,准确度不一定高;准确度高的,精密度不一定高。但精确度高,则精密度和准确度都高。

1.3.3　测量误差的表示方法

测量误差的表示方法有以下几种。

1. 绝对误差

绝对误差是示值与被测量真值之间的差值。设被测量的真值为 A_0，器具的标称值或示值为 x，则绝对误差为

$$\Delta x = x - A_0 \tag{1.3.1}$$

由于一般无法求得真值 A_0，故在实际应用时常用精度高一级的标准器具的示值，即实际值 A 代替真值 A_0。x 与 A 之差称为测量器具的示值误差，记为

$$\Delta x = x - A \tag{1.3.2}$$

通常以此值来代表绝对误差。

在实际工作中，经常使用修正值。为了消除系统误差用代数法加到测量结果上的值称为修正值，常用 C 表示。将测得示值加上修正值后可得到真值的近似值，即

$$A_0 = x + C \tag{1.3.3}$$

由此可得

$$C = A_0 - x \tag{1.3.4}$$

在实际工作中，可以用实际值 A 近似真值 A_0，则式(1.3.4)变为

$$C = A - x = -\Delta x \tag{1.3.5}$$

修正值与误差值大小相等、符号相反，测得示值加上修正值可以消除该误差的影响，但必须注意，一般情况下难以得到真值，而用实际值 A 近似真值 A_0，因此，修正值本身也有误差，修正后只能得到较测量值更为准确的结果。

修正值给出的方式不一定是具体的数值，可以是一条曲线、公式或数表。

2. 相对误差

相对误差是绝对误差 Δx 与被测量的约定值之比。相对误差有以下几种表现形式。

（1）实际相对误差

实际相对误差 γ_A 是用绝对误差 Δx 与被测量的实际值 A 的百分比表示的相对误差。记为

$$\gamma_A = \frac{\Delta x}{A} \times 100\% \tag{1.3.6}$$

（2）示值相对误差

示值相对误差 γ_x 是用绝对误差 Δx 与被测量的示值 x 的百分比表示的相对误差。记为

$$\gamma_x = \frac{\Delta x}{x} \times 100\% \tag{1.3.7}$$

（3）满度（引用）相对误差

相对误差可用以说明测量的准确度，但不能评价指示仪表的准确度。对于一个指示仪

表的某一量限来说,标尺上各点的绝对误差相近,指针指在不同刻度上读数不同,所以各指示值的示值相对误差差异很大,无法用示值相对误差评价该仪表。为了划分指示仪表的准确度级别,选择仪表的测量上限,即满度值作为基准,由满度相对误差来评价指示仪表的准确度。

满度相对误差 γ_n 又称满度误差或引用误差,是用绝对误差 Δx 与器具的满度值 x_n 的百分比表示的相对误差。记为

$$\gamma_n = \frac{\Delta x}{x_n} \times 100\% \tag{1.3.8}$$

由于仪表各指示值的绝对误差大小不等,其值有正有负,因此国家标准规定仪表的准确度等级 a 是用最大允许误差来确定的。指示仪表的最大满度误差不许超过该仪表准确度等级的百分数,即

$$\gamma_{nm} = \frac{\Delta x_m}{x_n} \times 100\% \leqslant a\% \tag{1.3.9}$$

式中:γ_{nm} 为仪表的最大满度误差(最大引用误差);Δx_m 为仪表示值中的最大绝对误差的绝对值;x_n 为仪表的测量上限;a 为准确度的等级指数。式(1.3.9)是判别指示仪表是否超差以及应属于哪个准确度级别的主要依据。

从使用仪表的角度出发,只有仪表示值恰好为仪表上限时,测量结果的准确度才等于该仪表准确度等级的百分数。在其他示值时,测量结果的准确度均低于仪表准确度等级的百分数,因为

$$\Delta x_m \leqslant a\% x_n \tag{1.3.10}$$

当示值为 x 时,可能产生的最大相对误差为

$$\gamma_m = \frac{\Delta x_m}{x} \leqslant a\% \frac{x_n}{x} \tag{1.3.11}$$

式(1.3.11)表明,用仪表测量示值为 x 的被测量时,比值 x_n/x 越大,测量结果的相对误差越大。由此可见,选用仪表时被测量的大小越接近仪表上限越好。为了充分利用仪表的准确度,选用仪表前要对被测量有所了解,其被测量的值应大于其测量上限的 2/3。

1.3.4　测量不确定度

由于测量误差的存在,被测量的真值难以确定,测量结果带有不确定性。长期以来,人们不断追求以最佳方式估计被测量的值,以最科学的方法评估测量结果的质量高低程度。测量不确定度就是评定测量结果质量高低的一个重要指标。

多年来,世界各国对测量结果不确定度的估计方法和表达方式存在不一致性。为此,1993 年国际不确定度工作组制定了《测量不确定度表示指南》(Guide to the Expression of Uncertainty in Measurement,GUM),经国际计量局等国际组织批准执行,由国际标准化组织(ISO)颁布实施,在世界各国得到执行和广泛应用。我国有关部门根据 GUM 的内容制定了《中华人民共和国国家计量技术规范》(JJF 1059—1999)(下简称《技术规范》),即《测量不确定度评定与表示》,并规定从 1999 年 5 月 1 日起实施,同时规定从实施之日起代替旧的

《技术规范》(JJF1059—1991)，即《测量误差及数据处理》中有关误差部分的内容。

1. 测量不确定度的定义与分类

（1）测量不确定度的定义

测量不确定度表示测量结果（测量值）不能肯定的程度，是可定量地用于表达被测参量测量结果分散程度的参数。这个参数可以用标准偏差表示，也可以用标准偏差的倍数或置信区间的半宽度来表示。

（2）测量不确定度的分类

测量不确定度可以分为标准不确定度 u、合成不确定度 u_c 和扩展不确定度 U 或 U_p。

2. 测量不确定度与误差

测量不确定度和误差是误差理论中两个重要概念，它们具有相同点，都是评价测量结果质量高低的重要指标，都可以作为测量结果的精度评定参数；但它们又有明显的区别。

误差是测量结果与真值之差，它以真值或约定真值为中心，测量不确定度是以被测量的估计值为中心，因此误差是一个理想的概念，一般不能准确知道，难以定量；而测量不确定度是反映人们对测量认识不足的程度，是可以定量评定的。

在分类上，误差按自身特征和性质分为系统误差、随机误差和粗大误差，并可采取不同措施来减小或消除各类误差对测量的影响。但是由于各类误差之间并不存在绝对界限，故在分类判别和误差计算时不易准确掌握。测量不确定度不按性质分类，而是按评定方法分为 A 类评定和 B 类评定，按实际情况的可能性加以选用。由于不确定度的评定方法无需顾及影响不确定度因素的来源和性质，只考虑其影响结果的评定方法，从而简化了分类，便于评定与计算。

不确定度与误差既有区别，也有联系。误差是不确定度的基础，研究不确定度首先需要研究误差，只有对误差的性质、分布规律、互相联系以及对测量结果的误差传递关系等有充分的认识和了解，才能更好地估计各不确定度分量，正确得到测量结果的不确定度。用测量不确定度代替误差表示测量结果，易于理解，便于评定，具有合理性和实用性。

3. 标准不确定度的定义与评定

（1）与标准不确定度评定有关的术语

① 自由度 v。自由度等于和的项减去和的限制数。自由度是不确定度带有的一个参数，它反映了相应的标准偏差的可靠程度。

在自由度的计算规则中讲的"和的项数"是指在求取一组残差和时的项数。一般来讲，对于测量列的标准不确定度 u 的自由度为 $v=n-1$，其中，n 为和的项数。对于合成标准不确定度 u_c 的自由度称为有效自由度 v_{eff}，它的计算有指定的公式。对于根据信息和资料来评定的不确定度，它的自由度也有估算方法。

② 包含因子 k 或 k_p。为求得扩展不确定度，对合成标准不确定度所乘的数字因子称为包含因子，包含因子的计算规则完全是从扩展不确定度的定义得来的。根据其含义又可分为两种，即 $k=U/u_c$ 和 $k_p=U_p/u_c$，k_p、U_p 分别为置信概率为 p 时的包含因子和扩展不确定度，包含因子的数值一般在 2～3 内。

（2）标准不确定度 u

以标准偏差表示的不确定度就称为标准不确定度，用符号 u 表示。测量结果通常由多个测量数据子样组成,对表示各个测量数据子样不确定度的偏差,称为标准不确定度分量,用 u_i 表述。标准不确定度有 A 类和 B 类两类评定方法:

A 类标准不确定度是指用统计方法得到的不确定度,用符号 u_A 表示。

B 类标准不确定度是指用非统计方法得到的不确定度,即根据资料或假定的概率分布的标准偏差表示的不确定度,用符号 u_B 表示。

(3) 标准不确定度的 A 类评定方法

A 类标准不确定度的评定通常可以采用下述统计与计算方法。在同一条件下对被测参量 x 进行 n 次等精度测量,测量值为 $x_i(i=1,2,\cdots,n)$。该样本数据算术平均值 $\overline{x}=\dfrac{1}{n}\sum\limits_{i=1}^{n}x_i$,进而可以算出算术平均值标准偏差 $S(\overline{x})=\sqrt{\dfrac{\sum\limits_{i=1}^{n}(x_i-\overline{x})^2}{n(n-1)}}$,取 $u_A=S(\overline{x})$。

(4) 标准不确定度的 B 类评定方法

B 类标准不确定度评定方法是根据有关的信息来评定的,即通过一个假定的概率密度函数得到的。它通常不是利用直接测量获得数据,而是依次查证已有的信息获得。

① 一般获得信息的来源:一是最近之前进行类似测试所获得的大量数据与统计规律;二是本检测仪器近期性能指标和校准报告;三是对新购检测设备可参考厂家提供的技术说明书中的指标;四是查询与被测数值相近的标准器件对比测量时获得的数据和误差。

② B 类标准不确定度的评定:

$$u_B(x_i)=\frac{U(x_i)}{k}$$

式中:$u_B(x_i)$ 为 B 类标准不确定度;$U(x_i)$ 为技术文件给出的不确定度;k 为技术文件给出的不确定度与标准偏差的倍数或指明的包含因子,其值与测量值的统计分布有关如表 1.3.1 所示。

表 1.3.1　正态分布情况下置信概率 p 与包含因子 k_p 之间的关系

$p(\%)$	50	68.27	90	95	95.45	99	99.73
k_p	0.67	1	1.645	1.960	2	2.576	3

B 类不确定度评定分量的自由度与标准不确定度的关系为

$$v_B=\frac{1}{2}\left[\frac{\Delta u(x_i)}{u(x_i)}\right]^{-2} \tag{1.3.12}$$

式中:$\dfrac{\Delta u(x_i)}{u(x_i)}$ 为相对标准不确定度,即信息来源的不可信程度。

4. 合成标准不确定度的定义与评定

(1) 合成标准不确定度的定义

由各不确定分量合成的标准不确定度,称为合成标准不确定度。当间接测量时,即测量结果是由若干其他量求得的情况下,测量结果的标准不确定度等于其他各量的方差和协方差相应和的平方根,用符号 u_c 表示。

（2）合成标准不确定度的评定方法

设测量模型方程为：$y = f(x_1 + x_2 + \cdots + x_n) = f(x_i)$，它是一个多变量函数。若每个自变量彼此独立且互不相关，则有

$$u_c(y) = \sqrt{\sum_{i=1}^{n} \left(\frac{\partial f}{\partial x_i}\right)^2 u^2(x_i)} \qquad (1.3.13)$$

式（1.3.13）称为不确定度传播率。其中根号下的算式是 $f(x_i)$ 按泰勒级数展开后的一阶近似方程，$u(x_i)$ 是 x_i 的标准不确定度。当系数 $\dfrac{\partial f}{\partial x_i} = 1$ 时，则有

$$u_c(y) = \sqrt{u_1^2 + u_2^2 + \cdots + u_n^2} \qquad (1.3.14)$$

式（1.3.14）表示了合成标准不确定度与各标准不确定度分量之间的关系，称为 RSS 法，即方和根法。

合成标准不确定度 $u_c(y)$ 的自由度称为有效自由度 v_{eff}，可用韦尔奇—萨特思韦特公式计算，即

$$v_{\text{eff}} = \frac{u_c^4(y)}{\displaystyle\sum_{i=1}^{n} \frac{u^4(x_i)}{v_i}} \qquad (1.3.15)$$

式中：v_{eff} 为有效自由度；$u_c(y)$ 为合成标准不确定度；$u(x_i)$ 为标准不确定度分量；v_i 为与 $u(x_i)$ 相关联的自由度。

合成标准不确定度仍然是标准（偏）差，表示测量结果的分散性。

5. 扩展不确定度 U 或 U_p 的定义与评定

（1）扩展不确定度 U 或 U_p 的定义

扩展不确定度是确定测量区间的量，合理赋予被测量之值的分布，大部分可包含于此区间内。

（2）扩展不确定度 U 或 U_p 的评定

① 采用乘以给定包含因子 k 的评定。在合成标准不确定度 $u_c(y)$ 确定之后，乘以一个包含因子 k，即得扩展不确定度 U：

$$U = ku_c(y) \qquad (1.3.16)$$

式中：U 为扩展不确定度；$u_c(y)$ 为合成标准不确定度；k 为包含因子，$k = (2 \sim 3)$，当取 3 时，应说明来源。

② 乘以给定概率 p 的包含因子 k_p 的评定。在合成标准不确定度 $u_c(y)$ 确定之后，乘以给定概率 p 的包含因子 k_p，即得扩展不确定度 U_p：

$$U_p = k_p u_c(y) \qquad (1.3.17)$$

式中：U_p 为扩展不确定度，一般用 U_{95} 或 U_{99} 表示；k_p 为给定概率 p 的包含因子，$k_{95} = 2$，$k_{99} = 3$。

如果被测量 y 可能值的概率分布为正态分布，则置信概率 p 与包含因子 k_p 之间的关系如表 1.3.1 所示。

根据测量仪器的精度等级可以得到最大允许误差，在对这一系统效应导致的标准不确

定度分量的评定中,可以把最大允许误差值的模作为扩展不确定度 U_{99} 看待。如果找出对应的包含因子 k_p,即可求出标准不确定度分量 u。不同分布类型在不同的置信概率 p 下的 k 和 u 值,如表 1.3.2 所示,表中 a 表示区间半宽。

表 1.3.2　常用分布与 u 和 k 的关系

分布类型	$p(\%)$	u	k
正　态	99.73	$a/3$	3
矩形(均匀)	100	$a/\sqrt{3}$	$\sqrt{3}$
三角形	100	$a/\sqrt{6}$	$\sqrt{6}$

6. 测量结果与测量不确定度的表示

测量结果是由测量所得到的赋予被测量的值,测量结果仅是被测量的估计值。在等精度测量的情况下得到一组测量值时,首先修正系统误差,然后计算出算术平均值 $\bar{x}$,如果测量仪器的检定证书上提供了修正值 b,根据定义可知修正值应是误差的负值。所以,完整的测量结果应该为算术平均值经过修正后的值,即 $\bar{x}+b$。

当给出完整的测量结果时,一般应报告其不确定度。报告应尽可能详细,以便使用者能正确地利用测量结果。测量不确定度的表示形式有:

(1) 用合成标准不确定度 $u_c(y)$ 报告形式;

(2) 用扩展不确定度 $U=ku_c(y)$ 报告形式;

(3) 用扩展不确定度 $U_p=k_p u_c(y)$ 报告形式。

7. 应用举例

现有一个恒温容器,里面温度场标称为 400℃,测量人员选用 K 型(镍铬—镍硅)热电偶,并与数字温度计匹配,用来测量恒温器中某一点的实际温度值,如图 1.3.1 所示。从数字温度计生产厂提供的技术说明书上可知,仪器的分辨力为 0.1℃,仪器的示值误差范围为 ±0.6℃(不可信度为 20%),K 型热电偶每年校准一次,在使用的当年检定证书上标明,此热电偶的不确定度为 2.0℃(置信水平为 99%),在 400℃点的修正值为 0.5℃。

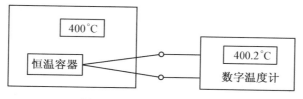

图 1.3.1　温度测量系统图

整个测量操作以及对测量结果的估计和不确定度评定过程如下:当恒温器上的温度指示器指示 400℃时,稳定半小时,则开始从数字温度计上读数,在短时间内进行重复性观测,共取得 10 个数据,如表 1.3.3 所示。并计算出 $\sum x_i$、$\bar{x}$、$\sum v_i$、$\sum v_i^2$,以便于后面评定时使用。

表 1.3.3   实验观测数据列表

次　　数	测量值 x_i(℃)	残差 v_i(℃)	残差的平方 v_i^2(℃²)
1	401.0	+0.79	0.6241
2	400.1	−0.11	0.0121
3	400.9	+0.69	0.4761
4	399.4	−0.81	0.6561
5	398.8	−1.41	1.9881
6	400.0	−0.21	0.0441
7	401.0	+0.79	0.6241
8	402.0	+1.79	3.2041
9	399.9	−0.31	0.0961
10	399.0	−1.21	1.4641
$\sum x_i$	4002.1	0.00	9.1890
$\overline{x}$	400.21		

（1）对测量数据进行分析。经分析和判断,测量中没有系统误差和粗大误差。10 个数据所具有的分散性均是由于随机效应造成的。

（2）求算术平均值

$$\overline{x} = \frac{1}{10} \sum_{i=1}^{10} x_i = 400.21℃$$

（3）求测量结果

$$t = \overline{x} + b = 400.21℃ + 0.5℃ = 400.71℃$$

（4）求算术平均值标准偏差

$$S(\overline{x}) = \sqrt{\frac{\sum_{i=1}^{n} v_i^2}{n(n-1)}} = 0.32℃$$

（5）A 类不确定度评定

$$u_A = S(\overline{x}) = 0.32℃, \quad 自由度\ v_A = n - 1 = 9$$

（6）B 类不确定度评定

① 根据数字温度计的示值误差对测量结果的影响,求不确定度分量。示值误差范围为 ±0.6℃,它是对整个量程而言的,那么在 400℃ 时,其最大允许误差也是 ±0.6℃,则估计最佳值 $\overline{x}$ 处于 $[\overline{x} - 0.6℃, \overline{x} + 0.6℃]$,即在 399.61℃ 到 400.81℃ 区间,并认为出现的概率是 100% 并呈均匀分布,则区间半宽 $a = 0.6℃$,$u_{B1} = a/\sqrt{3} = 0.6℃/1.73 = 0.35℃$。又根据已有的信息可知,估计信息来源即仪器的示值误差范围为 ±0.6℃ 的不可信度为 20%,则可靠程度是 80%,因此 $\frac{\Delta u(x_i)}{u(x_i)} = 20\%$,$v_{B2} = \frac{1}{2}\left(\frac{\Delta u(x_i)}{u(x_i)}\right)^{-2} = \frac{1}{2}(20\%)^{-2} = 12.5$。

② 数字温度计的分辨力为 0.1℃对测量结果的影响,求不确定度分量。不灵敏区为 $(x_i - \frac{1}{2}) \sim (x_i + \frac{1}{2})$℃,所有的值均以等概率分布即均匀分布,并 100%落入区间内,半宽 $a = 0.05$℃,可查表 1.3.2 得到 $u_{B3} = a/\sqrt{3} = \frac{0.05}{1.73} = 0.03$℃,这个数字较小可以忽略,可以认为 u_{B1} 已经把 u_{B3} 包含进去了。对于数字温度计的校准源,由于它的精度等级要比数字温度计高一个等级以上,因此对测量结果的影响可以忽略。

③ 热电偶不确定度为 2.0℃,置信水平为 99%,对测量结果的影响,求不确定度分量。根据此信息可以认为 $U_p = 2.0$℃,$p = 99\%$,可查表 1.3.1 得到 k_p,则有 $u_{B4} = \frac{U_p}{k_p} = \frac{2.0}{2.58} = 0.78$℃,认为信息的可信程度为 99%,则有:$v_{B4} = \frac{1}{2} (\frac{\Delta u(x_i)}{u(x_i)})^{-2} = \frac{1}{2} (1\%)^{-2} = 5000$。

(7) 合成标准不确定度评定

$$u_c(y) = \sqrt{\sum_{i=1}^{n} (\frac{\partial f}{\partial x_i})^2 u^2(x_i)} = \sqrt{u_A^2 + u_{B_1}^2 + u_{B_3}^2}$$
$$= \sqrt{(0.32)^2 + (0.35)^2 + 0 + (0.78)^2} = 0.91℃$$

有效自由度为

$$v_{eff} = \frac{u_c^4}{\frac{u_A^4}{v_A} + \frac{u_{B1}^4}{v_{B1}} + \frac{u_{B3}^4}{v_{B3}} + \frac{u_{B4}^4}{v_{B4}}} = \frac{0.91^4}{\frac{0.32^4}{9} + \frac{0.35^4}{12} + 0 + \frac{0.78^4}{5000}} = 333.5$$

(8) 扩展不确定度的评定

$U_k = k u_c$,取 $p = 95\%$,取 $k_{95} = 2$,则 $U_{95} = 2 \times 0.91℃ = 1.8℃$。

(9) 测量结果和不确定度表示

$t = 400.7$℃,$U_{95} = 1.8$℃,$v_{eff} = 333.5$ 或 $t = (400.7 \pm 1.8)$℃;$v_{eff} = 333.5$,括号内第二项为 U_{95} 值 。

1.4　测量数据处理

1.4.1　测量数据的统计特性

1. 正态分布

随机误差是以不可预定的方式变化着的误差,但在一定条件下服从统计规律,可以用统计规律描述。对随机误差做概率统计处理,是在完全排除系统误差的前提下进行的。在实际工作中,随机误差大部分是按正态分布的,其正态分布的概率密度 $f(\delta)$ 曲线如图 1.4.1 所示,数学表达式为

$$y = f(\delta) = \frac{1}{\sigma \sqrt{2\pi}} e^{-\frac{\delta^2}{2\sigma^2}} \qquad (1.4.1)$$

式中:y 为概率密度;δ 为随机误差;σ 为标准差(均方根误

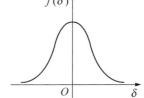

图 1.4.1　正态分布概率密度曲线

差）；e 为自然对数的底。

其分布函数 $F(\delta)$ 为

$$F(\delta) = \frac{1}{\sigma\sqrt{2\pi}} \int_{-\infty}^{\delta} e^{-\frac{\delta^2}{2\sigma^2}} d\delta \qquad (1.4.2)$$

数学期望为

$$E = \int_{-\infty}^{+\infty} \delta f(\delta) d\delta = 0 \qquad (1.4.3)$$

方差为

$$\sigma^2 = \int_{-\infty}^{+\infty} \delta^2 f(\delta) d\delta \qquad (1.4.4)$$

分析图 1.4.1 所示的曲线，可以发现正态分布的随机误差分布规律具有以下特点：

(1) 对称性：绝对值相等的正误差和负误差出现的次数相等。

(2) 单峰性：绝对值小的误差比绝对值大的误差出现的次数多。

(3) 有界性：在一定的测量条件下，随机误差的绝对值不会超过一定界限。

(4) 抵偿性：随着测量次数的增加，随机误差的算术平均值趋于零。

2. 随机误差的评价指标

由于随机误差大部分是按正态分布规律出现的，通常以正态分布曲线的两个参数算术平均值 $\bar{x}$ 和均方根误差 σ 作为评价指标。

(1) 算术平均值 $\bar{x}$

设对某一量做一系列等精度测量，得到一系列不同的测量值 $x_1, x_2, \cdots, x_n$，这些测量值的算术平均值 $\bar{x}$ 定义为

$$\bar{x} = \frac{x_1 + x_2 + \cdots + x_n}{n} = \sum_{i=1}^{n} \frac{x_i}{n} \qquad (1.4.5)$$

并设各测量值与真值的随机误差为 $\delta_1, \delta_2, \cdots, \delta_n$，则

$$\delta_1 = x_1 - A_0, \delta_2 = x_2 - A_0, \cdots, \delta_n = x_n - A_0$$

即

$$\sum_{i=1}^{n} \delta_i = \sum_{i=1}^{n} x_i - nA_0$$

由随机误差的对称性规律可以推出，当 $n \to \infty$ 时

$$\sum_{i=1}^{n} \delta_i = 0$$

所以

$$\sum_{i=1}^{n} x_i = nA_0$$

即

$$A_0 = \frac{\sum_{i=1}^{n} x_i}{n} = \bar{x} \qquad (1.4.6)$$

式(1.4.6)表明，当测量次数为无限次时，所有测量值的算术平均值即等于真值，但事实上不可能达到无限次测量，即真值难以达到。但是，随着测量次数的增加，算术平均值也就

越接近真值。因此，以算术平均值作为真值是既可靠又合理的。

（2）标准差 σ

① 测量列中单次测量的标准差

由于随机误差的存在，等精度测量列中各个测量值一般不相同，它们围绕着该测量列的算术平均值有一定的分散，此分散度说明了测量列中单次测量值的不可靠性，必须用一个数值作为其不可靠性评定标准。

由式（1.4.1）可知，正态分布的概率密度函数是一个指数方程式，它随着随机误差 δ 和标准差 σ 的变化而变化。图 1.4.2 所示为标准差和正态分布曲线的关系。从图中可以明显看出 σ 与表示的分布曲线的形状和分散度有关。σ 值越小，曲线形状越陡，随机误差的分布越集中，测量精密度越高；反之，σ 值越大，曲线形状越平坦，随机误差分布越分散，测量精密度越

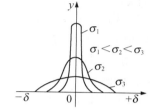

图 1.4.2 三种不同 σ 值的正态分布曲线

低。因此，单次测量的标准差 σ 是表征同一被测量的 n 次测量的测量值分散性的参数，可作为测量列中单次测量不可靠性的评定标准。

在等精度测量中，单次测量的标准差可按下式计算

$$\sigma = \sqrt{\frac{\delta_1^2 + \delta_2^2 + \cdots + \delta_n^2}{n}} = \sqrt{\frac{\sum\limits_{i=1}^{n} \delta_i^2}{n}} \qquad (1.4.7)$$

式中：n 为测量次数；δ_i 为每次测量中相应各测量值的随机误差，且

$$\delta_i = x_i - A_0$$

式中：x_i 为第 i 个测量值；A_0 为被测量真值。

在实际工作中，一般情况下被测量的真值为未知，这时可用被测量的算术平均值代替被测量的真值进行计算，则有

$$v_i = x_i - \overline{x}$$

式中：x_i 为第 i 个测量值；$\overline{x}$ 为测量列的算术平均值；v_i 为 x_i 的残余误差（简称残差）。即用残差来近似代替随机误差求标准差的估计值，则式（1.4.7）变为

$$\sigma = \sqrt{\frac{v_1^2 + v_2^2 + \cdots + v_n^2}{n-1}} = \sqrt{\frac{\sum\limits_{i=1}^{n} v_i^2}{n-1}} \qquad (1.4.8)$$

式（1.4.8）称为贝塞尔（Bessel）公式，根据此式可由残余误差求得单次测量列标准差的估计值。

② 测量列算术平均值的标准差

在多次测量的测量列中，通常以算术平均值作为测量结果，因此必须研究算术平均值不可靠的评定标准。而算术平均值的标准差 $\sigma_{\overline{x}}$ 可作为算术平均值不可靠性的评定标准，即

$$\sigma_{\overline{x}} = \frac{\sigma}{\sqrt{n}} \qquad (1.4.9)$$

式中：$\sigma_{\bar{x}}$ 为算术平均值标准差（均方根误差）；σ 为测量列中单次测量的标准差；n 为测量次数。

由式(1.4.9)可见，在 n 次等精度测量中，算术平均值的标准差为单次测量的 $\dfrac{1}{\sqrt{n}}$，当测量次数 n 越大时，算术平均值越接近被测量的真值，测量精度也越高。

3. 测量的极限误差

测量的极限误差是极端误差，测量结果的误差不超过该极端误差的概率 P，并使出现该极端误差的概率为 $(1-P)$。误差超过该极端误差的检测量的测量结果可以忽略。

(1) 单次测量的极限误差

测量列的测量次数足够多和单次测量误差为正态分布时，随机误差正态分布曲线下的全部面积相当于全部误差出现的概率，即

$$\frac{1}{\sigma\sqrt{2\pi}}\int_{-\infty}^{+\infty}e^{-\frac{\delta^2}{2\sigma^2}}\,\mathrm{d}\delta=1 \qquad (1.4.10)$$

而随机误差在 $-\delta$ 至 $+\delta$ 范围内概率为

$$P(\pm\delta)=\frac{1}{\sigma\sqrt{2\pi}}\int_{-\delta}^{+\delta}e^{-\frac{\delta^2}{2\sigma^2}}\,\mathrm{d}\delta=\frac{2}{\sigma\sqrt{2\pi}}\int_{0}^{\delta}e^{-\frac{\delta^2}{2\sigma^2}}\,\mathrm{d}\delta \qquad (1.4.11)$$

引入新的变量 t

$$t=\frac{\delta}{\sigma},\ \delta=t\sigma$$

将 $\delta=t\sigma$ 代入式(1.4.11)得

$$P(\pm t\sigma)=\frac{2}{\sqrt{2\pi}}\int_{0}^{t}e^{-\frac{t^2}{2}}\,\mathrm{d}t=2\Phi(t)$$

$$\Phi(t)=\frac{1}{\sqrt{2\pi}}\int_{0}^{t}e^{-\frac{t^2}{2}}\,\mathrm{d}t \qquad (1.4.12)$$

函数 $\Phi(t)$ 称为概率积分。

若某随机误差在 $\pm t\sigma$ 范围内出现的概率为 $2\Phi(t)$，则超出该误差范围的概率为

$$\alpha=1-2\Phi(t)$$

表(1.4.1)列出几个典型的 t 值及其相应的超出或不超出 $|\delta|$ 的概率(见图1.4.3)。

表 1.4.1　几个典型 t 值的概率情况分析

t	$\lvert\delta\rvert=t\sigma$	不超出 $\lvert\delta\rvert$ 的概率 $2\Phi(t)$	超出 $\lvert\delta\rvert$ 的概率 $1-2\Phi(t)$
0.67	0.67σ	0.4972	0.5028
1	1σ	0.6826	0.3174
2	2σ	0.9544	0.0456
3	3σ	0.9973	0.0027
4	4σ	0.9999	0.0001

由表 1.4.1 可见，随着 t 的增大，超出 $|\delta|$ 的概率减小得很快。当 $t=2$，即 $|\delta|=2\sigma$ 时，误差不超出 $|\delta|$ 的概率为 95.44%。当 $t=3$ 时，即 $|\delta|=3\sigma$ 时，误差不超过 $|\delta|$ 的概率为 99.73%，通常把这个误差称为单次测量的极限误差 $\delta_{\lim x}$，即

$$\delta_{\lim x}=\pm 3\sigma \qquad (1.4.13)$$

（2）算术平均值的极限误差

测量列的算术平均值与被测量的真值之差称为算术平均值误差 $\delta_{\bar{x}}$，即

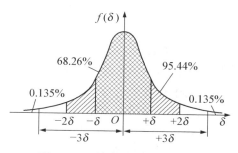

图 1.4.3　单次测量列极限误差

$$\delta_{\bar{x}}=\bar{x}-A_0 \qquad (1.4.14)$$

当多个测量列算术平均值误差 $\delta_{\bar{x}}(i=1,2,\cdots,n)$ 为正态分布时，根据概率论知识，同样得到测量列算术平均值的极限误差表达式为

$$\delta_{\lim \bar{x}}=\pm t\sigma_{\bar{x}} \qquad (1.4.15)$$

式中：t 为置信系数；$\sigma_{\bar{x}}$ 为算术平均值的标准差。通常取 $t=3$，则

$$\delta_{\lim \bar{x}}=\pm 3\sigma_{\bar{x}} \qquad (1.4.16)$$

1.4.2　系统误差的削弱和消除

1. 系统误差的发现

（1）理论分析及计算

因测量原理或使用方法不当引入系统误差时，可以通过理论分析和计算方法加以修正。

（2）实验对比法

实验对比法是改变产生系统误差的条件进行不同条件下的测量，以发现系统误差，这种方法适用于发现恒定系统误差。在实际工作中，生产现场使用的量块等计量器具需要定期送法定的计量部门进行检定，即可发现恒定系统误差，并给出校准后的修正值（数值、曲线、表格或公式等），利用修正值在相当程度上消除恒定系统误差的影响。

（3）残余误差观察法

残余误差观察法是根据测量列的各个残余误差的大小和符号变化规律，直接由误差数据或误差曲线图形来判断有无系统误差，这种方法主要适用于发现有规律变化的系统误差。

（4）残余误差校核法

① 用于发现累进性系统误差

当累进性系统误差不比随机误差大很多时，可用马利科夫（м. ф. маликов）准则进行判断。

马利科夫准则：设对某一被测量进行 n 次等精度测量，按测量先后顺序得到测量值 x_1，$x_2,\cdots,x_n$，相应的残差为 $v_1,v_2,\cdots,v_n$。把前面一半和后面一半数据的残差分别求和，然后取其差值

$$M = \sum_{i=1}^{k} v_i - \sum_{i=k+1}^{n} v_i \qquad (1.4.17)$$

式中：当 n 为偶数时，取 $k=n/2$；当 n 为奇数时，取 $k=(n+1)/2$。

如果 M 近似为零，则说明测量列中不含累进性系统误差；如果 M 与 v_i 相当或更大，则说明测量列中存在累进性系统误差。

② 用于发现周期性系统误差

如果随机误差很显著，误差周期性规律不易被发现，可用阿卑—赫梅特（Abbe-Helmert）准则进行判断。

阿卑—赫梅特准则：设

$$A = \left| \sum_{i=1}^{n-1} v_i v_{i+1} \right| \qquad (1.4.18)$$

当存在 $A > \sqrt{n+1}\sigma^2$ 时，则认为测量列中含有周期性系统误差。 $\qquad (1.4.19)$

（5）计算数据比较法

若对同一量独立测得 m 组结果，并知它们的算术平均值和标准差为

$$\overline{x_1}, \sigma_1 ; \overline{x_2}, \sigma_2 ; \cdots ; \overline{x_m}, \sigma_m$$

而任意两组结果之差为

$$\Delta = \overline{x_i} - \overline{x_j}$$

其标准差为

$$\sigma = \sqrt{\sigma_i^2 + \sigma_j^2}$$

则任意两组结果 $\overline{x_i}$ 与 $\overline{x_j}$ 间不存在系统误差的标志是

$$|\overline{x_i} - \overline{x_j}| < 2\sqrt{\sigma_i^2 + \sigma_j^2} \qquad (1.4.20)$$

2. 系统误差的削弱和消除

（1）从产生误差源上消除系统误差

从产生误差源上消除误差是最根本的方法，它要求在产品设计阶段从硬件和软件方面采取必要的补偿和修正措施，或者采取合适的使用方法从产生误差的根源上消除误差。

（2）引入修正值法

这种方法是预先将被测量器具的系统误差检定或计算出来，做出误差表或误差曲线，然后取与误差数据大小相同而符号相反的值作为修正值，将实际测得值加上相应的修正值，即可得到不包含该系统误差的测量结果。

（3）零位式测量法

零位式测量法是标准量与被测量相比较的测量方法，其优点是测量误差主要取决于参加比较的标准器具的误差，而标准器具的误差可以做得很小。零位式测量要求检测系统有足够的灵敏度，在自动检测系统中广泛使用的自动平衡显示仪表就属零位式测量。

（4）补偿法

下面结合实例说明补偿法原理。图 1.4.4 所示为用补偿法测量高频小电容的电路原理图。图中，E 为恒压源；L 为电感线圈；C_s 为标准可变电容；V 为高内阻电压表。图中 $C_0{}'$ 是电感线圈自身分布电容，可以把它等效看作与电容 C_s 并联，这时为 C_0。测量时，先不

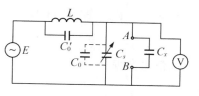

图 1.4.4　补偿法测量小电容

接入待测电容 C_x，调节标准电容，通过电压表来观察电路谐振点，此时标准电容读数为 C_{s1}；然后，把 C_x 接入 A、B 端，此时电路失谐，调节标准电容，使电路仍处于谐振状态，此时标准电容读数为 C_{s2}。显然，两次谐振回路的电容应相等，即

$$C_{s1} + C_0 = C_{s2} + C_0 + C_x \tag{1.4.21}$$

于是可得

$$C_x = C_{s1} - C_{s2} \tag{1.4.22}$$

由此可见，消除了恒定系统误差 C_0 的影响。

（5）对照法

在一个检测系统中，改变一下测量安排，测出两个结果。将这两个测量结果互相对照，并通过适当的数据处理，对测量结果进行改正，这种方法称为对照法，也称交换法。

下面以电桥为例说明如何消除系统误差，如图 1.4.5 所示，用一个比较电桥和一个可调标准电阻 R_3 来测量电阻 R_x，设该电桥为等臂电桥，即 $R_1/R_2 = 1$。先按图 1.4.5(a) 安排，当电桥平衡时，有

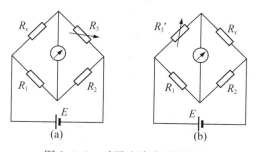

图 1.4.5　对照法消除系统误差

$$R_x = \frac{R_1}{R_2} R_3 \tag{1.4.23}$$

然后，按图 1.4.5(b) 安排，设此时电桥不平衡，重新调节 R_3，使其值为 $R_3{}'$，电桥又重新平衡，此时

$$R_x = \frac{R_2}{R_1} R_3{}' \tag{1.4.24}$$

将式（1.4.23）与式（1.4.24）相乘再开方，可得

$$R_x = \sqrt{R_3 R_3{}'}$$

由此可见，采用对照法可以消除 R_1 与 R_2 的系统误差，仅含有标准器具的误差。

1.4.3　粗大误差的判别与剔除

判别粗大误差最常用的统计判别法是 3σ 准则：如果对某被测量进行多次重复等精度测量的测量数据为

$$x_1, x_2, \cdots, x_d, \cdots, x_n$$

其标准差为 σ，如果其中某一项残差 v_d 大于三倍标准差，即

$$|v_d| > 3\sigma \qquad\qquad (1.4.25)$$

则认为 v_d 为粗大误差，与其对应的测量数据 x_d 是坏值，应从测量列数据中删除。

需要指出的是，剔除坏值后，还要对剩下的测量数据重新计算算术平均值和标准差，再按式(1.4.25)判别是否还存在粗大误差，若存在粗大误差，剔除相应的坏值，再重新计算，直到产生粗大误差的坏值全部剔除为止。

1.4.4　数据处理的基本方法

所谓数据处理，是从获得数据起到得出结论为止的整个数据加工过程。常用的数据处理方法有列表法、作图法和最小二乘法拟合，本节主要介绍最小二乘法线性拟合。

在科学实验和统计研究中，常常要从一组测量数据，如从 n 对 (x_i, y_i) 的测量值去求变量 x 和 y 间的最佳函数关系式 $y = f(x)$。从图形上来看，这个问题就是在平面直角坐标上，从给定的 n 个点 $(x_i, y_i)(i = 1, 2, \cdots, n)$ 求一条最接近这一组数据点的曲线，以显示这些点的总趋向，这一过程称为曲线拟合，该曲线方程称为回归方程。

所谓最小二乘法原理，是指测量结果的最可信赖值应在残余误差平方和为最小的条件下求出。在自动检测系统中，两个变量间的线性关系是一种最简单、最理想的函数关系。

设有 n 组实测数据 $(x_i, y_i)(i = 1, 2, \cdots, n)$，其最佳拟合方程（回归方程）为

$$Y = A + Bx \qquad\qquad (1.4.26)$$

式中：A 为直线的截距；B 为直线的斜率。令

$$\varphi = \sum_{i=1}^{n} v_i^2 = \sum_{i=1}^{n} (y_i - Y_i)^2 = \sum_{i=1}^{n} (y_i - A - Bx_i)^2 \qquad\qquad (1.4.27)$$

根据最小二乘法原理，要使 $\varphi = \sum_{i=1}^{n} v_i^2$ 为最小，需对 A 和 B 求偏导数，并令其值为零，可得两个方程，联立两个方程可求出 A 和 B 的唯一解。即

$$\begin{cases} \dfrac{\partial \varphi}{\partial A} = \sum\limits_{i=1}^{n} [-2(y_i - A - Bx_i)] = 0 \\[2mm] \dfrac{\partial \varphi}{\partial B} = \sum\limits_{i=1}^{n} [-2x_i(y_i - A - Bx_i)] = 0 \end{cases} \qquad (1.4.28)$$

则得到下列正则方程组：

$$\begin{cases} \sum\limits_{i=1}^{n} y_i = nA + B\sum\limits_{i=1}^{n} x_i \\[2mm] \sum\limits_{i=1}^{n} x_i y_i = A\sum\limits_{i=1}^{n} x_i + B\sum\limits_{i=1}^{n} x_i^2 \end{cases} \qquad (1.4.29)$$

解得

$$
\begin{cases}
A = \dfrac{\sum\limits_{i=1}^{n} y_i \sum\limits_{i=1}^{n} x_i^2 - \sum\limits_{i=1}^{n} x_i y_i \sum\limits_{i=1}^{n} x_i}{n \sum\limits_{i=1}^{n} x_i^2 - \left(\sum x_i\right)^2} \\[4ex]
B = \dfrac{n\left(\sum\limits_{i=1}^{n} x_i y_i\right) - \sum\limits_{i=1}^{n} x_i \sum\limits_{i=1}^{n} y_i}{n\left(\sum\limits_{i=1}^{n} x_i^2\right) - \left(\sum\limits_{i=1}^{n} x_i\right)^2}
\end{cases}
\tag{1.4.30}
$$

1.5　传感器的一般特性

　　传感器的特性主要是指输出与输入之间的关系。当输入量是常量或变化缓慢时,这一关系就称为静特性;当输入量随时间变化时,这一关系就称为动特性。

　　一般说来,传感器的输出与输入的关系可用微分方程来描述。理论上,将微分方程中一阶以上的微分项设为零时,便可得到静特性,传感器的静特性只是动特性的一个特例。传感器能否将被测非电量的变化不失真地变换成相应的电量,取决于传感器的基本特性,即输出—输入特性,它是与传感器的内部结构参数有关的外部特性。传感器的基本特性可用静态特性和动态特性描述。

1.5.1　传感器的静态特性

　　传感器的静态特性是指被测量的值处于稳定状态时,传感器的输出与输入的关系。衡量传感器静态特性的重要指标是线性度、灵敏度、迟滞和重复性等。

1. 线性度

　　传感器的线性度是指传感器的输出与输入之间的线性程度。通常,为了方便标定和数据处理,理想的输出—输入关系应该是线性的。但实际遇到传感器的特性大多是非线性的,如果不考虑迟滞和蠕变等因素,传感器的输出—输入特性一般可用下列多项式表示

$$
y = a_0 + a_1 x + a_2 x^2 + \cdots + a_n x^n
\tag{1.5.1}
$$

式中:x 为输入量(被测量);y 为输出量;a_0 为零位输出;a_1 为传感器的灵敏度;$a_2, a_3, \cdots, a_n$ 为非线性项的待定常数。

　　各项系数不同,决定了特性曲线的具体形状各不相同。理想特性方程为 $y = a_1 x$,是一条经过原点的直线,传感器的灵敏度为一常数。当特性方程中仅含有奇次非线性项,即 $y = a_1 x + a_3 x^3 + a_5 x^5 + \cdots$ 时,特性曲线关于坐标原点对称,且在输入量 x 相当大的范围内具有较宽的准线性。

　　传感器的静态特性曲线可通过实际测试获得。在实际应用中,为了得到线性关系,往往引入各种非线性补偿环节。如采用非线性补偿电路或计算机软件进行线性化处理,或采用差动结构,使传感器的输出—输入关系为线性或接近线性。但如果非线性项的幂不高,在输入量变化范围不大的条件下,可以用一条直线(切线或割线)近似代表实际曲线的一段,如图1.5.1所示,这种方法称为传感器非线性特性的线性化。所采用的直线称为拟合直线。实

际特性曲线与拟合直线之间的偏差称为传感器的非线性误差,如图中 ΔL 值,取其中最大值与输出满度值之比作为评价非线性误差(或线性度)的指标,即

$$\gamma_L = \pm\frac{\Delta L_{\max}}{Y_{FS}} \times 100\%$$ (1.5.2)

式中:γ_L 为线性度;$\Delta L_{\max}$ 为最大非线性绝对误差;Y_{FS} 为满量程输出。

由图 1.5.1 可见,非线性误差是以一定的拟合直线或理想直线为基准直线计算出来的。因而,即使是同类传感器,基准直线不同,所得线性度也不同。

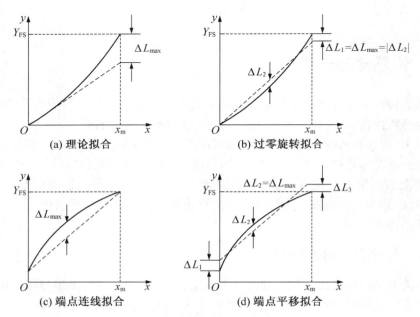

图 1.5.1　几种直线拟合方法

x 为传感器的输入量;y 为传感器的输出量;x_m 为输入最大值

在图 1.5.1(a)中,拟合直线为传感器的理论特性,与实际测试值无关。这种方法十分简便,但一般来说,$\Delta L_{\max}$ 很大。在图 1.5.1(b)中,拟合时,使 $\Delta L_1 = |\Delta L_2| = \Delta L_{\max}$,这种方法比较简单,非线性误差比前一种小很多。在图 1.5.1(c)中,把校正曲线两端点的连线作为拟合直线。这种方法比较简单,但 $\Delta L_{\max}$ 较大。在图 1.5.1(d)中,拟合时,使 $\Delta L_2 = |\Delta L_1| = |\Delta L_3|$,这种方法非线性误差较小。

选取拟合直线的方法很多,除图 1.5.1 几种拟合方法外,还可以用最小二乘法求取拟合直线,且其拟合的精度最高。

采用最小二乘法拟合时,如图 1.5.2 所示。设拟合直线方程为

$$y = kx + b$$ (1.5.3)

若实际校准测试点有 n 个,则第 i 个校准数据 y_i 与拟合直线上相应值之间的残差为

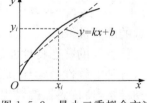

图 1.5.2　最小二乘拟合方法

$$v_i = y_i - (kx_i + b) \tag{1.5.4}$$

由最小二乘法原理可知

$$\sum_{i=1}^{n} v_i^2 = \sum_{i=1}^{n} \left[y_i - (kx_i + b) \right]^2 = \min \tag{1.5.5}$$

即

$$\frac{\partial}{\partial k} \sum_{i=1}^{n} v_i^2 = 2 \sum_{i=1}^{n} (y_i - kx_i - b)(-x_i) = 0 \tag{1.5.6}$$

$$\frac{\partial}{\partial k} \sum_{i=1}^{n} \Delta_i^2 = 2 \sum_{i=1}^{n} (y_i - kx_i - b)(-1) = 0 \tag{1.5.7}$$

联立式(1.5.6)和式(1.5.7)解得

$$k = \frac{n \sum_{i=1}^{n} x_i y_i - \sum_{i=1}^{n} x_i \sum_{i=1}^{n} y_i}{n \sum_{i=1}^{n} x_i^2 - (\sum_{i=1}^{n} x_i)^2} \tag{1.5.8}$$

$$b = \frac{\sum_{i=1}^{n} x_i^2 \sum_{i=1}^{n} y_i - \sum_{i=1}^{n} x_i \sum_{i=1}^{n} x_i y_i}{n \sum_{i=1}^{n} x_i - (\sum_{i=1}^{n} x_i)^2} \tag{1.5.9}$$

2. 灵敏度

灵敏度是指传感器在稳态下输出变化量 Δy 与引起此变化的输入变化量 Δx 之比，用 k 表示，即

$$k = \frac{\Delta y}{\Delta x} \tag{1.5.10}$$

灵敏度表征传感器对输入量变化的反应能力。对于线性传感器，灵敏度就是其静态特性的斜率，即 $k = y/x$ 为常数，而非线性传感器的灵敏度为一变量，用 $k = dy/dx$ 表示。传感器的灵敏度如图 1.5.3 所示。一般希望传感器的灵敏度高，在满量程范围内是恒定的，即传感器的输出—输入特性为直线。

(a) 线性传感器　　　　　　　　(b) 非线性传感器

图 1.5.3　传感器的灵敏度

3. 迟滞

传感器在正(输入量增大)反(输入量减小)行程期间，其输出—输入特性曲线不重合的现象称为迟滞，如图 1.5.4 所示。也就是说，对于同一大小的输入信号，传感器的正反行程

输出信号大小不相等。产生这种现象的主要原因是传感器敏感元件材料的物理性质和机械零部件的缺陷,例如弹性敏感元件的弹性滞后、运动部件的摩擦、传动机构的间隙、紧固件松动等。

迟滞 γ_H 的大小一般要由实验方法确定。用最大输出差值 $\Delta H_{\max}$ 或其一半对满量程输出 Y_{FS} 的百分比表示,即

$$\gamma_H = \pm \frac{\Delta H_{\max}}{Y_{FS}} \times 100\% \qquad (1.5.11)$$

或

$$\gamma_H = \pm \frac{\Delta H_{\max}}{2Y_{FS}} \times 100\% \qquad (1.5.12)$$

式中:$\Delta H_{\max}$ 为正反行程输出值间的最大差值。

4. 重复性

重复性 γ_R 是指在同一工作条件下,输入量按同一方向做全量程连续多次变化测量时,所得特性曲线不一致的程度,如图 1.5.5 所示。重复性误差属于随机误差,常用标准偏差表示,也可用正反行程中的最大偏差表示,即

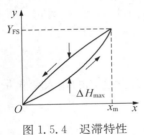

图 1.5.4　迟滞特性　　　　图 1.5.5　重复性

$$\gamma_R = \pm \frac{(2 \sim 3)\sigma}{Y_{FS}} \times 100\% \qquad (1.5.13)$$

或

$$\gamma_R = \pm \frac{\Delta R_{\max}}{2Y_{FS}} \times 100\% \qquad (1.5.14)$$

式中,$\Delta R_{\max}$ 取 $\Delta R_{\max 1}$、$\Delta R_{\max 2}$ 中绝对值大者。

5. 零点漂移

传感器无输入时,每隔一段时间进行读数,其输出偏离零值,即为零点漂移,其值可以用绝对误差表示,也可以用相对误差表示。当用相对误差表示时,其值为

$$\frac{\Delta Y_0}{Y_{FS}} \times 100\% \qquad (1.5.15)$$

式中:ΔY_0 为最大零点偏差;Y_{FS} 为满量程输出。

6. 温度稳定性

温度稳定性又称为温度漂移,它表示温度变化时,传感器输出值发生的变化。测试时先将传感器置于一定温度下,再将其输出调到零点或某特定点,使温度上升或下降一定的度

数,再读出输出值,前后两次输出值之差即为温度稳定性误差。温度稳定性误差用若干度(℃)的绝对误差或相对误差表示。每度(℃)的误差又称为温度误差系数。

7. 分辨力与阈值

分辨力是指传感器能检测到的最小输入增量。有些传感器,如数字式传感器,当输入量连续变化时,输出量只作阶梯变化,则分辨力就是输出量的每个"阶梯"所代表输入量的大小。分辨力可以用绝对值来表示,也可以用满量程的百分数来表示。

在传感器零点附近的分辨力称为阈值。

1.5.2 传感器的动态特性

传感器的动态特性是指传感器的输出对随时间变化的输入量的响应特性,反映输出值真实再现变化着的输入量的能力。一个动态特性好的传感器,其输出将再现输入量的变化规律,即具有相同的时间函数。实际上除了具有理想的比例特性环节外,由于传感器固有因素的影响,输出信号将不会与输入信号具有相同的时间函数,这种输出与输入之间的差异就是所谓的动态误差。研究传感器的动态特性主要是从测量误差角度分析产生动态误差的原因和改善措施。

由于绝大多数传感器都可以简化为一阶或二阶系统,因此一阶和二阶传感器是最基本的。研究传感器的动态特性可以从时域和频域两个方面,采用瞬态响应法和频率响应法分析。

1. 瞬态响应特性

在时域内研究传感器的动态特性时,常用的激励信号有阶跃函数、脉冲函数和斜坡函数等。传感器对所加激励信号的响应称为瞬态响应。一般认为,阶跃输入对于一个传感器来说是最严峻的工作状态。如果在阶跃函数的作用下,传感器能满足动态性能指标,那么在其他函数作用下,其动态性能指标也必定会令人满意。在理想情况下,阶跃输入信号的大小对过渡过程的曲线形状是没有影响的。但在实际做过渡过程实验时,应保持阶跃输入信号在传感器特性曲线的线性范围内。下面以传感器的单位阶跃响应评价传感器的动态性能。

(1) 一阶传感器的单位阶跃响应

设 $x(t)$ 和 $y(t)$ 分别为传感器的输入量和输出量,均是时间的函数,则一阶传感器的传递函数为

$$H(s) = \frac{Y(s)}{X(s)} = \frac{k}{\tau s + 1} \tag{1.5.16}$$

式中:τ 为时间常数;k 为静态灵敏度。

由于在线性传感器中灵敏度 k 为常数,在动态特性分析中,k 只起使输出量增加 k 倍的作用。因此,为方便起见,在讨论时取 $k=1$。

对于初始状态为零的传感器,当输入为单位阶跃信号时,$X(s) = 1/s$,传感器输出的拉氏变换为

$$Y(s) = H(s)X(s) = \frac{1}{\tau s + 1} \cdot \frac{1}{s} \tag{1.5.17}$$

则一阶传感器的单位阶跃响应为

$$y(t) = L^{-1}[Y(s)] = 1 - e^{-\frac{t}{\tau}} \tag{1.5.18}$$

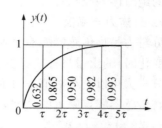

图 1.5.6　一阶传感器单位阶跃响应

响应曲线如图 1.5.6 所示。由图 1.5.6 可见，传感器存在惯性，输出的初始上升斜率为 $1/\tau$，若传感器保持初始响应速度不变，则在 τ 时刻输出将达到稳态值。但实际的响应速率随时间的增加而减慢。理论上传感器的响应在 t 趋于无穷时才达到稳态值，但当 $t = 4\tau$ 时其输出已达到稳态值的 98.2%，可以认为已达到稳态。τ 越小，响应曲线越接近于输入阶跃曲线，因此一阶传感器的时间常数 τ 越小越好。不带保护套管的热电偶是典型的一阶传感器。

（2）二阶传感器的单位阶跃响应

二阶传感器的传递函数为

$$H(s) = \frac{Y(s)}{X(s)} = \frac{\omega_n^2}{s^2 + 2\zeta\omega_n s + \omega_n^2} \tag{1.5.19}$$

式中：ω_n 为传感器的固有频率；ζ 为传感器的阻尼比。

在单位阶跃信号作用下，传感器输出的拉氏变换为

$$Y(s) = H(s)X(s) = \frac{\omega_n^2}{s(s^2 + 2\zeta\omega_n s + \omega_n^2)} \tag{1.5.20}$$

对 $Y(s)$ 进行拉氏反变换，即可得到单位阶跃响应。图 1.5.7 所示为二阶传感器的单位阶跃响应曲线。由图可知，传感器的响应在很大程度上取决于阻尼比 ζ 和固有频率 ω_n。ω_n 取决于传感器的结构参数，ω_n 越高，传感器的响应越快。阻尼比直接影响超调量和振荡次数。$\zeta = 0$，为临界阻尼，超调量为 100%，产生等幅振荡，达不到稳态；$\zeta > 1$，为过阻尼，无超调也无振荡，但反应迟钝、动作缓慢，达到稳态所需时间较长；$\zeta < 1$，为欠阻尼，衰减振荡，达到稳态值所需时间随 ζ 的减小而加长。$\zeta = 1$ 时响应时间最短。在实际使用中，为了兼顾短的上升时间和小的超调量，一般传感器都设计成欠阻尼式的，阻尼比 ζ 一般取在 0.6~0.8。带保护套管的热电偶是一个典型的二阶传感器。

（3）瞬态响应特性指标

时间常数 τ 是描述一阶传感器动态特性的重要参数，τ 越小，响应速度越快。

二阶传感器阶跃响应的典型性能指标可由图 1.5.8 表示，各指标定义如下：

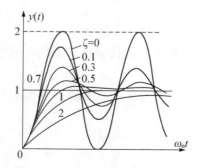

图 1.5.7　二阶传感器单位阶跃响应

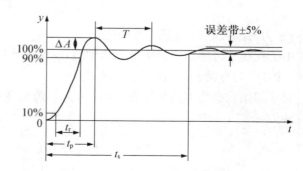

图 1.5.8　二阶传感器的动态性能指标

① 上升时间 t_r：输出由稳态值的 10% 变化到稳态值的 90% 所用的时间。

② 响应时间 t_s：系统从阶跃输入开始到输出值进入稳态值所规定的范围内所需的时间。

③ 峰值时间 t_p：阶跃响应曲线达到第一个峰值所需的时间。

④ 超调量 σ：传感器输出超过稳态值的最大值 ΔA，常用相对于稳态值的百分比 σ 表示。

2. 频率响应特性

传感器对正弦输入信号的响应特性称为频率响应特性。频率响应法是从传感器的频率特性出发研究传感器的动态特性的方法。

（1）零阶传感器的频率特性

零阶传感器的传递函数为

$$H(s) = \frac{Y(s)}{X(s)} = k \tag{1.5.21}$$

频率特性为

$$H(j\omega) = k \tag{1.5.22}$$

由此可知，零阶传感器的输出和输入成正比，并且与信号频率无关。因此，无幅值和相位失真问题，具有理想的动态特性。电位器式传感器就是零阶系统的一个例子。在实际应用中，许多高阶系统在变化缓慢、频率不高时，都可以近似的当作零阶系统处理。

（2）一阶传感器的频率特性

将一阶传感器的传递函数中的 s 用 $j\omega$ 代替，即可得到频率特性、幅频特性、相频特性的表达式分别为

$$H(j\omega) = \frac{1}{\tau(j\omega) + 1} \tag{1.5.23}$$

$$A(\omega) = \frac{1}{\sqrt{1 + (\omega\tau)^2}} \tag{1.5.24}$$

$$\Phi(\omega) = -\arctan(\omega\tau) \tag{1.5.25}$$

图 1.5.9 所示为一阶传感器的频率响应特性曲线。

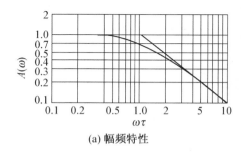
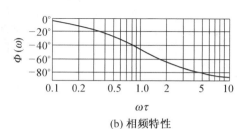

(a) 幅频特性　　　　　　　　　　　　(b) 相频特性

图 1.5.9　一阶传感器的频率特性

从式（1.5.24）、式（1.5.25）和图 1.5.9 可以看出，时间常数 τ 越小，频率响应特性越好。当 $\omega\tau \ll 1$ 时，$A(\omega) \approx 1$，$\Phi(\omega) \approx -\omega\tau$，表明传感器的输出与输入为线性关系，相位差与频率 ω 呈线性关系，输出 $y(t)$ 比较真实地反映输入 $x(t)$ 的变化规律。因此，减小 τ 可以改善传感器的频率特性。

（3）二阶传感器的频率特性

将二阶传感器传递函数中的 s 用 $j\omega$ 代替，可得二阶传感器的频率特性表达式、幅频特性、相频特性分别为

$$H(j\omega) = \left[1 - \left(\frac{\omega}{\omega_n}\right)^2 + 2j\zeta\frac{\omega}{\omega_n}\right]^{-1} \qquad (1.5.26)$$

$$A(\omega) = \left\{\left[1 - \left(\frac{\omega}{\omega_n}\right)^2\right]^2 + \left(2\zeta\frac{\omega}{\omega_n}\right)^2\right\}^{-\frac{1}{2}} \qquad (1.5.27)$$

$$\Phi(\omega) = -\arctan\left[\frac{2\zeta\dfrac{\omega}{\omega_n}}{1 - \left(\dfrac{\omega}{\omega_n}\right)^2}\right] \qquad (1.5.28)$$

图 1.5.10 所示为二阶传感器的频率响应特性曲线。从式（1.5.27）、式（1.5.28）和图 1.5.10 可以看出，传感器频率特性的好坏主要取决于传感器的固有频率 ω_n 和阻尼比 ζ。当 $\zeta < 1$，$\omega_n \gg \omega$ 时，$A(\omega) \approx 1$，$\Phi(\omega)$ 很小，此时，传感器的输出 $y(t)$ 再现输入 $x(t)$ 的波形。通常固有频率 ω_n 至少应大于被测信号频率 ω 的 3 ~ 5 倍，即 $\omega_n \geqslant (3\sim5)\omega$。

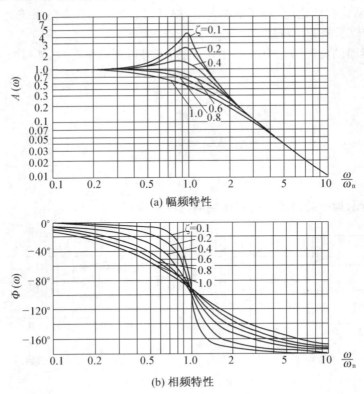

(a) 幅频特性

(b) 相频特性

图 1.5.10　二阶传感器的频率特性

由以上分析可知，为了减小动态误差和扩大频率响应范围，一般是提高传感器的固有频率 ω_n，但这样可能会使其他指标变差。因此，在实际应用中，应综合考虑各种因素来确定传感器的各个特征参数。

（4）频率响应特性指标

① 频带。传感器增益保持在一定值内的频率范围，即对数幅频特性曲线上幅值衰减 3dB 时所对应的频率范围，称为传感器的频带或通频带，对应有上、下截止频率。

② 时间常数 τ。用时间常数 τ 表征一阶传感器的动态特性，τ 越小，频带越宽。

③ 固有频率 ω_n。二阶传感器的固有频率 ω_n 表征其动态特性。

思考题与习题

1-1　简述准确度、精密度、精确度，并阐述其与系统误差和随机误差的关系。

1-2　正态分布的随机误差有何特点？

1-3　检定 2.5 级（即满度误差为 2.5%）的全量程为 100V 的电压表，发现 50V 刻度点的示值误差 2V 为最大误差，问该电压表是否合格？

1-4　为什么在使用各种指针式仪表时，总希望指针在满量程的 2/3 以上范围使用？

1-5　测量某电路电流共 5 次，测得数据（单位为 mA）分别为 168.41、168.54、168.59、168.40、168.50。试求算术平均值和标准差。

1-6　测量某物质中铁的含量为：1.52、1.46、1.61、1.54、1.55、1.49、1.68、1.46、1.83、1.50、1.56（单位略），试用 3σ 准则检查测量列中是否有坏值。

1-7　什么是传感器的静态特性？它有哪些性能指标？如何用公式表征这些性能指标？

1-8　什么是传感器的动态特性？对于一阶传感器，其动态特性的主要技术指标是什么？

1-9　已知某一位移传感器的测量范围为 0～30mm，静态测量时，输入值与输出值关系如题 1-9 表所示。

题 1-9 表

输入值（mm）	1	5	10	15	20	25	30
输出值（mV）	1.50	3.51	6.02	8.53	11.04	13.47	15.98

试求该传感器的线性度和灵敏度。

1-10　某压力传感器的校验数据如题 1-10 表所示，试用最小二乘法求非线性误差，并计算迟滞和重复性误差。

题 1-10 表　校验数据

压力（MPa）	输出值（mV）					
	第一循环		第二循环		第三循环	
	正行程	反行程	正行程	反行程	正行程	反行程
0	−2.73	−2.71	−2.71	−2.68	−2.68	−2.69
0.02	0.56	0.66	0.61	0.68	0.64	0.69
0.04	3.96	4.06	3.99	4.09	4.03	4.11
0.06	7.40	7.49	7.43	7.53	7.45	7.52
0.08	10.88	10.95	10.89	10.93	10.94	10.99
0.10	14.42	14.42	14.47	14.47	14.46	14.46

第2章 电阻式传感器

电阻式传感器的基本原理是将被测的非电量转化成电阻值的变化,再经过转换电路变成电量输出。根据传感器组成材料不同或传感器原理不同,电阻式传感器主要分为应变式传感器及压阻式传感器。

电阻传感器可以测量力、压力、位移、应变、加速度和温度等非电量参数。电阻式传感器结构简单,性能稳定,灵敏度较高,有的还可用于动态测量。本章主要介绍电阻应变式传感器和压阻式传感器的原理及应用。

2.1 金属电阻应变式传感器

金属电阻应变式传感器是一种利用金属电阻应变片将应变转换成电阻变化的传感器。由于它具有结构简单、体积小、重量轻、使用方便、性能稳定可靠、灵敏度高、动态响应快、适合静态及动态测量、测量精度高等诸多优点,因此被广泛应用于工程测量和科学实验中。金属电阻应变式传感器由弹性元件和电阻应变片构成。当弹性元件感受被测物理量时,其表面产生应变,粘贴在弹性元件表面的电阻应变片也产生应变,其电阻值将随着弹性元件的应变而相应变化。通过测量电阻应变片的电阻值变化,可以用来测量位移、加速度、力、力矩、压力等各种参数。

2.1.1 金属电阻应变式传感器工作原理

1. 金属的电阻应变效应

电阻应变片的工作原理是基于金属的电阻应变效应的。当金属导体在外力作用下发生机械变形时,其电阻值将相应地发生变化,这种现象称为金属导体的电阻应变效应。

现有如图 2.1.1 所示的一根金属电阻丝,其电阻值设为 R,电阻率为 ρ,截面积为 S,长度为 l,则电阻值的表达式为

$$R = \rho \frac{l}{S} \qquad (2.1.1)$$

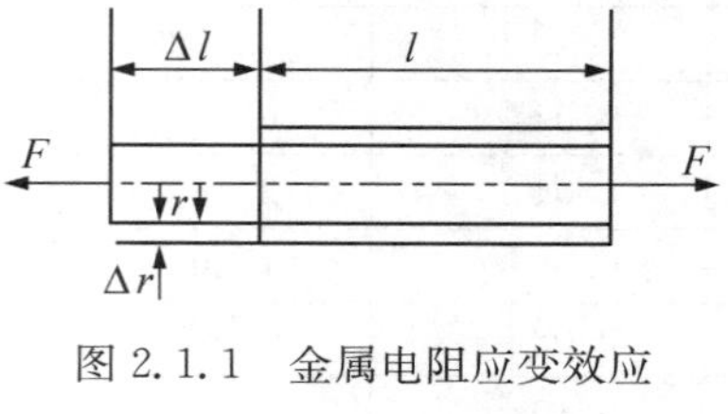

当电阻丝受拉力 F 作用时,将沿轴线伸长,设伸长量为 Δl,横截面积相应减小 ΔS,电阻率 ρ 的变化设为 $\Delta \rho$,故引起电阻变化 ΔR。其相对变化量为

图 2.1.1 金属电阻应变效应

$$\frac{\Delta R}{R}=\frac{\Delta l}{l}-\frac{\Delta S}{S}+\frac{\Delta \rho}{\rho} \tag{2.1.2}$$

式中：$\Delta l/l=\varepsilon$，为金属导体电阻丝的纵向应变，常用单位 $\mu\varepsilon(\mu\varepsilon=1\times10^{-6}\ \text{mm/mm})$。

对于半径为 r 的圆导体，若横向应变为 $\Delta r/r$，由于 $S=\pi r^2$，则 $\Delta S/S=2\Delta r/r$；且由材料力学知道，$\Delta r/r=-\mu\varepsilon$，其中 μ 为金属材料的泊松比。将前面关系代入式(2.1.2)得

$$\frac{\Delta R}{R}=(1+2\mu)\varepsilon+\frac{\Delta \rho}{\rho} \tag{2.1.3}$$

通常把单位应变所引起的电阻值相对变化称为电阻丝的灵敏系数，并用 K 表示，则 K 与金属材料和电阻丝形状有关。显然，K 越大，单位纵向应变所引起的电阻值相对变化越大，说明应变片越灵敏。

$$K=\frac{\Delta R/R}{\varepsilon}=(1+2\mu)+\frac{\Delta \rho/\rho}{\varepsilon} \tag{2.1.4}$$

对于金属材料，$\Delta \rho/\rho$ 较小，可以略去；且 $\mu=0.2\sim0.4$，$K\approx1+2\mu=1.4\sim1.8$。但实际测得 $K\approx2.0$，说明 $\dfrac{\Delta \rho/\rho}{\varepsilon}$ 项对 K 还是有一定影响的。

大量实验证明，在电阻丝拉伸极限内，电阻的相对变化与应变成正比，即 K 为常数。因此，式(2.1.4)可表示为

$$\Delta R/R=K\cdot\varepsilon \tag{2.1.5}$$

2. 应变片测量原理

使用应变片测量应变或应力时，将应变片牢固地粘贴在弹性试件上，当试件受力变形时，应变片电阻变化 ΔR。如果应用测量电路和仪器测出 ΔR，根据式(2.1.5)，可得弹性试件的应变值 ε，而根据应力与应变关系

$$\sigma=E\varepsilon \tag{2.1.6}$$

可以得到被测应力值 σ。其中，E 为试件材料弹性模量；σ 为试件的应力；ε 为试件的应变。

通过弹性敏感元件的作用，可以将应变片测应变的应用扩展到能引起弹性元件产生应变的各种非电量的测量，从而构成各种电阻应变式传感器。

3. 应变片的结构与类型

金属电阻应变片分为丝式应变片、箔式应变片和薄膜应变片三种。

金属电阻应变片的基本结构大体相同，由敏感栅、基底、盖片、引线和黏结剂组成。使用最早的是电阻丝应变片，如图 2.1.2 所示。将直径为 0.012～0.05mm 的高电阻率的电阻应变丝弯曲成栅状电阻体，粘贴在绝缘基片和覆盖层之间，由引线与外部电路相连。这样构成的应变片再通过黏结剂与感受被测物理量的弹性元件黏结。

由式(2.1.5)可见，应变片电阻的相对变化与应变片纵向应变成正比，并且对同一电阻材料，$K=1+2\mu$ 是常数。一般用于制造电阻丝应变片的金属丝其灵敏系数多

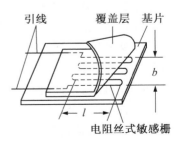

图 2.1.2　电阻应变片的基本结构

在 1.7～3.6。

箔式电阻应变片是利用照相制版或光刻腐蚀技术，将电阻箔材(厚为 0.003～0.01mm)做在绝缘基底上，制成各种形状的应变片，如图 2.1.3 所示。它具有尺寸准确、线条均匀、能适应不同的测量要求、传递试件应变性能好、横向效应小、散热性能好、允许通过的电流较大、易于批量生产等诸多优点，因此得到了广泛应用，现已基本取代了金属丝电阻应变片。

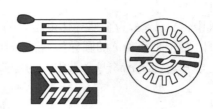

图 2.1.3　箔式电阻应变片

薄膜应变片是采用真空蒸镀、沉积或溅射的方法，将金属材料在绝缘基底上制成一定形状的、厚度在 0.1μm 以下的薄膜而形成敏感栅，最后再加上保护层。它的优点是灵敏系数高、允许电流密度大、工作范围大、易实现工业化生产，是一种很有前途的新型应变片。

电阻应变片必须被粘贴在试件或弹性元件上才能工作。黏合剂和黏合技术对测量结果有着直接的影响，因此，黏合剂的选择、粘贴技术、应变片的保护等必须认真做好。

2.1.2　电阻应变式传感器特性

在实际应用中，选用应变片时，要考虑应变片的性能参数，主要有：应变片的电阻值、灵敏度、允许电流和应变极限等。用于动态测量时，还应当考虑应变片本身的动态响应特性。市售金属电阻应变片的电阻值已趋于标准化，主要规格有 60Ω、120Ω、350Ω、600Ω 和 1000Ω 等，其中 120Ω 用得最多。敏感栅与基底之间绝缘电阻值，一般应大于 10^{10} Ω。

1. 灵敏系数(K)

将电阻应变丝做成电阻应变片后，其电阻应变特性与金属单丝时是不同的，因此必须通过实验重新测定。此实验必须按规定的统一标准进行。实验证明，$\Delta R/R$ 与 ε 的关系在很大范围内仍然有很好的线性关系，即

$$K\varepsilon = \Delta R/R \tag{2.1.7}$$

式中：K 称为电阻应变片的灵敏系数。

实验表明，应变片的灵敏系数 K 恒小于电阻丝的灵敏系数 K，究其原因，主要是在应变片中存在着横向效应。应变片的灵敏系数 K 是通过抽样测定得到的，而且一批产品只能进行抽样(5%)测定，取平均 K 值及允许公差值为应变片的灵敏系数，产品包装上表明的"标称灵敏系数"是出厂时测定的该批产品的平均灵敏系数值。

2. 横向效应

将金属丝绕成敏感栅构成应变片后，应变片的敏感栅除了有纵向丝栅外，还有圆弧形或直线形的横栅。粘贴在受单向拉伸力试件上的应变片，应变片的纵向丝栅因发生纵向拉应变 ε_x，使其电阻值增加，而应变片的横栅因同时感受纵向拉应变 ε_x 和横向压应变 ε_y，使其电阻值减小，因此应变片的横栅部分将纵向丝栅部分的电阻变化抵消了一部分，从而降低了整个电阻应变片的灵敏度。这种现象称为应变片的横向效应，如图 2.1.4 所示。

横向效应给测量带来了误差，其大小与敏感栅的构造及尺寸有关，敏感栅的纵栅愈窄、愈长，而横栅愈宽、愈短，则横向效应的影响愈小。

应当指出，制造厂商在标定应变片的灵敏系数 K 时，是在规定的特定应变场(单向应力

场, $\mu = 0.285$)下进行的, 标定出的 K 值实际上也将横向效应的影响包括在内。只要应变片在实际使用时, 符合特定条件(如平面应力状态, 或试件的 $\mu \neq 0.285$), 则会引起一定的横向效应误差, 需进行修正。

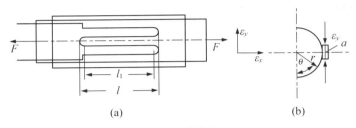

图 2.1.4　横向效应

3. 最大工作电流

最大工作电流是指已安装的应变片允许通过敏感栅而不影响其工作特性的最大电流 I_{max}。工作电流大, 输出信号也大, 灵敏度就高。但工作电流过大会使应变片过热, 灵敏系数产生变化, 零漂及蠕变增加, 甚至烧毁应变片。工作电流的选取要根据试件的导热性能及敏感栅形状和尺寸来决定。通常静态测量时取 25mA 左右。动态测量时可取 75~100mA。箔式应变片散热条件好, 电流可取得更大一些。在测量塑料、玻璃、陶瓷等导热性差的材料时, 电流可取得小一些。

4. 机械滞后

应变片粘贴在试件上, 应变片的指示应变 ε_i 与试件的机械应变 ε_m 之间应当是一确定的关系。但在实际应用时, 在加载和卸载过程中, 对于同一机械应变 ε_j, 应变片卸载时的指示应变高于加载时的指示应变, 这种现象称为应变片的机械滞后, 如图 2.1.5 所示; 其最大差值 $\Delta\varepsilon_m$ 称为应变片的机械滞后值。

5. 应变极限

对于已粘贴好的应变片, 其应变极限是指在一定温度下, 指示应变 ε_m 与受力试件的真实应变 ε_i 的相对误差达到规定值(一般为 10%)时的真实应变 ε_j, 如图 2.1.6 所示。

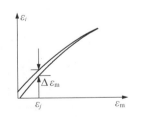
图 2.1.5　应变片的机械滞后

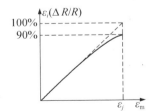
图 2.1.6　应变极限

6. 零漂和蠕变

粘贴在试件上的应变片, 温度保持恒定, 在试件不受力(即无机械应变)的情况下, 其电阻值(即指定应变)随时间变化的特性称为应变片的零漂; 如果应变片承受恒定机械应变(1000$\mu\varepsilon$ 内)长时间作用, 其指示应变随时间变化的特性称为应变片的蠕变。

7. 温度误差及其补偿

用应变片测量时, 由于环境温度变化所引起的电阻变化与试件应变所造成的电阻变化几乎有相同的数量级,从而产生很大的测量误差,称为应变片的温度误差,又称热输出。

（1）温度误差

① 敏感栅电阻随温度的变化引起的误差。当环境温度变化 Δt 时,敏感栅材料电阻温度系数为 α_t,则引起的电阻相对变化为

$$\left(\frac{\Delta R_t}{R}\right)_1 = \alpha_t \Delta t \tag{2.1.8}$$

② 试件材料的线膨胀引起的误差

$$\left(\frac{\Delta R_t}{R}\right)_2 = K(\alpha_g - \alpha_s)\Delta t \tag{2.1.9}$$

式中：K 为应变片灵敏系数;α_g 为试件膨胀系数;α_s 为应变片敏感栅材料的膨胀系数。

因此,由于温度变化形成的总电阻相对变化为

$$\frac{\Delta R}{R} = \alpha_t \Delta t + K(\alpha_g - \alpha_s)\Delta t \tag{2.1.10}$$

（2）温度补偿

电阻应变片的温度补偿方法通常有应变片自补偿和电桥补偿两大类。

1）应变片温度自补偿

① 单丝自补偿应变片（选择式自补偿应变片）

从式（2.1.10）可以看出，要使温度变化形成的总电阻相对变化为零,补偿条件为

$$\alpha_t = -K(\alpha_g - \alpha_s) \tag{2.1.11}$$

此时,温度变化所引起的附加应变得到自动补偿（消除）。

② 双金属敏感栅应变片（组合式自补偿应变片）

应变片敏感栅丝由两种不同温度系数的金属丝串接组成,两段敏感栅 R_a 和 R_b 电阻温度系数相反,如图 2.1.7（a）所示。当 $\Delta R_{at} = -\Delta R_{bt}$ 时,可实现温度补偿。通过调节两种敏感栅的长度,可使一定受力试件材料在一定温度范围内获得较好的温度自补偿。

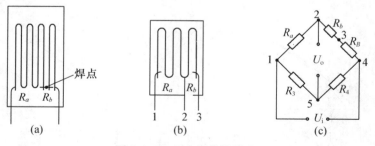

图 2.1.7　双金属线补偿法

组合式自补偿应变片的另一种形式是,串接的两种金属栅材料的电阻温度系数相同,即都为正或负。如图 2.1.7（b）、（c）所示的连接线路,也可实现温度自补偿,即

$$\frac{\Delta R_{at}}{R_a} = \frac{\Delta R_{bt}}{R_b + R_B} \tag{2.1.12}$$

从而可得

$$R_B = R_a \frac{\Delta R_{bt}}{\Delta R_{at}} - R_b \tag{2.1.13}$$

2) 补偿法

① 差动电桥线路补偿，如图 2.1.8 所示。

常用的最好的线路补偿法是电桥补偿法。工作应变片 R_1 安装在被测试件上，另选一个其特性与 R_1 相同的补偿片 R_B，安装在材料与试件相同的某补偿件上，温度与试件相同，但不承受应变。R_1 与 R_B 接入电桥相邻臂上，造成 ΔR_{1t} 与 ΔR_{Bt} 相同，根据电桥理论可知，其输出电压 U_o 与温度变化无关。当工作应变片感受应变时，电桥将产生相应输出电压。

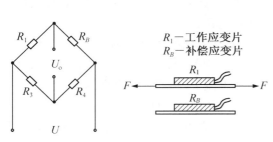

R_1 —工作应变片
R_B —补偿应变片

图 2.1.8　电桥补偿法

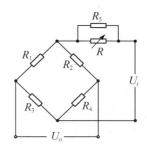

图 2.1.9　热敏电阻电路补偿法

② 热敏电阻电路补偿法，如图 2.1.9 所示。

当温度升高、应变片的灵敏度下降时，负温度系数热敏电阻 R 也下降，使电桥的输入电压升高，提高了电桥的输出阻抗电压。选择分流电阻 R_5，可以使应变片灵敏度下降对电桥输出影响得到很好的补偿。此方法的缺点是不能补偿因温度变化引起的电桥不平衡。

2.1.3　电阻应变式传感器测量电路

应变片可以将应变转换为电阻的变化 $\Delta R / R$，为了显示与记录应变的大小，还要把电阻的变化再转换为电压或电流的变化，才能用电测仪表进行测量。因此，电阻应变式传感器的测量电路通常采用直流电桥和交流电桥。为方便起见，下面仅对直流不平衡电桥进行介绍。

1. 直流电桥的主要特性

设电桥各臂的电阻分别为 R_1、R_2、R_3 和 R_4，它们可以全部或部分是应变片。由于直流放大器的输入电阻比电桥电阻大得多，因此可将电桥输出端看成开路，这种电桥称为"电压输出桥"，输出电压 U_o。如图 2.1.10 所示

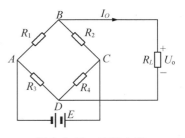

$$U_o = E\left(\frac{R_1}{R_1+R_2} - \frac{R_3}{R_3+R_4}\right)$$

$$= E\left(\frac{R_1 R_4 - R_2 R_3}{(R_1+R_2)(R_3+R_4)}\right)$$

图 2.1.10　直流电桥

当电桥各桥臂均有相应电阻变化 ΔR_1、ΔR_2、ΔR_3、ΔR_4 时

$$U_o = E \frac{(R_1+\Delta R_1)(R_4+\Delta R_4) - (R_2+\Delta R_2)(R_3+\Delta R_3)}{(R_1+\Delta R_1+R_2+\Delta R_2)(R_3+\Delta R_3+R_4+\Delta R_4)}$$

$$= E \frac{R(\Delta R_1 - \Delta R_2 - \Delta R_3 + \Delta R_4) + \Delta R_1 \Delta R_4 - \Delta R_2 \Delta R_3}{(2R + \Delta R_1 + \Delta R_2)(2R + \Delta R_3 + \Delta R_4)}$$

$$= \frac{E}{4}\left(\frac{\Delta R_1}{R} - \frac{\Delta R_2}{R} - \frac{\Delta R_3}{R} + \frac{\Delta R_4}{R}\right)(R = R_1 = R_2 = R_3 = R_4)$$

$$= \frac{E}{4}K(\varepsilon_1 - \varepsilon_2 - \varepsilon_3 + \varepsilon_4) \quad (\Delta R_i \ll R) \tag{2.1.14}$$

式(2.1.14)表明：

① 电桥的输出电压与应变成线性关系。

② 若相邻两桥臂的应变极性一致,即同为拉应变或压应变时,输出电压为两者之差;若相邻两桥臂的应变极性不同,则输出电压为两者之和。

③ 若相对两桥臂的应变极性一致,输出电压为两者之和;反之则为两者之差。

④ 电桥供电电压 E 越高,输出电压 U_o 越大。但是,当 E 大时,电阻应变片通过的电流也大,若超过电阻应变片所允许通过的最大工作电流,传感器就会出现蠕变和零漂。

⑤ 增大电阻应变片的灵敏系数 K,可提高电桥的输出电压。

合理地利用上述特性,可以进行温度补偿和提高传感器的测量灵敏度。如安装敏感元件及接成电桥时,应当使得应变 ε_1、ε_4 与 ε_2、ε_3 的符号相反,这样便可增大电桥的输出电压。

2. 单臂工作电桥的非线性及差动电桥

式(2.1.14)的线性关系是在应变片的参数变化很小,即 $\Delta R_i \ll R$ 的情况下得出的。若应变片所承受的应变太大,则上述假设不成立,电桥的输出电压与应变之间成非线性关系。在这种情况下,用按线性关系刻度的仪表进行测量必然带来非线性误差。

(1) 当考虑电桥单臂工作时,即 R 桥臂变化,设 $\Delta R_1 = \Delta R, \Delta R_2 = \Delta R_3 = \Delta R_4 = 0$,则

$$U_o = E\frac{\Delta R}{4R + 2\Delta R} = \frac{E}{4}\frac{\Delta R}{R}\frac{1}{1 + \frac{1}{2}K\varepsilon}$$

$$= \frac{E}{4}K\varepsilon\left[1 - \frac{1}{2}K\varepsilon + \frac{1}{4}(K\varepsilon)^2 - \frac{1}{8}(K\varepsilon)^3 + \cdots\right] \tag{2.1.15}$$

线性输出为

$$U_o = \frac{E}{4}K\varepsilon \tag{2.1.16}$$

非线性误差为

$$\delta_L = \frac{1}{2}K\varepsilon - \frac{1}{4}(K\varepsilon)^2 + \frac{1}{8}(K\varepsilon)^2 - \cdots \approx \frac{1}{2}K\varepsilon \tag{2.1.17}$$

(2) 采用差动电桥。

① 如图 2.1.11(a)所示为半桥差动电路,在传感器中经常使用这种接法。粘贴应变片时,使两个应变片一个受拉,一个受压,应变符号相反,工作时将两个应变片接入电桥的相邻两臂。考虑到 $\Delta R_1 = -\Delta R_2 = \Delta R, \Delta R_3 = \Delta R_4 = 0$,则由式(2.1.14)得半桥差动电路的输出电压为

$$U_\mathrm{o} = \frac{E}{2}\frac{\Delta R}{R} = \frac{E}{2}K\varepsilon \tag{2.1.18}$$

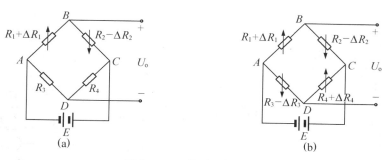

图 2.1.11　差动电桥电路

差动电桥不仅可以提高输出电压,而且还具有温度补偿作用,设温度变化所引起的附加应变为 ε_t 或附加电阻变化 ΔR_t,则半桥差动时,$\Delta R_1 = \Delta R + \Delta R_t$,$\Delta R_2 = -\Delta R + \Delta R_t$;$\varepsilon_1 = \varepsilon + \varepsilon_t$,$\varepsilon_2 = -\varepsilon + \varepsilon_t$,则

$$U_\mathrm{o} = \frac{E}{4}\left(\frac{\Delta R + \Delta R_t}{R} - \frac{-\Delta R + \Delta R_t}{R}\right) = \frac{E}{4}\left(\frac{\Delta R}{R} + \frac{\Delta R}{R}\right) = \frac{E}{2}\frac{\Delta R}{R} = \frac{E}{2}K\varepsilon$$

或
$$U_\mathrm{o} = \frac{E}{4}K(\varepsilon_1 - \varepsilon_2) = \frac{E}{4}K[(\varepsilon + \varepsilon_t) - (-\varepsilon + \varepsilon_t)] = \frac{E}{2}K\varepsilon \tag{2.1.19}$$

由式(2.1.19)可见,半桥差动电路不仅能消除非线性误差,而且还使电桥的输出灵敏度比单臂工作时提高了 1 倍,同时还能起温度补偿作用。

② 按如图 2.1.11(b)所示构成全桥差动,考虑到 $\Delta R_1 = -\Delta R_2 = -\Delta R_3 = \Delta R_4 = \Delta R$,则

$$U_\mathrm{o} = E\frac{\Delta R}{R} = EK\varepsilon \tag{2.1.20}$$

可见,全桥的电压灵敏度是单臂工作时灵敏度的 4 倍,非线性误差也得以消除,同时还具有温度补偿的作用,所以该电路得到了广泛的应用。

2.1.4　电阻应变式传感器应用

金属应变片除了直接用于测量机械、仪器以及工程结构的应力、应变外,还与某种形式的弹性元件相配合,制造成各种应变式传感器用来测量力、扭矩、位移、压力、加速度等其他物理量。

1. 电阻应变式力传感器

被测量为荷重或力的应变式传感器,统称为应变式力传感器,是工业测量中用得较多的一种传感器,其测力范围可从几克到几十万千克,主要用作各种电子秤与材料试验机的测力元件、发动机的推力测试、水坝坝体承载状况监测等。

应变式力传感器要求有较高的灵敏度和稳定性,当传感器受到侧向作用力或力的作用点发生轻微变化时,不应对输出有明显的影响。

应变式力传感器的弹性元件有柱(筒)式、悬臂梁式、环式、框式等数种。

(1) 柱(筒)式力传感器

图 2.1.12 所示为柱(筒)式力传感器,弹性敏感元件为实心或空心的柱体(截面积为 S,

材料弹性模量为 E),当柱体轴向受拉(压)力 F 作用时,在弹性范围内,应力 σ 与应变 ε 成正比关系。

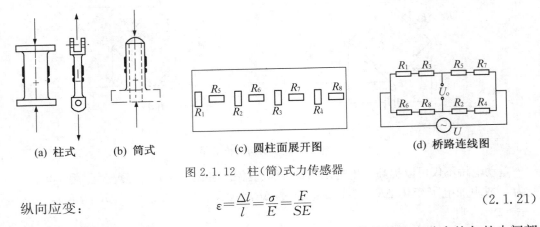

(a) 柱式　　(b) 筒式　　(c) 圆柱面展开图　　(d) 桥路连线图

图 2.1.12　柱(筒)式力传感器

纵向应变:
$$\varepsilon=\frac{\Delta l}{l}=\frac{\sigma}{E}=\frac{F}{SE}\tag{2.1.21}$$

空心圆筒多用于小集中力的测量。应变片粘贴在弹性柱体外壁应力分布均匀的中间部分,沿轴向和圆周向对称地粘贴多片应变片,电桥接线时应尽量减小载荷偏心和弯矩的影响。贴片在柱面上的展开位置及其在桥路中的连接如图 2.1.12(d)所示,其特点是 R_1、R_3 串联,R_2、R_4 串联并置于相对位置的臂上,以减少弯矩的影响。横向贴片作温度补偿用。

地磅秤一般采用柱式力传感器。

(2) 悬臂梁式力传感器

悬臂梁式传感器是一种高精度、性能优良的称重测力传感器,采用弹性梁和应变片作转换元件。当力作用在弹性元件(梁)上时,金属与应变片一起变形使应变片的电阻变化。悬臂梁主要有两种形式:等截面梁和等强度梁。结构为弹性元件一端固定,力作用在自由端,所以称悬臂梁。

① 等截面悬臂梁应变式力传感器

图 2.1.13(a)所示为等截面梁,弹性元件为一端固定的悬臂梁,力作用在自由端。在距固定端较近的表面顺着梁的长度方向分别贴上 R_1、R_4 和 R_2、R_3(R_2、R_3 在底部,图中未画出)四个电阻应变片。若 R_1、R_4 受拉力,则 R_2、R_3 将受到压力,两者应变相等,但极性相反。将它们组成差动全桥,则电桥的灵敏度为单臂工作时的 4 倍。

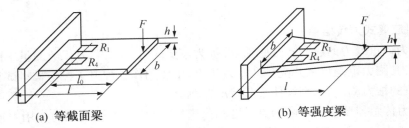

(a) 等截面梁　　　　　　　(b) 等强度梁

图 2.1.13　悬臂梁式力传感器

② 等强度悬臂梁应变式力传感器

图 2.1.13(b)所示为等强度梁,应变片在悬臂梁上的粘贴位置与应变片的组桥方式与

①相同。当在自由端加上作用力时,在梁上各处产生的应变大小相等。因此,应变片沿纵向的粘贴位置误差为零,但上下片对应位置要求仍然严格。

由梁式弹性元件制作的力传感器适于测量 500kg 以下的载荷,最小的可测几十克重的力。这种传感器具有结构简单、加工容易、应变片容易粘贴、灵敏度高等特点。

③ 其他特殊悬臂梁力传感器(见图 2.1.14)

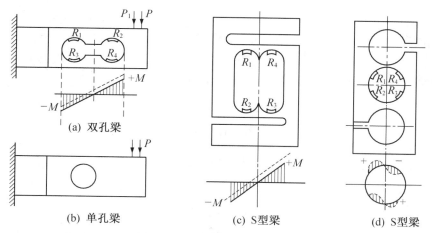

(a) 双孔梁

(b) 单孔梁

(c) S 型梁

(d) S 型梁

图 2.1.14　特殊梁式力传感器

电子秤一般采用悬臂梁式力传感器。

(3) 环式力传感器

如图 2.1.15 所示为环式力传感器结构图。与柱式相比,其特点是在外力作用下,应力分布变化较大,且有正有负。应变片按图示位置粘贴,接成全桥电路,贴片处的应变值为

$$\varepsilon = \pm \frac{3F(R-h/2)}{bh^2E}\left(1-\frac{2}{\pi}\right) \qquad (2.1.22)$$

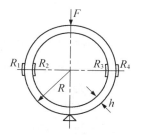

式中:h 为圆环厚度;b 为圆环宽度;E 为材料弹性模量。

图 2.1.15　环式力传感器

(4) 轮辐式力传感器

轮辐式传感器结构如图 2.1.16 所示,主要由五个部分组成:轮轴、轮圈、轮辐条、受拉和受压应变片。轮辐条可以是四根或八根,成对称形状;轮轴由顶端的钢球传递重力,圆球的压头有自动定位的功能。当外力 F 作用在轮轴上端和轮圈下面时,矩形轮辐条产生平行四边形变形,轮辐条对角线方向产生 45°的线应变。将应变片按±45°方向粘贴,8 个应变片分别粘贴在 4 个轮辐条的正反两面,组成全桥。

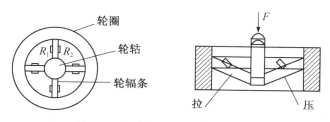

图 2.1.16　轮辐式力传感器示意图

轮辐式传感器有良好的线性,可承受大的偏心和侧向力,扁平外形抗载能力大,广泛用于矿山、料厂、仓库、车站,测量运动中的拖车、卡车,还可根据输出数据对超载车辆报警。

（5）轴剪切力传感器

应变片的粘贴方式和测量电桥的连接如图 2.1.17 所示,当弹性轴剪切力作用时,应变片受拉力,受压应力,其应变为

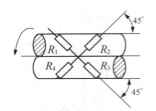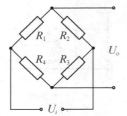

图 2.1.17　轴弹性元件式测力传感器

$$\varepsilon = \pm \frac{5(1+\mu)}{ED^3}M \text{（实心轴）} \tag{2.1.23}$$

$$\varepsilon = \pm \frac{16(1+\mu)D}{\pi E(D^4 - d^4)}M \text{（空心轴）} \tag{2.1.24}$$

式中:D 为轴外径(mm);d 为轴内径(mm);M 为扭矩(N·m);μ 为轴材料泊松比;E 为轴材料弹性模量。电桥输出电压为

$$U_o = U_i K \varepsilon \tag{2.1.25}$$

轴剪切力传感器主要用于扭矩测量。

2. 电阻应变式压力传感器

电阻应变式压力传感器主要用于液体、气体动态和静态压力的测量,如内燃机管道和动力设备管道的进气口、出气口的压力测量以及发动机喷口的压力、枪、炮管内部压力的测量等。这类传感器主要采用筒式、膜片式、组合式的弹性元件。

（1）筒式压力传感器

当被测压力较大时,多采用筒式压力传感器,如图 2.1.18 所示。圆柱体内有一盲孔,一端有法兰盘与被测系统连接。被测压力 P 进入应变筒的腔内,使筒发生变形。圆筒外表面上的环向应变(沿着圆周线)为

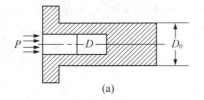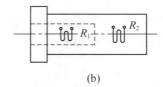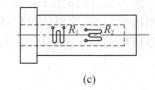

（a）　　　　　　　　　（b）　　　　　　　　　（c）

图 2.1.18　筒式压力传感器

$$\varepsilon = \frac{(2-\mu)}{E(n^2-1)}P \tag{2.1.26}$$

式中:P 为待测流体压力;μ 为筒材料泊松比;E 为筒材料弹性模量;$n = \dfrac{D_0}{D}$ 为筒外径与内径

之比。对于薄壁圆筒，可用下式计算

$$\varepsilon = \frac{PD}{2hE}(1 - 0.5\mu) \tag{2.1.27}$$

式中：$h = (D_0 - D)/2$——壁厚。

筒式压力传感器一般用于管道、枪(炮)受力测量。

(2) 膜片式压力传感器

图 2.1.19 所示是膜片式压力传感器的结构及应力分布图，应变片贴在膜片内壁，在周边固定弹性膜片受均匀压力 P 作用时，膜片产生的径向应变 ε_r 和切向应变 ε_t 表达式分别为

$$\varepsilon_r = \frac{3P}{8h^2E}(1 - \mu^2) \cdot (R^2 - 3r^2) \ （径向） \tag{2.1.28}$$

$$\varepsilon_t = \frac{3P}{8h^2E}(1 - \mu^2) \cdot (R^2 - r^2) \ （切向） \tag{2.1.29}$$

式中：P 为膜片上均匀分布的压力(Pa)；h、R 为膜片的半径和厚度(m)；E、μ 为膜片材料弹性模量和泊松比。

由图 2.1.19 可知，膜片弹性元件承受压力 P 时，其应变变化曲线的特点为：当 $r = 0$ 时，ε_r 和 ε_t 达到正最大值，$\varepsilon_{r\,max} = \varepsilon_{t\,max}$；当 $r = R$ 时，$\varepsilon_t = 0$，ε_r 达到负最大值，$\varepsilon_r = -2\varepsilon_{r\,max}$。

根据以上特点，适当粘贴应变片，如图 2.1.19 所示。一般在平膜片圆心处切向粘贴 R_2 和 R_3 两个应变片，在边缘处沿径向粘贴 R_1 和 R_4 两个应变片，接成全桥测量电路，以提高灵敏度和进行温度补偿。

若 $\varepsilon_1 = \varepsilon_4 = -\varepsilon_2 = -\varepsilon_3 = \varepsilon_{t\,max}$，则电桥输出电压为

$$U_o = U_i K \varepsilon_{max} = U_i K \frac{3PR^2}{8h^2E}(1 - \mu^2) \tag{2.1.30}$$

膜片式压力传感器的应变片一般利用金属箔做成如图 2.1.20 所示的应变花形式。

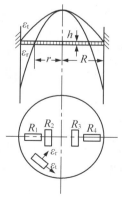

图 2.1.19 膜片式压力传感器   图 2.1.20 圆箔式应变片

(3) 组合式压力传感器

组合式压力传感器的压力敏感元件为膜片或膜盒、波纹管、弹簧管等，应变片粘贴在悬臂梁上。利用弹性元件先将压力转换成力，然后再转换成应变，从而使应变片电阻发生变化，如图 2.1.21 所示。通常取悬臂梁的刚度比压力敏感元件的刚度高得多，以抑制后者的

不稳定性和滞后等对测量的影响。这种传感器通常用于测量小压力,其缺点是固有频率低,不适于测量瞬态过程。

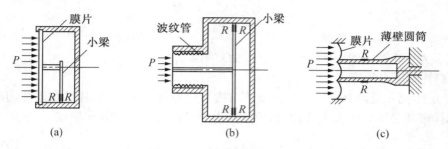

图 2.1.21　组合式压力传感器

3. 应变式容器内液体重量(或液位)传感器

图 2.1.22 所示是插入式测量容器内液体重量的传感器示意图。该传感器有一根传压杆,上端安装腰形筒微压传感器,下端安装感压膜,在三者空腔内充满传压介质并密封。传压介质的压力和被测溶液的压力作用在感压膜的内、外侧,由于空腔内传压介质的高度比被测溶液的高度高,因而腰形筒微压传感器处于负压状态。为了提高测量的灵敏度,共安装了两只性能完全相同的微压传感器。

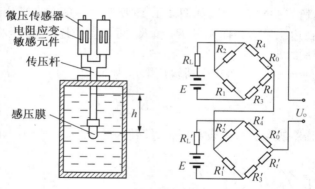

图 2.1.22　应变片容器内液体重量传感器

当容器中的溶液多时,感压膜感受的压力就大。将两只微压传感器的电桥接成如图 2.1.22 所示的正向串接的双电桥电路,则输出电压为

$$U_{\circ} = U_1 - U_2 = (K_1 - K_2)h\rho g \qquad (2.1.31)$$

式中:K_1、K_2 为传感器的传输系数;g 为重力加速度(m/s^2);ρ 为被测溶液的密度(kg/m^3)。

如果被测溶液的密度不变,当容器中溶液的液位 h 变化时,则输出电压也变化,这样就成为液位传感器。

由于 $h\rho g$ 表征着感压膜上面液体的压强,对于等截面的柱式容器,有

$$h\rho g = \frac{Q}{A} \qquad (2.1.32)$$

式中:Q 为容器内感压膜上面溶液的重量(N);A 为柱形容器的截面积(m^2)。

将式(2.1.31)与式(2.1.32)联立,得到容器内感压膜上面溶液重量与电桥输出电压之

间的关系式为

$$U_。= \frac{(K_1 - K_2)Q}{A}$$

(2.1.33)

式(2.1.33)表明,电桥的输出电压与柱形容器内感压膜上面溶液的重量呈线性关系,因此用此种方法可以测量容器内储存的溶液重量。

4. 电阻应变式加速度传感器

应变式加速度传感器主要用于物体加速度的测量。其基本工作原理是:物体运动的加速度 a 与作用在它上面的力 F 成正比,与物体的质量 m 成反比,即 $a = F/m$。

图 2.1.23 所示的是应变片式加速度传感器的结构示意图,图中 1 是等强度应变梁,自由端安装质量块 2,另一端固定在壳体 3 上。等强度梁上粘贴 4 个电阻应变片 4,并组成全桥测量电路。为了调节振动系统阻尼系数,在壳体内充满了硅油。

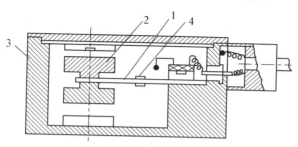

图 2.1.23 应变式加速度传感器
1-等强度应变梁;2-质量块;3-壳体;4-电阻应变片

测量时,将传感器壳体与被测对象刚性连接,当被测物体以加速度 a 运动时,质量块受到一个与加速度方向相反的惯性力作用,使悬臂梁变形,该变形被粘贴在其上的应变片感受到并随之产生应变,从而使应变片的电阻发生变化,桥路输出不平衡电压,即可得出加速度 a 值的大小。这种传感器在低频(10~60Hz)振动测量中已得到广泛的应用,但不适用于频率较高的振动和冲击。

2.2 压阻式传感器

金属电阻应变片性能稳定、精度较高,至今还在不断地改进和发展,并在一些高精度应变式传感器中得到了广泛的应用。这类应变片的主要缺点是应变灵敏系数较小。而 20 世纪 50 年代中期出现的半导体应变片可以改善这一不足,其灵敏系数比金属电阻应变片约高 50 倍,主要有体型半导体应变片和扩散型半导体应变片。用半导体应变片制作的传感器称为压阻式传感器,其工作原理是基于半导体材料的压阻效应。

由于半导体材料对温度很敏感,因此压阻式传感器的温度误差较大,必须要有温度补偿。

2.2.1 半导体压阻效应和压阻式传感器工作原理

1. 半导体压阻效应和压阻式传感器工作原理

半导体的压阻效应是指单晶半导体材料在沿某一轴向受外力作用时,其电阻率发生很大变化的现象。不同类型的半导体,施加载荷的方向不同,压阻效应也不一样。目前使用最多的是单晶硅半导体。

对于长 l,截面积 S,电阻率 ρ 的条形半导体应变片,在纵向力 F 作用下利用式(2.1.5)的结果,对于金属材料,$\Delta\rho/\rho$ 项值很小,可以忽略不计;对半导体材料,$\Delta\rho/\rho$ 项值很大,因此可得

$$\frac{\Delta R}{R} = (1+2\mu)\varepsilon + \frac{\Delta\rho}{\rho} \approx \frac{\Delta\rho}{\rho} = \pi_L E\varepsilon = \pi_L\sigma \qquad (2.2.1)$$

可见,半导体材料的电阻值变化主要是由电阻率变化引起的,而电阻率 ρ 的变化是由应变引起的。因此,半导体单晶的应变灵敏系数可表示为

$$K_B = \frac{\Delta R/R}{\varepsilon} = (1+2\mu) + \frac{\Delta\rho/\rho}{\varepsilon} \approx \pi_L E \qquad (2.2.2)$$

式中:E 为半导体应变片材料的弹性模量;π_L 为半导体晶体材料的纵向压阻系数,与晶向有关。

半导体的应变灵敏系数还与掺杂浓度有关,它随杂质的增加而减小。

2. 体型半导体应变片的结构形式

体型半导体电阻应变片是从单晶硅或锗上切下薄片制成的应变片,结构形式如图2.2.1所示。

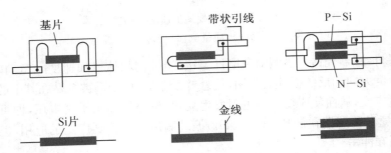

图 2.2.1　体型半导体应变片的结构形状

半导体应变片的主要优点是灵敏系数比金属电阻应变片的灵敏系数大数十倍。通常不需要放大器就可以直接输入显示器或记录仪,可简化测试系统;另外,它的横向效应和机械滞后极小。但是,半导体应变片的温度稳定性和线性度比金属电阻应变片差得多,很难用它制作高精度的传感器,只能作为其他类型传感器的辅助元件。近年来,由于半导体材料和制作技术的提高,半导体应变片的温度稳定性和线性度都得到了改善。

2.2.2　测量电路和温度补偿

1. 半导体电阻应变片的测量电路

在半导体应变片组成的传感器中,均由 4 个应变片组成全桥电路,将 4 个应变片粘贴在弹性元件上,其中 2 个应变片在工作时受拉,而另外 2 个受压,从而使电桥输出的灵敏度达到最大。电桥的供电电源可采用恒流源,也可以采用恒压源。因此,桥路输出的电压与应变片阻值变化的关系有所不同。

直流电桥电路,但须采用温度补偿措施,如图 2.2.2 所示。

2. 零点温度补偿

零点温度漂移是由于 4 个扩散电阻的阻值及其温度系数不一致造成的。一般用串、并联电阻的方法进行补偿,如图 2.2.2 所示。

图中,R_s 是串联电阻,主要起调零作用;R_p 是并联电阻,采用负温度系数且阻值较大的热敏电阻,主要起补偿作用。适当选择两者的数值,可以使电桥失调为零,而且在调零之后温度变化原则上不会引起零点漂移。

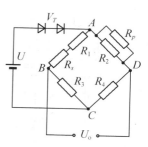

图 2.2.2 温度补偿电路

3. 灵敏度温度补偿

灵敏度温度漂移是由于压阻系数随温度变化引起的。温度升高时,压阻系数变小;温度降低时,压阻系数变大,说明传感器的温度灵敏系数为负值。

补偿灵敏度温度漂移可以利用在电源回路中串联二极管的方法。温度升高时,灵敏度降低,这时如果提高电源的电压,使电桥的输出适当增大,便可达到补偿的目的。反之,温度降低时,灵敏度升高,如果使电源电压降低,电桥的输出适当减小,同样可达到补偿的目的。由于二极管 PN 结的温度特性为负值,温度每升高 1℃时,正向压降约减小 $1.9 \sim 2.4 \text{mV}$。将适当数量的二极管串联在电桥的电源回路中(见图 2.2.2),电源采用恒压源,当温度升高时,二极管的正向压降减小,于是电桥的桥压增加,使其输出增大。只要计算出所需二极管的个数,将其串入电桥电源回路,便可以达到补偿的目的。用这种方法进行补偿时,必须考虑二极管正向压降的阀值,如硅管为 0.7V,锗管为 0.3V,因此,要求恒压源提供的电压应有一定的提高。

2.2.3 压阻式传感器应用

压阻式传感器应用领域比较广泛。在航空工业,用硅压力传感器测量机翼气流压力分布,发动机进气口处的动压畸变。在生物医学中,将 $10\mu\text{m}$ 厚的硅膜片注射到生物体内,可做体内压力测量,插入心脏导管内测量心血管以及颅内、眼球内压力。兵器工业也使用压阻式传感器来测量爆炸压力和冲击波,测量枪炮腔内压力。压阻式传感器所需电流小,在可燃体和气体许可值以下,是理想的防爆压力传感器,所以也用于防爆检测。

利用半导体材料的压阻效应,在一定晶向的晶片上利用集成电路工艺技术扩散制作应变电阻和测量电路,称为扩散硅压阻式传感器或固态压阻式传感器。

1. 扩散型压阻式压力传感器

为了克服半导体应变片粘贴造成的缺点,采用 N 型单晶硅为传感器的弹性元件,在它上面直接蒸镀半导体电阻应变薄膜,制成扩散型压阻式传感器。扩散型压阻式传感器属于半导体应变片传感器,它是直接在硅弹性元件上扩散出敏感栅,而不是用黏结剂将敏感栅粘贴在弹性元件上。

图 2.2.3(a)所示是扩散型压阻式压力传感器的简单结构图,其核心部分是一块圆形硅膜片,在膜片上,利用扩散工艺设置有 4 个阻值相等的电阻,用导线将其构成平衡电桥。膜片的四周用圆环(硅环)固定,如图 2.2.3(b)所示。膜片的两边有两个压力腔,一个是与被测系统相连接的高压腔,另一个是低压腔,一般与大气相通。

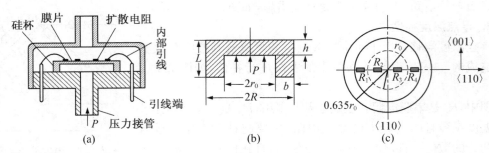

图 2.2.3 压阻式压力传感器

当膜片两边存在压力差时,膜片产生变形,膜片上各点产生应力。4 个电阻在应力作用下,阻值产生变化,电桥失去平衡,输出相应的电压。该电压与膜片两边的压力差成正比。这样,测得不平衡电桥的输出电压,就测出了膜片受到的压力差的大小。

4 个电阻的配置位置按膜片上径向压力 σ_r 和切向应力 σ_t 的分布情况确定。当膜片上的应力分布:

$$\sigma_r = \frac{3P}{8h^2}\left[(1+\mu)r_0^2 - (3+\mu)r^2\right] \tag{2.2.3}$$

$$\sigma_t = \frac{3P}{8h^2}\left[(1+\mu)r_0^2 - (1+3\mu)r^2\right] \tag{2.2.4}$$

式中:μ 为硅材料的泊松比,$\mu=0.35$;r_0、r、h 分别为硅膜片的有效半径、计算半径和厚度。设计时,适当安排电阻的位置,可以组成差动电桥。

扩散型压阻式压力传感器的主要优点是体积小,结构比较简单,动态响应好,灵敏度高,能测出十几帕的微压,长期稳定性好,滞后和蠕变小,频率响应高,便于生产,成本低。因此,目前它是一种比较理想的、发展较为迅速的压力传感器。

这种传感器的测量准确度受到非线性和温度的影响。现在出现的智能压阻式压力传感器,它利用微处理器对非线性和温度误差进行补偿,利用大规模集成电路技术,将传感器与微处理器集成在同一片硅片上,兼有信号检测、处理、记忆等功能,从而大大提高了传感器的稳定性和测量准确度。

2. 压阻式加速度传感器

压阻式加速度传感器以单晶硅悬臂梁作为敏感元件,如图 2.3.4 所示。4 个扩散电阻扩散在其根部的两面。

当梁的自由端的质量块 M 受到加速度 a 作用时,质量块产生惯性力 ma,悬臂梁受到弯矩作用发生变形产生应力,使扩散电阻阻值变化 ΔR。由 4 个电阻组成的电桥产生与加速度

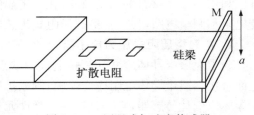

图 2.3.4 压阻式加速度传感器

成比例的电压输出。恰当地选择传感器尺寸及阻尼系数,可用来测量低频加速度与直线加速度。

思考题与习题

2-1　什么是应变效应？什么是压阻效应？什么是横向效应？试说明金属应变片与半导体应变片的相同和不同之处。

2-2　题 2-2 图所示为一直流应变电桥，$E=4\text{V}$，$R_1=R_2=R_3=R_4=350\Omega$，求：① R_1 为应变片，其余为外接电阻，R_1 增量为 $\Delta R_1=3.5\Omega$ 时输出 $U_o=$？② R_1、R_2 是应变片，感受应变极性大小相同，其余为电阻，电压输出 $U_o=$？③ R_1、R_2 感受应变极性相反，输出 $U_o=$？④ R_1、R_2、R_3、R_4 都是应变片，对臂同性，邻臂异性，电压输出 $U_o=$？

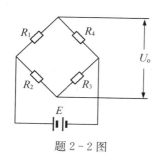

题 2-2 图

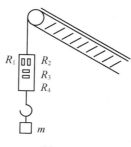

题 2-5 图

2-3　说明电阻应变片的组成和种类。电阻应变片有哪些主要特性参数？

2-4　说明应变片产生温度误差的原因及减小或补偿温度误差的方法是什么？

2-5　有一吊车的拉力传感器如题 2-5 图所示。其中电阻应变片 R_1、R_2、R_3、R_4 贴在等截面轴上。已知 R_1、R_2、R_3、R_4 标称阻值均为 120Ω，桥路电压为 2V，物重 m 引起 R_1、R_2 变化增量为 1.2Ω。画出应变片组成的电桥电路。计算出测得的输出电压。说明 R_3、R_4 起到什么作用？

2-6　钢材上粘贴的应变片的电阻变化率为 0.1%，钢材的应力为 10kg/mm^2，求：

① 钢材的应变。

② 钢材的应变为 300×10^{-6} 时，粘贴的应变片的电阻变化率为多少？

2-7　截面积为 1mm^2、长度为 100m 铜线的电阻为多少？具有和它相同电阻的 100m 铝线的截面积为多大？比较此时的铝线质量和铜线质量。

2-8　什么是应变片的灵敏系数？它与电阻丝的灵敏系数有何不同？为什么？

第3章 电感式传感器

电感式传感器基于电磁感应原理,利用磁场变换引起线圈的自感量或互感量的变化,把被测的非电量转化为电感量的一种装置。它能把输入的物理量,如位移、振动、力、速度、加速度、扭矩及流量等转换为电量。

电感式传感器的种类比较多,按照转换方式的不同可分为自感式传感器、差动变压器(互感式传感器)、涡流传感器、压磁式传感器和感应同步器等。根据结构形式不同,可以分为气隙式和螺线管式两种。根据改变的参数不同,又可以分为变气隙厚度式、变气隙面积式和变铁芯导磁率式三种。

电感式传感器具有以下优点:结构简单、工作可靠、寿命长;灵敏度高、分辨率高;测量精度高、线性好;性能稳定、重复性好;输出阻抗小、输出功率大;不受环境湿度和其他污染物的影响,适合在恶劣环境中工作。电感传感器的缺点是:频率低、动态响应慢,不宜做快速动态测量;存在交流零位信号;要求附加电源的频率和幅值的稳定度高;其灵敏度、线性度和测量范围相互制约,测量范围越大,灵敏度越低。本章将对自感式传感器、差动变压器和涡流传感器的原理以及应用进行介绍。

3.1 自感式传感器

自感式传感器是把被测量变化转换成自感 L 的变化,通过一定的转换电路转换成电压或电流输出。图 3.1.1 所示是自感式传感器原理图,一般由铁芯、线圈和衔铁组成。铁芯和衔铁都是由导磁材料如硅钢片、软铁、坡莫合金制成。在图 3.1.1(a)、(b)中,铁芯上绕有线圈,铁芯与活动衔铁之间有气隙 δ,衔铁与被测体相连。当衔铁产生位移时,气隙厚度 δ 或铁芯与衔铁的覆盖面积,即空气隙磁通的截面积 S 发生变化,从而导致电感 L 发生变化,然后通过测量电路转换成与位移成正比的电量,实现由非电量到电量的转换。

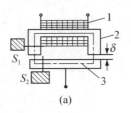 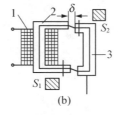 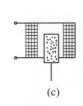

(a)　　　　　　　　　　(b)　　　　　　　　　　(c)

图 3.1.1　自感式传感器原理图

1-线圈；2-铁芯；3-衔铁

尽管在铁芯与衔铁之间有一个空气隙 δ，但由于其值不大，所以磁路可以看做是封闭的。由磁路欧姆定律可知，磁路中的磁通 Φ 与磁势 IN 成正比，与磁路的磁阻 R_m 成反比，即匝数为 N 的铁芯线圈通入电流 I 后，磁路中的交变磁通为

$$\Phi = \frac{IN}{R_m} \tag{3.1.1}$$

则线圈中的感生电势为

$$E_L = -L\frac{\mathrm{d}I}{\mathrm{d}t} = -\frac{\mathrm{d}\Psi}{\mathrm{d}t} = -N\frac{\mathrm{d}\Phi}{\mathrm{d}t} \tag{3.1.2}$$

由式(3.1.1)、式(3.1.2)可得线圈的电感为

$$L = \frac{N^2}{R_m} \tag{3.1.3}$$

对于图 3.1.1(a)的情况，因为气隙厚度 δ 较小，可以认为气隙磁场是均匀的，若忽略磁路铁损，则磁路中的总磁阻 R_m 可以写成

$$R_m = R_F + R_\delta = \sum \frac{l_i}{\mu_i S_i} + \frac{2\delta}{\mu_0 S} \tag{3.1.4}$$

其中

$$R_F = \frac{l_1}{\mu_1 S_1} + \frac{l_2}{\mu_2 S_2}, R_\delta = \frac{2\delta}{\mu_0 S}$$

式中：I 为通过线圈的电流，单位为 A；N 为线圈的匝数；Φ 为穿过线圈的磁通，单位为 Wb；Ψ 为回路总磁通，单位为 Wb；R_m 为磁路总磁阻，单位为 1/H；R_F 为铁磁材料的磁阻，单位为 1/H；R_δ 为气隙磁阻，单位为 1/H；l_1、l_2 为铁芯、衔铁的长度，单位为 m；μ_1、μ_2 为铁芯、衔铁的磁导率，单位为 H/m；S_1、S_2 为铁芯、衔铁的截面积，单位为 m^2；δ 为空气隙的厚度，单位为 m；μ_0 为真空磁导率，$\mu_0 = 4\pi \times 10^{-7}$ H/m；S 为空气隙磁通的截面积，单位为 m^2。

将式(3.1.4)代入式(3.1.3)，得

$$L = \frac{N^2}{\sum \dfrac{l_i}{\mu_i S_i} + \dfrac{2\delta}{\mu_0 S}} \tag{3.1.5}$$

当铁芯的结构和材料确定之后，式(3.1.5)分母第一项为常数，此时自感 L 是气隙厚度 δ 和气隙磁通截面积 S 的函数，即 $L = f(\delta, S)$。如果保持 S 不变，则 L 为 δ 的单值函数，可构成变气隙型自感传感器；如果保持 δ 不变，使 S 随位移而变，则可构成变截面型自感传感器。若如图 3.1.1(c)所示，线圈中放入圆柱形衔铁，当衔铁做上下位移，自感量将做相应变化，这就可构成螺线管型自感传感器。利用某些铁磁材料的压磁效应来改变铁芯的磁导率 μ_1，则可构成压磁式传感器。

由于电感传感器使用的导磁性材料一般都工作在非饱和状态，其磁导率远远大于空气的磁导率 μ_0（大数千倍），因此铁芯磁阻与气隙磁阻相比是非常小的，即 $R_F \ll R_\delta$，常常可以忽略不计，则式(3.1.5)可以简化为 $L \approx \dfrac{N^2}{R_\delta} = \dfrac{\mu_0 N^2 S}{2\delta}$，这也是常用的电感传感器的基本特性表达式。

3.1.1　变气隙式自感传感器

如图 3.1.1(a) 所示为变气隙厚度式自感传感器结构示意图。由于变气隙厚度式自感传感器的气隙通常较小，可以认为气隙中的磁场分布是均匀的。磁路总磁阻可改写为

$$R_m = \frac{l_1}{\mu_1 S_1} + \frac{l_2}{\mu_2 S_2} + \frac{2\delta}{\mu_0 S_0} \qquad (3.1.6)$$

式中：μ_1、l_1 分别为铁芯材料的磁导率和通过铁芯的磁通长度，单位为 m；μ_2、l_2 分别为衔铁材料的磁导率和通过衔铁的磁通长度，单位为 m；S_1、S_2 分别为铁芯和衔铁的截面积，单位为 m^2；μ_0 为真空磁导率，$\mu_0 = 4\pi \times 10^{-7}$ H/m；S_0 为气隙截面积，单位为 m^2；δ 为气隙宽度，单位为 m。

通常导磁材料的磁阻远远小于空气的磁阻，即铁芯和衔铁的磁阻远小于气隙的磁阻，即

$$\frac{2\delta}{\mu_0 S_0} \gg \frac{l_1}{\mu_1 S_1}, \quad \frac{2\delta}{\mu_0 S_0} \gg \frac{l_2}{\mu_2 S_2}$$

则式(3.1.6)可写为

$$R_m \approx \frac{2\delta}{\mu_0 S_0} \qquad (3.1.7)$$

将式(3.1.7)代入式(3.1.3)得

$$L = \frac{N^2}{R_m} = \frac{N^2 \mu_0 S_0}{2\delta} \qquad (3.1.8)$$

由式(3.1.8)可知，L 与 δ 之间是非线性关系，特性曲线如图 3.1.2 所示。设自感传感器初始气隙为 δ_0，初始电感量为 L_0，衔铁位移引起气隙变化量为 $\Delta\delta$，当衔铁处于初始位置时，初始电感量为

$$L_0 = \frac{N^2 \mu_0 S_0}{2\delta_0}$$

当衔铁上移 $\Delta\delta$ 时，将 $\delta = \delta_0 - \Delta\delta$，$L = L_0 + \Delta L$ 代入式(3.1.8)并整理得

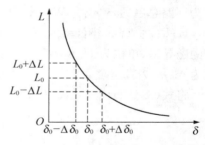

图 3.1.2　变隙式电感传感器 L-δ 特性

$$L = L_0 + \Delta L = \frac{N^2 \mu_0 S_0}{2(\delta_0 - \Delta\delta)} = \frac{L_0}{1 - \dfrac{\Delta\delta}{\delta_0}} \qquad (3.1.9)$$

当 $\Delta\delta/\delta_0 \ll 1$ 时，式(3.1.9)用泰勒级数展开成如下的级数形式

$$L = L_0 + \Delta L = L_0 \left[1 + \frac{\Delta\delta}{\delta_0} + \left(\frac{\Delta\delta}{\delta_0}\right)^2 + \cdots\right] \qquad (3.1.10)$$

$$\Delta L = L_0 \frac{\Delta\delta}{\delta_0} \left[1 + \frac{\Delta\delta}{\delta_0} + \left(\frac{\Delta\delta}{\delta_0}\right)^2 + \cdots\right] \qquad (3.1.11)$$

$$\frac{\Delta L}{L_0} = \frac{\Delta\delta}{\delta_0} \left[1 + \frac{\Delta\delta}{\delta_0} + \left(\frac{\Delta\delta}{\delta_0}\right)^2 + \cdots\right] \qquad (3.1.12)$$

同理，当衔铁随被测物体的初始位置向下移动 $\Delta\delta$ 时，有

$$L = L_0 - \Delta L = \frac{N^2 \mu_0 S_0}{2(\delta_0 + \Delta\delta)} = \frac{L_0}{1 + \dfrac{\Delta\delta}{\delta_0}} \tag{3.1.13}$$

$$L = L_0 - \Delta L = L_0 \left[1 - \frac{\Delta\delta}{\delta_0} + \left(\frac{\Delta\delta}{\delta_0}\right)^2 - \cdots \right] \tag{3.1.14}$$

$$\Delta L = L_0 \frac{\Delta\delta}{\delta_0} \left[1 - \frac{\Delta\delta}{\delta_0} + \left(\frac{\Delta\delta}{\delta_0}\right)^2 - \left(\frac{\Delta\delta}{\delta_0}\right)^3 + \cdots \right] \tag{3.1.15}$$

$$\frac{\Delta L}{L_0} = \frac{\Delta\delta}{\delta_0} \left[1 - \frac{\Delta\delta}{\delta_0} + \left(\frac{\Delta\delta}{\delta_0}\right)^2 - \left(\frac{\Delta\delta}{\delta_0}\right)^3 + \cdots \right] \tag{3.1.16}$$

对式(3.1.12)和式(3.1.16)作线性处理,即忽略高次项后可得

$$\frac{\Delta L}{L_0} = \frac{\Delta\delta}{\delta_0} \tag{3.1.17}$$

还可以得到变气隙式电感传感器的灵敏度 K_L 为

$$K_L = \frac{\Delta L/L_0}{\Delta\delta} = \frac{1}{\delta_0} \tag{3.1.18}$$

传感器的非线性误差为

$$\gamma_0 = \frac{\Delta\delta}{\delta} \times 100\% \tag{3.1.19}$$

　　上述分析说明,单线圈变气隙厚度式电感传感器的输入—输出特性是非线性的。由式(3.1.18)可见,变间隙式自感传感器的测量范围与灵敏度及线性度是相互矛盾的,欲提高变气隙式厚度自感传感器的灵敏度,需要减小气隙厚度 δ,因此变气隙式自感传感器适用于测量微小位移场合。但是由式(3.1.19)可见,减小气隙厚度 δ,会增加非线性误差,而且受到工艺和结构的限制。为保证一定的测量范围与线性度,常取 $\delta = 0.1 \sim 0.5$mm,$\Delta\delta = (0.1 \sim 0.2)\delta$,这种传感器在制作上难度比较大。

　　灵敏度高的单线圈变气隙厚度式电感传感器的非线性误差比较大,要想既提高其灵敏度,又减小非线性误差,唯一的办法是采用差动式结构。图 3.1.3 所示为差动变隙式电感传感器的原理结构图。由图可知,差动变隙式电感传感器是由两个完全相同的电感线圈合用一个衔铁和相应磁路组成的。测量时,衔铁与被测件相连,当被测体上下移动时,带动衔铁也以相同的位移上下移动,使两个磁回路中磁阻发生大小相等、方向相反的变化,导致一个线圈的电感量增加,另一个线圈的电感量减小,形成差动形式。使用时,两个电感线圈接在交流电桥的相邻桥臂,另两个桥臂接有电阻。

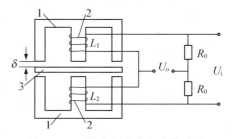

图 3.1.3　差动变隙式电感传感器
1-铁芯;2-线圈;3-衔铁

　　当衔铁向上移动时,两个线圈的电感变化量 ΔL_1、ΔL_2 分别由式(3.1.12)和式(3.1.16)表示,电桥输出电压与 ΔL_1、ΔL_2 之和 ΔL 有关,差动传感器电感的总变化量 $\Delta L = \Delta L_1 + \Delta L_2$,即

$$\Delta L_1 = L_0 \frac{\Delta\delta}{\delta_0}\left[1 + \frac{\Delta\delta}{\delta_0} + \left(\frac{\Delta\delta}{\delta_0}\right)^2 + \cdots\right] \tag{3.1.20}$$

$$\Delta L_2 = L_0 \frac{\Delta\delta}{\delta_0}\left[1 - \frac{\Delta\delta}{\delta_0} + \left(\frac{\Delta\delta}{\delta_0}\right)^2 - \cdots\right] \tag{3.1.21}$$

$$\Delta L = \Delta L_1 + \Delta L_2 = 2L_0 \frac{\Delta\delta}{\delta_0}\left[1 + \left(\frac{\Delta\delta}{\delta_0}\right)^2 + \left(\frac{\Delta\delta}{\delta_0}\right)^4 + \cdots\right] \tag{3.1.22}$$

对式(3.1.22)进行线性处理,即忽略高次项得

$$\frac{\Delta L}{L_0} = 2\frac{\Delta\delta}{\delta_0} \tag{3.1.23}$$

则差动变隙式电感传感器灵敏度 K_L 为

$$K_L = \frac{\Delta L/L_0}{\Delta\delta} = \frac{2}{\delta_0} \tag{3.1.24}$$

比较式(3.1.18)和式(3.1.24),可得出关于差动变间隙式自感传感器与变间隙式自感传感器特性的以下结论:

(1) 差动变间隙式自感传感器的灵敏度是单线圈式自感传感器的两倍。

(2) 差动变间隙式自感传感器,由于 $\Delta\delta/\delta_0 \ll 1$,单线圈是忽略 $\left(\frac{\Delta\delta}{\delta_0}\right)^2$ 以上高次项,差动式是忽略 $\left(\frac{\Delta\delta}{\delta_0}\right)^3$ 以上高次项,可见非线性误差减少了一个数量级,因此差动变间隙式自感传感器线性度得到明显改善。

差动式电感传感器的工作行程也很小,若 $\delta = 2\text{mm}$,则行程为 $0.2 \sim 0.4\text{mm}$;较大行程的位移测量常常采用螺线管式电感传感器。

3.1.2 变面积式自感传感器

如图 3.1.1(b)所示的传感器气隙厚度 l_δ 保持不变,假设磁通的截面积 S 随着被测的非电量而改变,即构成变气隙面积式自感传感器。

假设铁芯材料和衔铁材料的磁导率相同,则该变面积自感传感器的自感 L 为

$$L = \frac{N^2}{\frac{l_\delta}{\mu_0 S} + \frac{l}{\mu_0\mu_r S'}} \approx \frac{N^2 \mu_0}{l_\delta}S = K'S \tag{3.1.25}$$

式中:μ_0 为真空磁导率,$\mu_0 = 4\pi \times 10^{-7}\text{H/m}$;$l_\delta$ 为气隙总长度,单位为 m;l 为铁芯和衔铁中磁路总长度,单位为 m;μ_r 为铁芯和衔铁材料相对磁导率,无量纲;S 为气隙的磁通截面积,单位为 m^2;S' 为铁心和衔铁中磁通截面积,单位为 m^2;$K' = \frac{N^2 \mu_0}{l_\delta}$ 为一常数。

对式(3.1.25)进行微分计算可得变面积式自感传感器的灵敏度 K_0 为

$$K_0 = \frac{\mathrm{d}L}{\mathrm{d}S} = K' \tag{3.1.26}$$

可见,变面积式自感传感器在忽略气隙磁通边缘效应的条件下,输入与输出呈线性关系因而能得到较大的线性范围,所以应用比较广泛。但是与变气隙式自感传感器相比,其灵敏

度降低。这种单磁路的电感传感器一般不用于较精密的测量仪表和系统,主要应用在一些继电信号装置中。

3.1.3　螺线管式自感传感器

螺线管式自感传感器有单线圈螺线管式(见图 3.1.1(c))和差动螺线管式两种结构形式(见图 3.1.4)。图 3.1.1(c)所示的单线圈螺线管式自感传感器是由多层绕制的细长线圈、铁磁性壳体和可以沿着线圈轴向移动的活动衔铁组成。进行测量时,活动铁芯随着被测物体移动,导致线圈电感量发生变化,即线圈电感量与铁芯插入深度有关。

这种传感器的工作原理是以线圈泄漏路径上的磁阻变化为基础的。由于这类传感器磁路没有封闭,线圈长度又不可能很长,因此当线圈通入电流后,它产生的磁场是不均匀的。同时还要考虑活动衔铁产生的附加磁场,所以要精确计算线圈内的磁场强度非常困难。但是,实践与理论均证明,如果满足 $l \gg r$,忽略一些次要因素,则线圈内的磁场可以认为是均匀的。在该情况下可以求得空心线圈(衔铁插入深度 $l_c=0$)的电感值为

$$L_0 = \frac{\mu_0 S N^2}{l} = \frac{\pi r^2 \mu_0 N^2}{l} \tag{3.1.27}$$

式中: L_0 为空心线圈的电感值,单位为 H; μ_0 为线圈与壳体之间空气隙的磁导率,近似为真空磁导率, $\mu_0 = 4\pi \times 10^{-7}$ H/m; S 为线圈内孔截面积,单位为 m²; N 为线圈匝数; r 为线圈内径,单位为 m; l 为单个螺管线圈长度,单位为 m。

当衔铁插入线圈时,因衔铁的极化作用,被衔铁覆盖的部分线圈的电感量增大,此电感量即为整个线圈的电感增量。当磁铁插入线圈深度为 x,且小于螺管长度 l,则单个线圈电感量和衔铁进入长度的关系为

$$L = \frac{\pi \mu_0 N^2}{l^2} \left[l r^2 + (\mu_m - 1) x r_c^2 \right] \tag{3.1.28}$$

或

$$L = L_0 \left[1 + (\mu_m - 1) \frac{x}{l} \left(\frac{r_c}{r} \right)^2 \right]$$

式中: L 为单个线圈的电感量,单位为 H; L_0 为空心螺管线圈的电感量,单位为 H; N 为单个线圈的匝数; r 为线圈的平均半径,单位为 m; r_c 为柱形衔铁的半径,单位为 m; l 为单个螺管线圈长度,单位为 m; x 为柱形衔铁插入到单个螺线管内的长度,单位为 m; μ_m 为铁芯的有效磁导率,单位为 H/m。

在式(3.1.28)中,当螺线管结构固定后, r、 N、 l、 r_c 及 μ_m 均为定值。可见,螺线管插铁型电感传感器的电感量 L 与位移量 x 有线性关系。

若衔铁插入位移为 x,则螺管线圈电感的变化量为

$$\Delta L = L - L_0$$
$$= L_0 (\mu_m - 1) \frac{x}{l} \left(\frac{r_c}{r} \right)^2 \tag{3.1.29}$$

相对变化量为

$$\frac{\Delta L}{L_0} = (\mu_m - 1) \frac{x}{l} \left(\frac{r_c}{r} \right)^2 \tag{3.1.30}$$

其电感灵敏度为

$$\frac{\Delta L}{x} = L_0 (\mu_m - 1) \frac{x}{l} \left(\frac{r_c}{r}\right)^2 = \frac{\pi r^2 \mu_0 N^2}{l^2} (\mu_m - 1) \left(\frac{r_c}{r}\right)^2 \qquad (3.1.31)$$

式(3.1.29)和式(3.1.30)表明,螺线管插铁式电感传感器的电感量(或电感相对变化量)与输入位移量成正比,但由于螺线管内磁场强度沿轴向并非均匀,因而实际上螺线管插铁型传感器的 $L-x$ 关系并非线性。由式(3.1.31)可知,欲提高传感器的灵敏度可以采取以下措施:增加 N(可以采用细导线绕制或者增加线圈层数);增加铁芯半径 r_c;增大铁芯磁导率 μ_m。

螺线管插铁型结构的电感传感器量程大、结构简单、易于制作,但是灵敏度低,因而广泛应用于测量大量程的线性位移传感器。图 3.1.4 所示为开磁路差动螺线管式电感传感器的结构原理图。它是由两个完全相同的螺线管相连,铁芯初始状态处于对称位置上,使两边螺线管的初始电感值相等,即

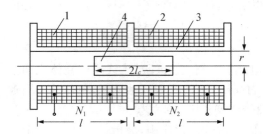

图 3.1.4　差动螺线管式电感传感器结构原理
1-螺线管线圈Ⅰ;2-螺线管线圈Ⅱ;3-骨架;4-活动铁芯

$$L_0 = L_{10} = L_{20} = \frac{\pi r^2 \mu_0 N^2}{l} \left[1 + (\mu_r - 1) \left(\frac{r_c}{r}\right)^2 \frac{l_c}{l}\right] \qquad (3.1.32)$$

式中:L_{10}、L_{20} 分别为线圈Ⅰ、Ⅱ的初始电感值,单位为 H;μ_0 为真空磁导率,$\mu_0 = 4\pi \times 10^{-7}$ H/m;r 为线圈内半径,单位为 m;$N = N_1 = N_2$ 为螺线管线圈Ⅰ、螺线管线圈Ⅱ对应的匝数;l 为线圈的长度,单位为 m;μ_r 为活动铁芯的相对磁导率,无量纲;r_c 为活动铁芯半径,单位为 m;$2l_c$ 为活动铁芯长度,单位为 m。

当铁芯移动 Δx(如右移)后,使右边电感值增加,左边电感值减小,即

$$L_1 = \frac{\pi r^2 \mu_0 N^2}{l} \left[1 + (\mu_r - 1) \left(\frac{r_c}{r}\right)^2 \left(\frac{l_c - \Delta x}{l}\right)\right] \qquad (3.1.33)$$

$$L_2 = \frac{\pi r^2 \mu_0 N^2}{l} \left[1 + (\mu_r - 1) \left(\frac{r_c}{r}\right)^2 \left(\frac{l_c + \Delta x}{l}\right)\right] \qquad (3.1.34)$$

根据式(3.1.33)和式(3.1.34),可以求得每只线圈的灵敏度为

$$K_1 = -K_2 = \frac{\mathrm{d}L_1}{\mathrm{d}x} = -\frac{\mathrm{d}L_2}{\mathrm{d}x} = \frac{\pi \mu_0 N^2 (\mu_r - 1) r_c^2}{l^2} \qquad (3.1.35)$$

式(3.1.35)表明两只线圈的灵敏度大小相等,符号相反,具有差动特征,差动螺线管式电感传感器的两个差动线圈通常作为交流电桥的两个相邻桥臂。

考虑铁磁性材料的相对磁导率一般远远大于1,也即 $\mu_r \gg 1$,而 l_c 与 l、r_c 与 r 均为同数

量级的量,式(3.1.32)和式(3.1.35)可简化为

$$L_0 = L_{10} = L_{20} \approx \frac{\pi \mu_0 N^2 \mu_r r_c^2 l_c}{l^2} \tag{3.1.36}$$

$$K_1 = -K_2 \approx \frac{\pi \mu_0 N^2 \mu_r r_c^2}{l^2} \tag{3.1.37}$$

由此可见,当 l 与 l_c 为常数时,增加 N、μ_r、r_c 都可以使 L_0 和 K_1(或 K_2)提高。

综上所述,螺线管式电感传感器具有如下特点:

(1) 结构简单,制造装配容易;

(2) 由于气隙大,磁路的磁阻也大,因此灵敏度较低,容易受外部磁场干扰,但是线性范围比较大。

(3) 由于磁阻大,为了达到一定的电感量,需要的线圈匝数多,因而线圈的分布电容大,同时线圈的铜损耗电阻也大,温度稳定性较差。

3.1.4　自感式传感器测量电路

自感式传感器实现了把被测量的变化转变为电感量的变化,接入不同的测量电路,就可以将电感量变化转换为电压(或电流)的幅值、频率或相位的变化,即调幅、调频和调相电路。实际应用中调频和调相电路很少使用,主要是采用调幅电路。

1. 调幅电路

调幅电路是把电感量的变化转换成电压(或电流)的变化进行输出,最常用的转换电路是交流电桥电路,交流电桥是电感式传感器的主要测量电路。它有三种基本形式,即电阻平衡臂电桥、变压器电桥和紧耦合电感比例臂电桥。前面已提到差动式结构可以提高灵敏度,改善线性度,所以交流电桥也多采用双臂工作形式。通常将传感器作为电桥的两个工作臂,电桥的平衡臂可以是纯电阻,也可以是变压器的二次侧绕组或紧耦合电感线圈。

① 电阻平衡臂电桥

电阻平衡臂电桥如图 3.1.5(a)、(b)所示。Z_1、Z_2 为传感器阻抗。其中 $Z_1 = Z_2 = Z = R' + j\omega L$,即 $R_1' = R_2' = R'$,$L_1 = L_2 = L$;另有 $R_1 = R_2 = R$。

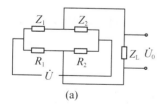
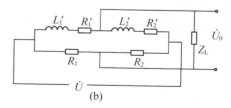

图 3.1.5　电阻平衡电桥

由于电桥工作臂是差动形式,在工作时 $Z_1 = Z + \Delta Z$,$Z_2 = Z - \Delta Z$,则当 $Z_L \to \infty$ 时,电桥的输出电压为

$$\dot{U}_0 = \frac{Z_1}{Z_1 + Z_2}\dot{U} - \frac{R_1}{R_1 + R_2}\dot{U} = \frac{2RZ_1 - R(Z_1 + Z_2)}{2R(Z_1 + Z_2)}\dot{U} = \frac{\Delta Z}{Z}\frac{\dot{U}}{2} \tag{3.1.38}$$

当 $\omega L \gg R'$ 时,式(3.1.38)可近似为

$$\dot{U}_0 \approx \frac{\dot{U}}{2} \frac{\Delta L}{L} \tag{3.1.39}$$

由式(3.1.39)可以看出,交流电桥的输出电压与传感器线圈电感的相对变化量是成正比的。

② 变压器式电桥

图 3.1.6 所示为变压器电桥,Z_1、Z_2 为传感器两个线圈的阻抗,另两臂为电源变压器二次侧绕组的两半,每半的电压为 $\frac{\dot{U}}{2}$。

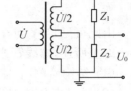

图 3.1.6　变压器电桥

当负载阻抗无穷大时,也即输出空载电压为

$$\dot{U}_0 = Z_2 \dot{I} - \frac{\dot{U}}{2} = \frac{\dot{U}}{Z_1 + Z_2} Z_2 - \frac{\dot{U}}{2} = \frac{\dot{U}}{2} \frac{Z_2 - Z_1}{Z_1 + Z_2} \tag{3.1.40}$$

初始时电桥出于平衡状态,$Z_1 = Z_2 = Z_0$,$\dot{U}_0 = 0$。当衔铁下移时,由于是双臂工作形式,$Z_1 = Z_0 - \Delta Z$,$Z_2 = Z_0 + \Delta Z$,则有

$$\dot{U}_0 = \frac{\dot{U}}{2} \frac{\Delta Z}{Z_0} \tag{3.1.41}$$

同理,当衔铁上移时,$Z_1 = Z_0 + \Delta Z$,$Z_2 = Z_0 - \Delta Z$,则有

$$\dot{U}_0 = -\frac{\dot{U}}{2} \frac{\Delta Z}{Z_0} \tag{3.1.42}$$

由于传感器线圈阻抗 $Z = R + j\omega L$,其变化量 $\Delta Z = \Delta R + j\omega \Delta L$,而通常线圈品质因数 $Q = \frac{\omega L}{R}$ 很高,故 $\omega L \gg R$,即 $\omega \Delta L \gg \Delta R$,则式(3.1.41)和式(3.1.42)可以变换为

$$\begin{cases} \dot{U}_0 = \frac{\dot{U}}{2} \frac{\Delta L}{L} \\ \dot{U}_0 = -\frac{\dot{U}}{2} \frac{\Delta L}{L} \end{cases} \tag{3.1.43}$$

使得输出空载电压 $\dot{U}_0$ 与电感变化呈线性关系。

传感器的灵敏度 K_L 定义为电感值相对变化与引起这一变化的衔铁位移之比,即

$$K_L = \frac{\frac{\Delta L}{L}}{\Delta x} \tag{3.1.44}$$

而转换电路的灵敏度 K_c 定义为空载输出电压与电感相对变化之比,即

$$K_c = \frac{\dot{U}_0}{\frac{\Delta L}{L}} = \frac{\dot{U}}{2} \tag{3.1.45}$$

由式(3.1.44)和式(3.1.45)可以得出总的灵敏度为

$$K_Z = K_L \cdot K_c = \frac{\frac{\Delta L}{L}}{\Delta x} \cdot \frac{\dot{U}_0}{\frac{\Delta L}{L}} = \frac{\dot{U}_0}{\Delta x} \tag{3.1.46}$$

即为衔铁单位位移的输出电压。

由上述分析可知,若采用差动式变气隙厚度式自感传感器,其灵敏度为

$$K_L = \frac{2}{\delta_0}$$

而采用图 3.1.6 所示变压器桥电路,其电桥灵敏度为

$$K_c = \frac{\dot{U}}{2}$$

则变压器电桥电路的总灵敏度为

$$K_z = K_L \cdot K_c = \frac{2}{\delta_0} \cdot \frac{\dot{U}}{2} = \frac{\dot{U}}{\delta_0} \tag{3.1.47}$$

式(3.1.47)说明差动变气隙厚度式自感传感器的灵敏度由供桥电源电压和气隙厚度大小来决定。实际上它还与测量电路的形式有关。在工业中测定传感器的灵敏度,是把传感器接入测量电路后进行的,而且规定传感器的灵敏度单位为 mV/(mm・V),即电源电压为 1V,衔铁位移 1mm 时,输出电压为若干 mV。

由式(3.1.41)和式(3.1.42)可见,输出电压反映了传感器线圈阻抗的变化,这两种情况输出电压大小相等,方向相反,即相位差相差 180°。而这两个式子所表示的电压都为交流电压,如果用示波器看波形,结果是一样的。为了判别衔铁的移动方向,需要在后续电路中配相敏检波电路来解决。

图 3.1.7 所示为一个采用了带相敏整流的交流电桥。差动电感式传感器的两个线圈 Z_1、Z_2 作为交流电桥相邻的两个工作臂,R_1 和 R_2 为其平衡电阻,$R_1 = R_2$;指示仪表 V 是中心为零刻度的直流电压表或数字电压表。

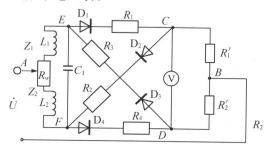

图 3.1.7 带相敏整流的交流电桥

设差动电感传感器的线圈阻抗分别为 Z_1 和 Z_2。当衔铁处于中间位置时,$Z_1 = Z_2 = Z_0$,电桥处于平衡状态,C 点电位等于 D 点电位,电压表指示为零。

当衔铁上移,上部线圈阻抗增大,$Z_1 = Z_0 + \Delta Z$,则下部线圈阻抗减少,$Z_2 = Z_0 - \Delta Z$。如果输入交流电压为正半周,则 A 点电位为正,B 点电位为负,二极管 D_1、D_4 导通,D_2、D_3 截止。在 $A - E - C - B$ 支路中,C 点电位由于 Z_1 增大而比平衡时的 C 点电位降低;而在 $A - F - D - B$ 支路中,D 点电位由于 Z_2 的降低而比平衡时 D 点的电位增高,所以 D 点电位高于 C 点电位,直流电压表正向偏转。

如果输入交流电压为负半周,A 点电位为负,B 点电位为正,二极管 D_2、D_3 导通,D_1、D_4 截止,则在 $A - F - C - B$ 支路中,C 点电位由于 Z_2 减少而比平衡时降低(平衡时,输入电压

若为负半周,即 B 点电位为正,A 点电位为负,C 点相对于 B 点为负电位;Z_2 减少时,C 点电位更负);而在 $A-E-D-B$ 支路中,D 点电位由于 Z_1 的增加而比平衡时的电位增高,所以仍然是 D 点电位高于 C 点电位,电压表正向偏转。

同样可以得出结果:当衔铁下移时,电压表总是反向偏转,输出为负。

可见,采用带相敏整流的交流电桥,输出电压的幅值表示了衔铁位移的大小,输出电压的极性反映了衔铁移动的方向,输出信号既能反映位移大小,又能反映位移的方向。

图 3.1.8 所示为非相敏整流电路和相敏整流电路输出电压特性曲线比较。由图 3.1.7(b)可见,使用相敏整流电路,输出电压 U_0 不仅能反映衔铁位移的大小和方向,而且还消除了零点残余电压的影响。有关零点残余电压的知识,将在本书差动变压器部分作详细介绍。

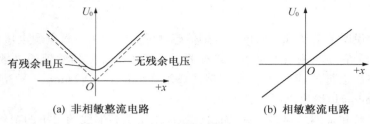

(a) 非相敏整流电路　　　　　　　　(b) 相敏整流电路

图 3.1.8　非相敏整流和相敏整流电路输出电压比较

③ 谐振式调幅电路

图 3.1.9(a)所示为谐振式调幅电路原理图。这里,传感器电感 L 与一个固定电容 C 和一个变压器 T 串联在一起,接入外接电源后,变压器二侧将有电压 $\dot{U}_0$ 输出,输出电压的频率与电源频率相同,幅值随 L 变化而变化。图 3.1.9(b)所示为输出电压 $\dot{U}_0$ 与电感 L 的关系曲线,其中 L_0 为谐振点的电感值。实际应用时可使用特性曲线一侧接近线性的一段。这种电路的灵敏度很高,但是线性差,适用于线性要求不高的场合。

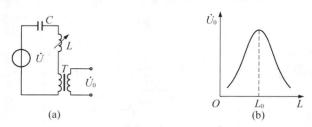

(a)　　　　　　　　　　　　(b)

图 3.1.9　谐振式调幅电路

2. 调频电路

调频电路的基本原理是传感器电感 L 的变化引起输出电压频率 f 的变化。一般是把传感器电感线圈 L 和一个固定电容 C 接入振荡电路中,如图 3.1.10(a)所示。图中 G 表示振荡电路,其振荡频率 $f = \dfrac{1}{2\pi\sqrt{LC}}$,当 L 变化时,振荡频率随之变化。根据 f 的大小即可测出被测量的值。当 L 微小变化 ΔL 后,频率变化 Δf 为

$$\Delta f = -\frac{(LC)^{-\frac{3}{2}}C\Delta L}{4\pi} = -\frac{f}{2}\frac{\Delta L}{L} \tag{3.1.48}$$

图 3.1.10(b)所示为 f 和 L 的特性，它们具有严重的非线性关系，要求后续电路作适当线性化处理。

图 3.1.10　调频电路

3. 调相电路

调相电路的基本原理是传感器 L 的变化将引起输出电压相位 φ 的变化，图 3.1.11(a)所示的是一个相位电桥，一臂为传感器 L，另一臂为固定电阻 R。设计时使电感线圈具有高品质因数。忽略其损耗电阻，则电感线圈与固定电阻上压降 $\dot{U}_L$ 与 $\dot{U}_R$ 两个相量是相互垂直的，如图 3.1.11(b)所示。当电感 L 变化时，输出电压 $\dot{U}_0$ 的幅值不变，相位角 φ 随之变化。φ 与 L 的关系为

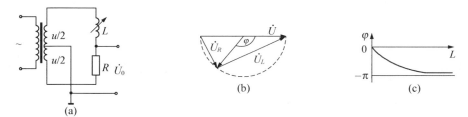

图 3.1.11　调相电路

$$\varphi = 2\arctan\frac{\omega L}{R} \tag{3.1.49}$$

式中：ω 为电源角频率，单位为 rad/s；L 为传感器电感，单位为 H；R 为固定电阻，单位为 Ω。

在这种情况下，当 L 有了微小的变化 ΔL 后，输出电压相位变化 $\Delta\varphi$ 为

$$\Delta\varphi = \frac{2(\omega L/R)}{1+(\omega L/R)^2}\frac{\Delta L}{L} \tag{3.1.50}$$

图 3.1.11(c)所示为 φ 与 L 的特性关系。

4. 自感传感器的灵敏度

自感传感器的灵敏度是指传感器结构和转换电路综合在一起的总灵敏度。下面以调幅电路为例讨论传感器灵敏度问题，并对调频、调相电路可采用类似的方法进行研究。

传感器结构灵敏度 K_0 定义为电感值相对变化与引起这一变化的衔铁位移之比，即

$$K_0 = \frac{\Delta L/L}{\Delta x} \tag{3.1.51}$$

转换电路灵敏度 K_c 定义为空载输出电压 U_0 与电感值相对变化之比，即

$$K_c = \frac{U_0}{\dfrac{\Delta L}{L}} \tag{3.1.52}$$

由式(3.1.51)和式(3.1.52)可得传感器灵敏度 K_Z 为

$$K_Z = K_0 K_c = \frac{U_0}{\Delta x} \tag{3.1.53}$$

假定采用气隙式传感器,由式(3.1.18)得 $K_0 = \frac{1}{\delta_0}$;采用图 3.1.6 所示电桥,由式(3.1.41)得

$$U_0 = \frac{U}{2} \frac{\Delta Z}{Z} \tag{3.1.54}$$

因为一般电感线圈设计时具有较大的 Q 值,则式(3.1.54)可变为

$$U_0 = \frac{U}{2} \frac{(\omega L)^2}{R^2 + (\omega L)^2} \frac{\Delta L}{L} \tag{3.1.55}$$

可得

$$K_c = \frac{U}{2} \frac{(\omega L)^2}{R^2 + (\omega L)^2} \tag{3.1.56}$$

则传感器灵敏度 K_Z 为

$$K_Z = \frac{1}{\delta_0} \frac{U}{2} \frac{(\omega L)^2}{R^2 + (\omega L)^2} \tag{3.1.57}$$

由式(3.1.57)可见,传感器灵敏度是三部分的乘积,第一部分 $\frac{1}{\delta_0}$ 决定于传感器的类型,第二部分 $\frac{(\omega L)^2}{R^2 + (\omega L)^2}$ 决定于转换电路的形式,第三部分 $\frac{U}{2}$ 决定于供电电压的大小。传感器类型和转换电路不同,其传感器灵敏度表达式也不相同。在工厂生产中,测定传感器的灵敏度是把传感器接入转换电路后进行的,而且规定传感器灵敏度的单位为 mV/(μm · V)。即当电源电压为 1V,衔铁移动 1μm 时,输出电压为若干 mV。

3.1.5 自感式传感器应用

自感式传感器主要用于测量位移和尺寸,也可以测量能够转换为位移量的其他参数,如力、张力、压力、应变、速度和加速度等,还可以据此测量物体表面的粗糙程度等外形参数。

1. 自感式位移与尺寸传感器

图 3.1.12 所示是一种接触式电感测厚仪。其工作原理是:工作前先调节测微螺杆 4 到给定厚度值,该厚度值可以由刻度盘 5 读出。被测量带材 2 在上下测量滚轮 1、3 之间通过,下轮 1 轴心固定,当带材偏离给定厚度时,上测量滚轮 3 轴心上下移动,带动测微螺杆 4 上下移动,通过杠杆 7 使衔铁 6 随之上下移动,从而改变线圈电感 L_1 和 L_2,这样带材的厚度就可以在指示度盘上显示出来。

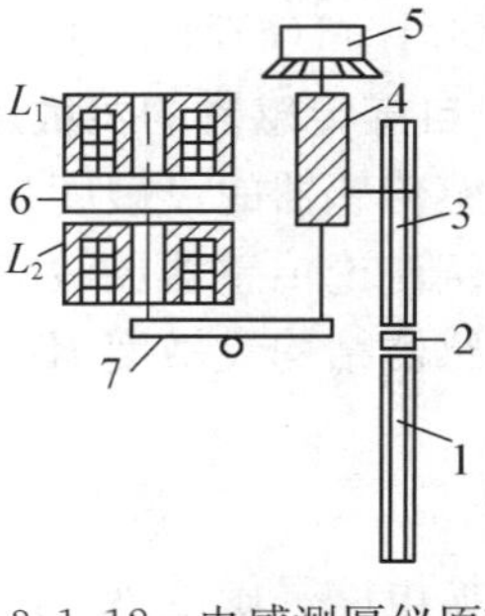

图 3.1.12 电感测厚仪原理
1、3-上下测量滚轮;2-被测带材;
4-测微螺杆;5-度盘;6-衔铁;
7-杠杆

图 3.1.13 所示为螺线管式差动自感传感器。可换测端 10 用螺纹拧在测杆 8 上,测杆 8 可在钢球导轨 7 上作轴上移动,测杆上端固定着衔铁 3。当测杆移动时,带动衔铁 3 在电感线圈中移动,线圈 4 放在圆筒形磁芯 2 中,线圈配置成差动形式,即当衔铁 3 由中间位置向上移动时,上线圈的电感量增加,下线圈的电感量减少。两个线圈用导线 1 引出,以便接入测量电路。测量力由弹簧 5 产生。防转销 6 用来限制测杆 8 的转动,密封套 9 用来防止尘土等进入测量头内。滚动导轨上消除了径向间隙,使测量精度提高,并且灵敏度和使用寿命能达到较高指标。该自感传感器广泛应用于几何量测量领域,如位移、轴的跳动、零件的受热变形等。

2. 自感式压力传感器

图 3.1.14 所示是变隙式自感压力传感器结构图。它由膜盒、铁芯、衔铁及线圈等组成,衔铁与膜盒的上端连在一起。当压力进入膜盒时,膜盒的顶端在压力 P 的作用下产生与压力 P 大小成正比的位移,于是衔铁也发生移动,从而使气隙发生变化,流过线圈的电流也发生相应的变化,电流表 A 的指示值就反映了被测压力的大小。

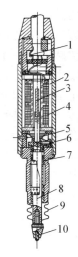

图 3.1.13　螺线管式差动自感传感器
1-导线；2-磁芯；3-衔铁；4-线圈；
5-弹簧；6-防转销；7-导轨；
8-测杆；9-密封套；10-可换测端

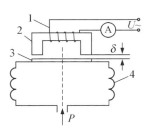

图 3.1.14　变隙式自感压力传感器结构图
1-线圈；2-铁芯；3-衔铁；4-膜盒

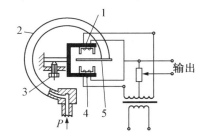

图 3.1.15　变隙差动式电感压力传感器
1-线圈 1；2-C 形弹簧管；3-调机械
零点螺钉；4-线圈 2；5-衔铁

图 3.1.15 所示为变气隙差动式电感压力传感器。它主要由 C 型弹簧管、衔铁、铁芯和线圈等组成。当被测压力进入 C 型弹簧管时,C 型弹簧管产生变形,其自由端发生位移,带动与自由端连接成一体的衔铁运动,使线圈 1 和线圈 2 中的电感产生大小相等、符号相反的变化,即一个电感量增大,另一个电感量减小。电感的这种变化通过电桥电路转换成电压输出;再通过相敏检波电路等电路处理,使输出信号与被测压力之间成正比例关系,即输出信号的大小决定于衔铁位移的大小,输出信号的相位决定于衔铁移动的方向。

在实际应用中,利用敏感元件的电感变化进行检测会收到一些与电感有关因素的限制,首先,杂散磁场会影响电感值,因此有时候需要在敏感元件周围设置适当的磁屏蔽,以保证输出信号的信噪比。此外,前面的分析中都没有考虑边缘电磁场的影响。实际上,线圈电感与磁路的磁阻之间的关系并非固定不变,在传感器的末端,磁场不再均匀。这种边缘效应不仅会给传感器的设计及理论分析带来困难,还会给传感器的量程以及线性度带来影响,并有可能会干扰邻近的装置或电路。

自感式传感器的一个重要优点是不受环境湿度和其他污染物的影响,且灵敏度很高,适合在恶劣环境中工作。自感式传感器常见的应用包括位移和位置测量,特别是应用在潮湿和污染大的工业环境以及在震动条件下用于金属目标的检测。

自感式传感器的特性很大程度上依赖铁芯的类型。空芯传感器(没有铁芯材料)的工作频率比有铁芯的高,但是电感变化小。有铁芯或其他铁磁材料做磁芯的传感器一般工作在20kHz以下,以避免过大的铁芯损耗。此外,磁导率会随电流强度的变化而变化,因此激励电平一般限制在15V左右。铁磁性铁芯能更好地确定磁路,因而抑止了干扰磁场,同时也降低了对外部磁场的敏感性。此外,电感的变化也比空芯传感器大,此类传感器的额定电感范围为1~100mH。线圈绕组的成本高且体积庞大,不利于小型化。此外,所有基于材料磁特性的装置都只能在其居里温度以下工作,因而使用时能适应的温度范围有限。

表3.1.1所示是一种市售差动式电感位移传感器的部分技术指标。

表 3.1.1　电感式位移传感器部分技术指标

参　　　数	数　　　值
额定位移量	± 5mm
精密度等级	0.4
满标度额定输出电压(FSO)	±80mV/V
互换性误差	＜±1%
非线性误差	＜±0.4% FSO
每10K温度额定输出电压的热漂移	＜±0.5% FSO
使用温度范围	−20~ 80℃
激励信号电压	2.5±0.125V
激励信号频率	5kHz
总电感	10mH
总电阻	90Ω

3.2　差动变压器

差动变压器是互感式电感传感器,把被测的非电量变化转换成线圈互感量的变化。这种传感器是根据变压器的基本原理制成的,变压器初级线圈输入交流电压,次级线圈则感应出电动势,并且次级绕组用差动的形式连接,故称之为差动变压器式传感器,简称差动变压器。

差动变压器的结构原理如图3.2.1(a)所示,主要由铁芯、衔铁和线圈组成。线圈又分为初级线圈(也称为激励线圈)和次级线圈(也称为输出线圈)。上、下两个铁芯以及初级、次级线圈是对称的,衔铁位于两个铁芯之间。上、下两个初级线圈串联后接交流励磁电压$\dot{U}_1$,两个次级线圈按电势反相串联。

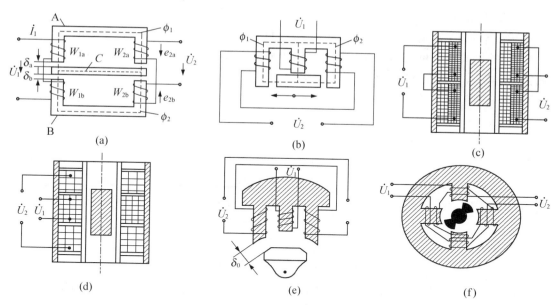

图 3.2.1　差动变压器式传感器结构示意图

（a）、（b）变隙式差动变压器；（c）、（d）螺线管式差动变压器；

（e）、（f）变面积式差动变压器

差动变压器结构形式较多，有变气隙式、变面积型和螺线管式等。变气隙式差动变压器的优点是灵敏度高，一般用于测量几微米至几百微米的机械位移；缺点是示值范围小，非线性严重。螺线管式与前面两者相比较，虽然灵敏度较低，但是其示值范围大，量程可以自由安排，制造装配也比较方便。在非电量测量中，应用最多的是螺线管式，其次是变气隙式。

3.2.1　变隙式差动变压器

1. 工作原理

设闭磁路变隙式差动变压器的结构如图 3.2.2所示，在 A、B 两个铁芯上绕有 $N_{1a}=N_{1b}=N_1$ 的两个初级绕组和 $N_{2a}=N_{2b}=N_2$ 的两个次级绕组。两个初级绕组的同名端顺向串联，而两个次级绕组的同名端则反向串联。

当没有位移时，衔铁 C 处于初始平衡位置，两个铁芯的间隙为 $\delta_{a0}=\delta_{b0}=\delta_0$，则绕组 N_{1a} 和 N_{2a} 间的互感 M_a 与绕组 N_{1b} 与 N_{2b} 间的互感 M_b

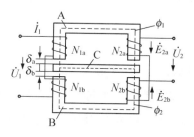

图 3.2.2　变气隙式差动变压器结构原理图

A、B-铁芯；N_{1a}、N_{1b}-初级绕组；

N_{2a}、N_{2b}-次级绕组；C-衔铁

相等，致使两个次级绕组的互感电势相等，即 $\dot{E}_{2a}=\dot{E}_{2b}$。由于次级绕组反向串联，故差动变压器输出电压为 $\dot{U}_2=\dot{E}_{2a}-\dot{E}_{2b}$。

当被测体有位移时，与被测体相连的衔铁的位置将发生相应的变化，使 $\delta_a \neq \delta_b$，互感 $M_a \neq M_b$，两次级绕组的互感电势 $\dot{E}_{2a} \neq \dot{E}_{2b}$，输出电压 $\dot{U}_2=\dot{E}_{2a}-\dot{E}_{2b} \neq 0$，电压的大小反映了被测位移的大小。通过对 $\dot{U}_2$ 用相敏检波等电路处理，使最终输出电压的极性能反映位移的方向。

2. 输出特性

在忽略铁耗（即涡流与磁滞损耗忽略不计）、漏感以及变压器次级开路的条件下，图 3.2.2 的等效电路可用图 3.2.3 表示。图中 r_{1a} 与 L_{1a}、r_{1b} 与 L_{1b}、r_{2a} 与 L_{2a}、r_{2b} 与 L_{2b} 分别为绕组 N_{1a}、N_{1b}、N_{2a}、N_{2b} 的直流电阻与电感。

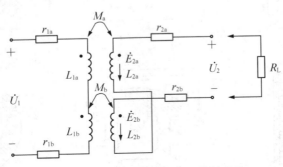

图 3.2.3　变隙式差动变压器等效电路

根据电磁感应定律和磁路欧姆定律，当 $r_{1a} \ll \omega L_{1a}$，$r_{1b} \ll \omega L_{1b}$ 时，如果不考虑铁芯与衔铁中的磁阻影响，对图 3.2.3 所示的等效电路进行分析，可得变隙式差动变压器输出电压 $\dot{U}_2$ 的表达式为

$$\dot{U}_2 = -\frac{\delta_b - \delta_a}{\delta_b + \delta_a} \frac{N_2}{N_1} \dot{U}_1 \tag{3.2.1}$$

由式（3.2.1）可知，当衔铁处于初始平衡位置时，因 $\delta_a = \delta_b = \delta_0$，则 $\dot{U}_2 = 0$。但是如果被测体带动衔铁移动，例如向上移动 $\Delta\delta$（假设向上移动为正）时，则有 $\delta_a = \delta_0 - \Delta\delta$，$\delta_b = \delta_0 + \Delta\delta$，代入式（3.2.1）得

$$\dot{U}_2 = -\frac{N_2}{N_1} \frac{\dot{U}_1}{\delta_0} \Delta\delta \tag{3.2.2}$$

式（3.2.2）为闭磁路变隙式差动变压器的输出特性。它表明输出电压 $\dot{U}_2$ 与衔铁位移量 $\Delta\delta$ 成正比，且当衔铁向上移动时，输出电压 $\dot{U}_2$ 与输入电压 $\dot{U}_1$ 反向（相位差 180°）；当衔铁向下移动时，$\dot{U}_2$ 与 $\dot{U}_1$ 同相。图 3.2.4 所示为变隙式差动变压器输出电压 $\dot{U}_2$ 与位移 $\Delta\delta$ 的关系曲线。

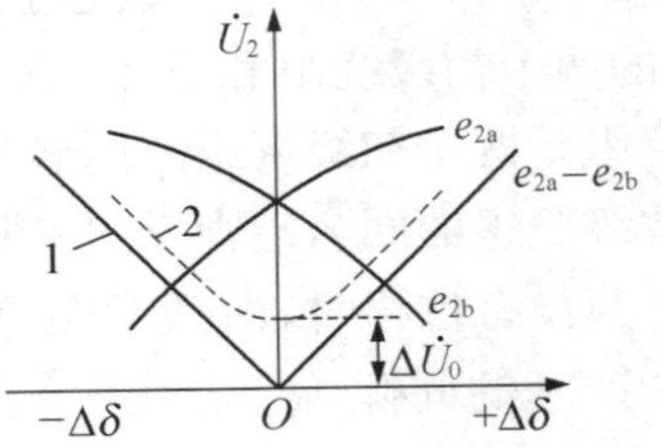

由式（3.2.2）可得变隙式差动变压器灵敏度 K 为

$$K = \frac{U_2}{\Delta\delta} = \frac{N_2}{N_1} \frac{U_1}{\delta_0} \tag{3.2.3}$$

图 3.2.4　变隙式差动变压器输出特性
1-理想特性；2-实际特性

综合以上分析，可得到如下结论：

（1）供电电源 $\dot{U}_1$ 首先要稳定，以便使传感器具有稳定的输出特性；其次电源幅值的适当提高可以提高灵敏度 K 值，但要以变压器铁芯不饱和以及不超过允许温升为条件，否则会引起附加误差。

（2）增加 N_2/N_1 的比值和减少 δ_0 都能使灵敏度 K 值提高，然而，N_2/N_1 的比值与变压器的体积以及零点残余电压有关，不论从灵敏度考虑，还是从忽略边缘磁通考虑，均要求变隙式差动变压器的 δ_0 越小越好，但是还要兼顾测量范围的需要。因此，一般选择传感器的 δ_0 为 0.5mm。

（3）以上分析的结果是在忽略铁损和线圈中的分布电容条件下得到的，如果考虑这些影响，将会使传感器性能变差，如灵敏度降低、非线性加大等。但是，在一般工程应用中是可以忽略的。

（4）以上结果是在假定工艺上严格对称前提下得到的，而实际上很难做到这一点，使传感器实际输出特性曲线如图 3.2.4 中曲线 2 所示，存在零点残余电压 $\Delta \dot{U}_0$，需要采取措施减小或消除零点残余电压的影响。

（5）上述推导是在变压器副边开路的情况下得到的，但如果直接配低输入阻抗电路，就必须考虑变压器副边电流对输出特性的影响。

3.2.2　螺线管式差动变压器

1. 工作原理

螺线管式差动变压器结构如图 3.2.5 所示，它由一个初级线圈、两个次级线圈和插入线圈中央的圆柱形衔铁等组成。三个线圈均用防水涂层覆盖，因而一般都可以在高湿环境中工作。衔铁一般采用沿纵向分层的铁镍合金，以降低涡流。与衔铁相连的拉杆必须采用非磁性材料。整个器件可以用磁屏蔽包围起来，使之不受外界磁场的干扰。

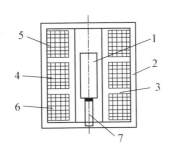

图 3.2.5　螺旋管式差动变压器结构

1-活动衔铁；2-导磁外壳；3-骨架；4-匝数为 N_1 初级绕组；5-匝数为 N_{2a} 的次级绕组；6-匝数为 N_{2b} 的次级绕组；7-拉杆

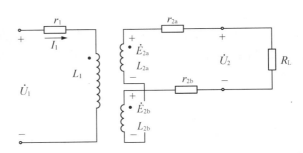

图 3.2.6　差动变压器等效电路

差动变压器式传感器中的两个次级线圈反相串联，在忽略铁损、导磁体磁阻和线圈分布电容的理想情况下的等效电路如图 3.2.6 所示。当初级线圈绕组加以适当频率的电压激励时，根据变压器的工作原理，在两个绕组 N_{2a} 和 N_{2b} 中便会产生感应电动势 $\dot{E}_{2a}$ 和 $\dot{E}_{2b}$，如果工艺上保证变压器结构完全对称，则当活动衔铁处于初始平衡位置时，必然会使两次级绕组磁回路的磁阻相等，磁通相同，互感系数 $M_1 = M_2$。根据电磁感应原理，将有 $\dot{E}_{2a} = \dot{E}_{2b}$，由于变压器两个次级绕组反向串联，因而 $\dot{U}_2 = \dot{E}_{2a} - \dot{E}_{2b} = 0$，即差动变压器输出电压为零。

当活动铁芯向次级绕组 N_{2a} 方向移动时,由于磁阻的影响,N_{2a} 中的磁通将大于 N_{2b} 中的磁通,使 $M_1 > M_2$,因而 $\dot{E}_{2a}$ 增加,而 $\dot{E}_{2b}$ 减小;反之,$\dot{E}_{2b}$ 增加,$\dot{E}_{2a}$ 减小。因为 $\dot{U}_2 = \dot{E}_{2a} - \dot{E}_{2b}$,所以当 $\dot{E}_{2a}$、$\dot{E}_{2b}$ 随着衔铁位移 x 变化时,$\dot{U}_2$ 也必将随 x 而变化。图 3.2.7 所示是差动变压器输出电压 $\dot{U}_2$ 与活动衔铁位移 Δx 的关系曲线,显然位移与输出电压之间基本呈线性关系,故此类差动变压器又称为线性差动变压器 LVDT(Liner Variable Differential Transformer)。图中实线为理论特性曲线,虚线为实际特性曲线。由图 3.2.7 可以看出,当衔铁处于中心位置时,差动变压器的输出电压并不等于零,我们把差动变压器在零位移时的输出电压称为零点残余电压,记作 $\Delta \dot{U}_0$,它的存在使传感器的输出特性不经过零点,造成实际特性与理论特性不一致。在实际使

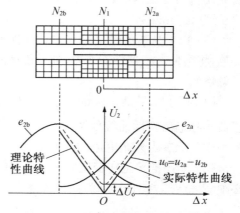

图 3.2.7　差动变压器输出电压特性曲线

用时,应设法减少零点残余电压,否则将会影响传感器的测量结果。

2. 基本特性

差动变压器等效电路如图 3.2.6 所示。当次级开路时有

$$\dot{I}_1 = \frac{\dot{U}_1}{r_1 + j\omega L_1} \tag{3.2.4}$$

式中:$\dot{U}_1$ 为初级线圈激励电压;ω 为激励电压 $\dot{U}_1$ 的角频率;$\dot{I}_1$ 为初级线圈激励电流;r_1、L_1 为初级线圈的电阻和电感。根据电磁感应定律,次级绕组中感应电势的表达式为

$$\dot{E}_{2a} = -j\omega M_1 \dot{I}_1 \tag{3.2.5}$$

$$\dot{E}_{2b} = -j\omega M_2 \dot{I}_1 \tag{3.2.6}$$

式中:M_1、M_2 为初级绕组与两次级绕组的互感。由于两次级绕组反相串联,且考虑到次级开路,则

$$\dot{U}_2 = \dot{E}_{2a} - \dot{E}_{2b} = -\frac{j\omega(M_1 - M_2)\dot{U}_1}{r_1 + j\omega L_1} \tag{3.2.7}$$

输出电压有效值为

$$U_2 = \frac{\omega(M_1 - M_2)U_1}{\sqrt{r_1^2 + (\omega L_1)^2}} \tag{3.2.8}$$

式(3.2.8)表明,当激励电压幅值 U_{1m} 和角频率 ω、初级绕组的电阻 r_1 及电感 L_1 为定值时,差动变压器输出电压仅仅是初级绕组与两次级绕组之间互感之差的函数。因此,只要求出互感 M_1 和 M_2 与活动衔铁位移 x 的关系式,再代入式(3.2.8),即可得到螺线管式差动变压器特性表达式。下面对其基本特性进行分析:

（1）当活动衔铁处于中间位置时

$$M_1 = M_2 = M$$

则

$$U_2 = 0$$

（2）当活动衔铁向 N_{2a} 方向移动时

$$M_1 = M + \Delta M,\ M_2 = M - \Delta M$$

故

$$U_2 = \frac{2\omega \Delta M U_1}{\sqrt{r_1^2 + (\omega L_1)^2}}$$

$\dot{U}_2$ 与 $\dot{E}_{2a}$ 同相。

（3）当活动衔铁向 N_{2b} 方向移动时

$$M_1 = M - \Delta M,\ M_2 = M + \Delta M$$

故

$$U_2 = -\frac{2\omega \Delta M U_1}{\sqrt{r_1^2 + (\omega L_1)^2}}$$

$\dot{U}_2$ 与 $\dot{E}_{2b}$ 同相。

3. 主要性能

（1）灵敏度

差动变压器灵敏度是指差动变压器在单位电压激励下，铁芯移动一个单位距离时的输出电压，以 $V/(mm/V)$ 表示。

在理想条件下，差动变压器的灵敏度 K_E 正比于电源激励频率 f。但是由于实际工作中诸多因素（如传感器结构不对称、铁损、漏磁等）的影响，灵敏度与激励电压频率 f 关系曲线如图 3.2.8 所示。由图可见，在 f 从零开始增加的起始段（OA 段），K_E 随 f 的增加而增加；如果 f 再继续增加，导线铜损、涡流损耗、磁滞损耗明显增加，则 K_E 或趋于定值（AB 段），或下降（BC 段）。当 $f_L < f < f_h$ 时，不仅灵敏度 K_E 具有较大的稳定值，而且传感器输出、输入信号的相位也基本同相（或反相）。此类传感器所用激励电源频率，一般在 $400\,\text{Hz} \sim 10\,\text{kHz}$。

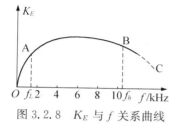

图 3.2.8　K_E 与 f 关系曲线

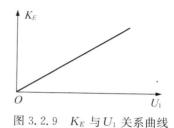

图 3.2.9　K_E 与 U_1 关系曲线

图 3.2.9 所示为差动变压器灵敏度 K_E 与输入激励电压 U_1 的关系曲线。由曲线可知，提高输入激励电压，将使传感器灵敏度按线性增加。这是因为在其他条件不变的情况下，当增加 U_1 时，I_1 必然增加，K_E 也将随之增加。

除了激励频率和输入激励电压对差动变压器灵敏度有影响外，提高线圈品质因数 Q 值，增大衔铁直径，选择导磁性能好、铁损小以及涡流损耗小的导磁材料制作衔铁和导磁外壳等可以提高灵敏度。

（2）线性度

在分析计算中，把传感器实际特性曲线与理论直线之间的最大偏差除以测量范围（满量程），并用百分数来表示它的线性度。

影响差动变压器线性度的因素很多，如骨架形状和尺寸的精确性、线圈的排列、铁芯的尺寸和材质、激励频率和负载状态等。为了使传感器具有较好的线性度，一般取测量范围为线圈骨架长度的 1/10～1/4，激励频率采用中频，配用相敏检波式测量电路等，均可改善差动变压器的线性度。

4. 零点残余电压及消除方法

当差动变压器衔铁位于中间平衡位置时，理想情况下，两次级线圈反向串联的差动输出电压为零，但实际情况是输出电压并不为零，总会有几到几十毫伏的电压输出，不论怎样调整，该电压都难以消除。零位移时差动变压器输出的电压称为零位输出电压，即零点残余电压，它包括基波和高次谐波。零点残余电压的存在使传感器输出特性在零点附近的范围内不灵敏，限制着分辨力的提高。零点残余电压太大，将使线性度变坏，灵敏度下降，甚至会使放大器饱和，堵塞有用信号通过，致使仪器不再反映被测量的变化。因此，零点残余电压是评定传感器性能的主要指标之一，必须设法减少和消除。

产生零点残余电压的原因主要有两个方面：

（1）由于次级绕组两个线圈的电气参数和几何尺寸不对称，使其输出的基波感应电动势的幅值和相位不同，此时不管怎样调整磁芯位置，也不能达到幅值和相位同时相同。

（2）由于铁芯的材料磁化曲线 $B-H$ 特性的非线性，产生高次谐波不同，不能互相抵消。

为了减小差动变压器的零点残余电压，可采取下列措施：

① 在设计和工艺上，力求做到磁路对称和线圈对称。铁芯材料要均匀，要经过热处理去除机械应力和改善磁性。两个次级线圈绕法要一样，绕制要均匀一致。一次侧线圈绕制也要均匀。

② 采用拆圈的实验方法来减小零点残余电压。其思路是，由于两个二次侧线圈的等效参数不相等，用拆圈的方法，使两者等效参数相等。

③ 在电路上进行补偿。这种方法简单有效，在差动变压器的次级串联、并联适当数值的电阻电容元件，使零点残余电压变小。线路补偿主要有加串联电阻、加并联电容、加反馈电阻或反馈电容等。

图 3.2.10 所示是几个补偿零点残余电压的电路实例。图 3.2.10（a）中，在输出端接入电位器 R_p，调节 R_p，可使两二次侧线圈输出电压的大小和相位发生变化，从而使零点残余电压为最小值。这种方法对基波正交分量有明显的补偿效果，但对高次谐波无补偿作用。如果并联一只电容 C，就可有效地补偿高次谐波分量，如图 3.2.10（b）所示。图 3.2.10（c）中，串联电阻 R 调整二次侧线圈的电阻值不平衡，并联电容改变某一输出电势的相位，也能达到良好的零点残余电压补偿作用。图 3.2.10（d）中，接入 R（几百千欧）减轻了两二次侧线圈的负载，可以避免外接负载不是纯电阻而引起较大的零点残余电压。

5. 转换电路

由图 3.2.6 差动变压器等效电路可知，经反相串联后差动变压器的输出是交流电压，若

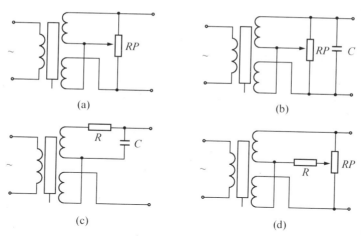

图 3.2.10 补偿零点残余电压的电路

用交流电压表测量,只能反映衔铁位移的大小,不能反映其移动方向。为了达到能辨别移动方向和消除零点残余电压的目的,实际测量时,常采用差动整流电路、相敏检波电路和直流差动变压器电路。

(1) 差动整流电路

差动整流电路是把差动变压器的两个次级输出电压分别整流,然后将整流的电压或电流的差值作为输出。图 3.2.11 所示为几种典型的电路形式,其中图 3.2.11(a)、(b)适用于高阻抗负载,3.2.11(c)、(d)适用于低阻抗负载,电阻 R_0 用于调整零点残余电压。

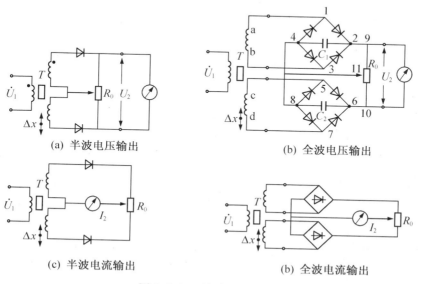

图 3.2.11 差动整流电路

下面结合图 3.2.11(b)所示电路,分析差动整流电路工作原理。

假定某瞬间载波为正半周,此时差动变压器两次级线圈的相位关系为 a 正 b 负,c 正 d 负,则由上线圈供电的电流路径为 a→1→2→9→11→4→3→b,电容 C_1 两端的电压为 U_{24}。

同理,电容 C_2 两端的电压为 U_{68}。差动变压器的输出电压为上述两电压的代数和。即

$$U_2 = U_{24} - U_{68} \tag{3.2.9}$$

同理,当某瞬间为负半周时,即两次级线圈的相位关系为 a 负 b 正,c 负 d 正,按上述类似的分析,可得差动变压器输出电压 U_2 的表达式仍为式(3.2.9)。

当衔铁在零位时,因为 $U_{24} = U_{68}$,所以 $U_2 = 0$;当衔铁在零位以上时,因为 $U_{24} > U_{68}$,所以 $U_2 > 0$;当衔铁在零位以下时,因为 $U_{24} < U_{68}$,所以 $U_2 < 0$。

由此可见,差动整流电路可以不考虑相位调整和零点残余电压的影响。此外,还具有结构简单、分布电容影响小和便于远距离传输等优点,因此获得广泛应用。

(2) 直流差动变压器电路

在需要远距离测量、便携、防爆及同时使用若干个差动变压器,且需避免相互间或对其他仪器设备产生干扰的场合,常采用直流差动变压器电路,如图 3.2.12 所示。这种电路是在差动变压器初级的一端增加了直流电源和多谐振荡器,形成"直进—直出",从而抑制了干扰。这种检测电路只需要提供稳定的直流电源,就能获得与位移成线性的直流电压输出,因此也称为直流线性差动变压器(Direct Current Liner Variable Differential Transformer,DCLVDT)。

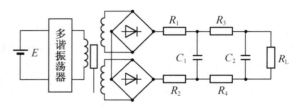

图 3.2.12　直流差动变压器电路原理图

3.2.3　差动变压器应用

差动变压器具有许多优点,得到了广泛的应用。首先,差动变压器的分辨力高,衔铁与绕组之间的摩擦几乎为零,因此使用寿命长、可靠性好。某些差动变压器的平均无故障时间超过 2×10^6 小时(228.3 年)。其次,它们能提供初级线圈与次级线圈的电绝缘,因而允许使用不同的参考电压或接地点。由于衔铁与线圈之间是磁耦合,被测量的运动部件与检测电路之间同样是绝缘的。这一点对于易燃易爆环境中的应用特别重要。此外,差动变压器还具有由于对称性带来的重复性好、高线性度(达 0.01%)、高灵敏度。

差动变压器式传感器可以直接用于位移测量,也可以测量与位移有关的任何机械量,如力、力矩、压力、压差、振动、加速度、应变、液位等。下面介绍几种常见的应用。

1. 力和力矩的测量

图 3.2.13 所示为差动变压器式力传感器。具有缸体状空心截面的弹性元件 3 变形,衔铁 2 相对线圈 1 移动,产生正比于力的输出电压。这种传感器的优点是承受轴向力时应力分布均匀;当长径比较小时,受横向偏心的分力的影响较小。对这种传感器结构进行适当改进,可在电梯载荷测量中应用。

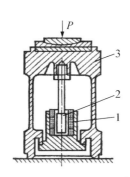

图 3.2.13 差动变压器式力传感器
1-线圈;2-衔铁;3-弹性元件

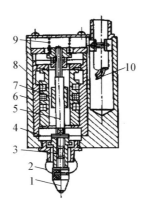

图 3.2.14 小位移测量用差动变压器式传感器
1-测端;2-防尘罩;3-轴套;4-圆片簧;5-测杆;
6-磁筒;7-磁芯;8-线圈;9-弹簧;10-导线

2. 微小位移的测量

图 3.2.14 所示是一个方形结构的差动变压器式传感器,可用于多种场合下测量微小位移。测杆 5 以圆片簧 4 导向,弹簧 9 产生测力。测端 1 通过轴套 3 与测杆相连。工作时,固定在测杆上的磁芯 7 在线圈 8 中移动。线圈及其骨架放在磁筒 6 内,并通过导线 10 接入电路。2 是防尘罩。在外壳的侧面有螺纹孔(图中未示出),以便安装在基座上。

3. 压力测量

差动变压器式传感器与弹性敏感元件(膜片、膜盒和弹簧管等)相结合,可以组成开环压力传感器和闭环力平衡式压力计,用来测量压力或压差。

图 3.2.15 所示为微压力传感器结构示意图。在无压力作用时,膜盒处于初始状态,固连与膜盒中心的衔铁位于差动变压器线圈的中部,输出电压为零。当被测压力经接头输入膜盒后,推动衔铁移动,从而使差动变压器输出正比于被测压力的电压。这种微压力传感器可测压力范围为 $-4 \times 10^4 \sim 6 \times 10^4$ Pa。

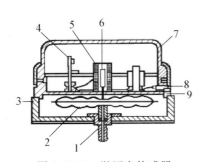

图 3.2.15 微压力传感器
1-接头;2-膜盒;3-底座;4-线路板;5-差动变
压器线圈;6-衔铁;7-罩壳;8-插头;9-通孔

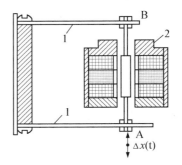

图 3.2.16 加速度计用传感器
1. 悬臂梁; 2. 差动变压器

4. 加速度测量

图 3.2.16 所示为差动变压器式加速度传感器的原理结构图。它由悬臂梁和差动变压器构成。测量时,将悬臂梁底座及差动变压器的线圈骨架固定,而将衔铁的 A 端与被测振

动体相连,此时传感器作为加速度测量中的惯性元件,它的位移与被测加速度成正比,使加速度的测量转变为位移的测量。当被测体带动衔铁以 Δx 振动时,导致差动变压器的输出电压也按相同规律变化。通过输出电压值的变化间接地反映被测加速度值的变化。

3.3　电涡流传感器

成块的金属置于变化的磁场中,或者在固定磁场中运动时,金属导体内就要产生感应电流,这种电流的流线在金属内是闭合的,所以称为电涡流。电涡流产生的必要条件是:① 存在交变磁场;② 导体处于交变磁场中。电涡流检测技术是一种无损、非接触的检测技术。电涡流式传感器的变换原理就是利用金属导体在交流磁场中的涡流效应。电涡流传感器具有结构简单、灵敏度高、不受油污等介质影响、抗干扰能力强等优点,被广泛应用于位移、尺寸、厚度等参数以及金属零件缺陷的检测。

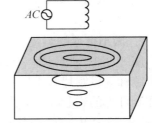

一般来说,电涡流与激励线圈平面平行且局限于感应磁场所能涉及的区域。如图 3.3.1 所示,电涡流集中在靠近激励线圈的金属表面,其强度随透射深度的增加而呈指数衰减,即所谓的"集肤效应"。

电涡流大小与导体电阻率 ρ、磁导率 μ、厚度 t 以及线圈与导体的距离 x、线圈的激磁电流频率 f 等参数有关。一般定义电涡流衰减到表面电涡流强度的 37% 时为标准透射深度 h,单位为 cm,可表示为

图 3.3.1　涡流透射深度示意图

$$h = 50\sqrt{\frac{\rho}{\mu f}} \tag{3.3.1}$$

式中:ρ 为导体电阻率,单位为 $\Omega \cdot cm$;μ 为导体磁导率,单位为 H/m;f 为激励频率,单位为 Hz。

因此,穿透深度会随磁场变化频率的增加而下降,随电阻率的增加而增加,随磁导率的增加而下降。超过标准透射深度 h 后,电涡流依然存在,但是强度迅速衰减。

电涡流传感器根据激励频率高低,可以分为高频反射式涡流传感器和低频透射式涡流传感器两大类,其中前者应用较广。

3.3.1　工作原理

1. 高频反射式涡流传感器

如图 3.3.2 所示,高频交变电流信号 $\dot{I}_1$ 施加于临近金属一侧的电感线圈 L 上,在线圈 L 周围产生的高频正交交变磁场 $\dot{H}_1$,作用于置于该磁场内的金属板。由于集肤效应,高频电磁场不能透过具有一定厚度的金属板,仅作用于表面的薄层内,在金属板表面将形成涡流 $\dot{I}_2$,而涡流 $\dot{I}_2$ 又会在它的周围产生一个涡流磁场 H_2,其方向和原线圈磁场的方向相反。这两个磁场叠加会改变原线圈电感的大小,其变化程度取于

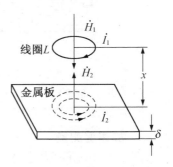

图 3.3.2　涡流的发生

线圈 L 的外形尺寸、线圈 L 至金属板之间的距离 x、金属板材料的电阻率 ρ 和磁导率 μ 以及 $\dot{I}_1$ 的频率等。对非导磁金属（$\mu \approx 1$）而言，若 $\dot{I}_1$ 及 L 等参数一定，金属板的厚度 δ 远大于涡流标准透射深度 h 时，则表面感应的涡流 $\dot{I}_2$ 几乎只取决于线圈 L 至金属板的距离 x，而与板的厚度 δ 及电阻率 ρ 的变化无关。高频反射式涡流传感器多用于位移测量。

2. 高频反射式涡流传感器结构

高频反射式涡流传感器结构比较简单，主要由一个安置在框架上的扁平圆形线圈构成。涡流传感器的电感线圈绕一个扁平圆形线圈，粘贴于框架上；也可以在框架上开一条槽，导线绕制在槽内而形成一个线圈。图 3.3.3 所示为 CZF1 型涡流传感器结构图。线圈 1 绕制在用聚四氟乙烯做成的线圈骨架 2 内，线圈用多股漆包线或银线绕制成扁平盘状。使用时，通过骨架衬套 3 将整个传感器安装在支架 4 上。传感器的一些主要技术参数如下：线圈外径分别为 $\phi 7 \text{mm}$、$\phi 15 \text{mm}$、$\phi 28 \text{mm}$ 时，线性范围分别为 1 mm、3 mm、5 mm，分辨力分别为 $1 \mu\text{m}$、$3 \mu\text{m}$、$5 \mu\text{m}$；非线性误差为 3%；使用温度范围为 $-15 ℃ \sim +80 ℃$。

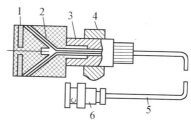

图 3.3.3　涡流传感器结构
1-线圈；2-线圈骨架；3-骨架衬套；
4-支架；5-电缆；6-插头

3. 等效电路与阻抗特性

涡流传感器有两种等效电路与三种阻抗特性，即空载等效电路与负载等效电路；空载阻抗特性、一次阻抗特性和二次阻抗特性。

（1）空载等效电路和空载阻抗特性

空载等效电路如图 3.3.4 所示，R、L 分别为传感器线圈的电阻与电感。空载阻抗特性就是没有任何导体与传感器线圈耦合时的阻抗特性。

$$Z = R + \text{j}\omega L \tag{3.3.1}$$

则
$$|Z| = \sqrt{R^2 + (\omega L)^2}, \quad \varphi = \arctan \frac{\omega L}{R}$$

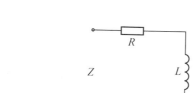

图 3.3.4　涡流传感器空载等效电路

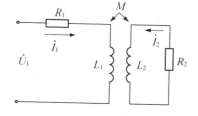

图 3.3.5　涡流传感器负载等效电路

（2）负载等效电路与阻抗特性

临近高频电感线圈 L 一侧的金属板表面感应的涡流对 L 的反射作用，可以用图 3.3.5 所示的等效电路来说明。L_1 与 R_1 为线圈的电感和电阻，L_2 和 R_2 为金属导体的电感和电阻，$\dot{U}_1$ 为高频激励信号，M 为线圈与导体之间的互感系数。此时导体与线圈耦合，导体中感应出涡流 $\dot{I}_2$，而涡流电流 $\dot{I}_2$ 也产生磁场作用于传感器线圈，使传感器阻抗发生变化。但是被测导体的材料性质可能已知，也可能未知，因此就有两种阻抗特性。

导体材料性质已知时,它与线圈之间的位置变化时的阻抗特性即为一次阻抗特性;导体材料性质未知时,它与线圈之间的位置变化时的阻抗特性即为二次阻抗特性。下面介绍一次阻抗特性。

把线圈与被测导体等效为相互耦合的两个线圈,如图 3.3.5 所示。根据基尔霍夫定律,由等效电路可写出两个电压平衡方程式:

$$\begin{cases} R_1 \dot{I}_1 + j\omega L_1 \dot{I}_1 - j\omega M \dot{I}_2 = \dot{U}_1 \\ -j\omega M \dot{I}_1 + R_2 \dot{I}_2 + j\omega L_2 \dot{I}_2 = 0 \end{cases} \tag{3.3.2}$$

解式(3.3.2)可得到 $\dot{I}_1$,从而求出受金属影响后空心线圈的等效阻抗为

$$Z = \frac{\dot{U}_1}{\dot{I}_1} = \left[R_1 + \frac{\omega^2 M^2}{R_2^2 + (\omega L_2)^2} R_2 \right] + j\omega \left[L_1 - \frac{\omega^2 M^2 L_2}{R_2^2 + (\omega L_2)^2} \right]$$

$$= R_P + j\omega L_P \tag{3.3.3}$$

称为一次阻抗特性。

式中:

$$R_P = R_1 + \frac{\omega^2 M^2}{R_2^2 + (\omega L_2)^2} R_2 \tag{3.3.4}$$

$$L_P = L_1 - \frac{\omega^2 M^2}{R_2^2 + (\omega L_2)^2} L_2 \tag{3.3.5}$$

从式(3.3.4)和式(3.3.5)可看出线圈阻抗的实部即有效电阻随 M 的增加而增加;虚部即等效电感随 M 的增加而减少,这样使线圈阻抗发生了变化。这是因为涡流损耗、磁滞损耗使实部增加,金属导体离线圈的距离和导体的导电性能,都将直接影响实部的大小。具体说来,等效电阻与互感 M 有关,即与线圈与导体的距离 x 有关,与导体电阻 R_2 有关,而与被测导体是否是磁性材料无关。

在式(3.3.5)中,第一项 L_1 与静磁效应有关,即与被测导体是不是磁性材料有关,线圈与金属导体构成一个磁路,其有效磁导率取决于该磁路的性质。若金属导体为磁性材料,有效磁导率随线圈距离的减小而增大,于是 L_1 将增大;若金属导体是非磁性材料,则有效磁导率和导体与线圈的距离无关,即 L_1 不变。式(3.3.5)中第二项与涡流效应有关,一般称为反射电感。它随 x 的减小而增大,从而使等效电感减小。因此,当靠近传感器的被测导体为非磁性材料或硬磁性材料时,传感器线圈的等效电感减小;若被测导体为软磁性材料时,则由于静磁效应使传感器线圈的等效电感增大。

4. 低频透射式涡流传感器

图 3.3.6 所示为低频透射式涡流传感器工作原理。发射线圈 L_1 和接收线圈 L_2 分别位于被测材料 M 的上、下方。由振荡器产生的音频电压 u 加到 L_1 的两端后,线圈中即流过一个同频的交变电流,并在其周围产生交变磁场。如果两线圈间不存在被测材料 M,L_1 的磁场就能直接贯穿 L_2,于是 L_2 的两端会生成出一交变电势 E。

在 L_1 与 L_2 之间放置金属板 M 后,L_1 产生的磁力线必然切割

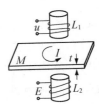

图 3.3.6　透射式涡流
传感器原理

M(M 可以看做是一匝短路线圈),并在 M 中产生涡流 I。这个涡流损耗了部分磁场能量,使到达 L_2 的磁力线减少,从而引起 E 的下降。M 的厚度 t 越大,涡流损耗也越大,E 就越小。由此可知,E 的大小间接反映了 M 的厚度 t,这就是测厚的依据。

M 中的涡流 I 的大小不仅取决于 t,且与 M 的电阻率 ρ 有关。而 ρ 又与金属材料的化学成分和物理状态特别是与温度有关,于是引起相应的测试误差,并限制了这种传感器的应用范围。补救的办法是对不同化学成分的材料分别进行校正,并要求被测材料温度恒定。

进一步的理论分析和实验结果证明,E 与 $e^{-\frac{t}{Q_\text{渗}}}$ 成正比,其中 t 为被测材料的厚度;$Q_\text{渗}$ 为涡流渗透深度。而 $Q_\text{渗}$ 与 $\sqrt{\rho/f}$ 成正比,其中 ρ 为被测材料的电阻率,f 为交变电磁场的频率,所以接收线圈的电势 E 随被测材料厚度 t 的增大而按负指数幂的规律减少,如图 3.3.7 所示。

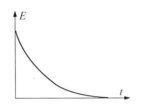
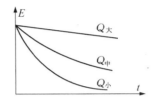

图 3.3.7 线圈感应电势与厚度关系曲线   图 3.3.8 渗透深度对 $E=f(t)$ 曲线的影响

对于确定的被测材料,其电阻率为定值,但当选用不同的测试频率 f 时,渗透深度 $Q_\text{渗}$ 的值是不同的,从而使 E-t 曲线的形状发生变化。

从图 3.3.8 中可看到,在 t 较小的情况下,$Q_\text{小}$ 曲线的斜率大于 $Q_\text{大}$ 曲线的斜率;而在 t 较大的情况下,$Q_\text{大}$ 曲线的斜率大于 $Q_\text{小}$ 曲线的斜率。所以,测量薄板时应选较高的频率,而测量厚材时应选较低的频率。

对于一定的测试频率 f,当被测材料的电阻率 ρ 不同时,渗透深度 $Q_\text{渗}$ 的值也不相同,于是又引起 $E=f(t)$ 曲线形状的变化,为使测量不同 ρ 的材料时所得到的曲线形状相近,就需在 ρ 变动时保持 Q 不变,这时应该相应地改变 f,即测 ρ 较小的材料(如紫铜)时,选用较低的 f(500Hz);而测 ρ 较大的材料(如黄铜、铝)时,则选用较高的 f(2kHz),从而保证传感器在测量不同材料时的线性度和灵敏度。

3.3.2 转换电路

高频反射式涡流传感器作测量时,为了提高灵敏度,用已知电容 C 与传感器线圈并联(一般在传感器内)组成 LC 并联谐振回路。传感器线圈等效电感的变化使得并联谐振回路的谐振频率发生变化,将其被测量变换成电压或电流信号输出。并联谐振回路的谐振频率为 $f=\dfrac{1}{2\pi\sqrt{LC}}$。目前,涡流传感器所配用的谐振式测量电路主要有调幅式和调频式。

1. 调幅式测量电路

调幅式测量方式多用于测量位移,图 3.3.9 所示即为其原理线路。图中电感线圈 L、电容 C 是构成传感器的基本电路元件。稳频稳幅正弦波振荡器的输出信号经由电阻 R 加到传感器上。电感线圈 L 感应的高频电磁场作用于金属板表面。由于表面的涡流反射作用,使 L 的电感量降低,并使回路失谐,从而改变了检波电压 U 的大小。这样,按照图示的原理线路,我们将就 L-x 的关系转换成 U-x 的关系,如图 3.3.10 所示。通过检波电压 U 的测量,就可以确定距离 x 的大小。这里 U-x 曲线与金属板电阻率的变化无关。

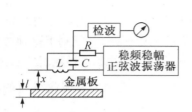

图 3.3.9　调幅式测量原理电路

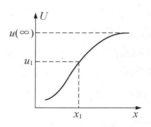

图 3.3.10　传感器的输出特性曲线

2. 调频式测量电路

调幅电路比较复杂,线性范围比较窄,而调频测量电路则比较简单,线性范围也比较宽。调频电路是把传感器接在一个 LC 振荡器中,如图 3.3.11 所示。传感器作为其中的电感,当传感器线圈与被测物体间的距离 x 变化时,引起传感器线圈的电感量 L 发生变化,从而使振荡器的频率改变,然后通过鉴频器将频率变化再变成电压输出。

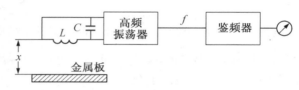

图 3.3.11　调频测量原理图

3.3.3　电涡流式传感器的应用

电涡流式传感器主要用于位移、振动、转速、距离、厚度等参数的测量,它可实现非线性测量。由于电涡流式传感器测量范围大、灵敏度高、结构简单、抗干扰能力强以及可以非接触测量等优点,广泛用于工业生产和科学研究的各个领域。表 3.3.1 所示是涡流传感器测量的参数、变换量及特征。

表 3.3.1　电涡流式传感器在工业测量中的应用及特征

被 测 参 数	变 换 量	特　　征
位移、厚度、振动	x	(1) 非接触测量,连续测量 (2) 受剩磁的影响
表面温度、电解质浓度 材质判别、速度(温度)	ρ	(1) 非接触测量,连续测量 (2) 对温度变化进行补偿
应力、硬度	μ	(1) 非接触测量,连续测量 (2) 受剩磁和材质影响
探　　伤	x、ρ、μ	可以定量测量

由于涡流是利用线圈与被测导体之间的电磁耦合进行工作的,因此被测导体实际上是

传感器的一部分,其材料的物理性质、尺寸与形状都将对测量结果产生影响。

首先,被测导体的导电率与导磁率对传感器的灵敏度有影响。被测体导电率越高,灵敏度越高,在相同量程下,其线性范围宽。若被测材料为导磁材料,则灵敏度比非磁性材料低,而且当被测体有剩磁时,将影响测量结果,应该首先消磁。

其次,被测体大小、形状对测量也有影响。被测物体的面积远大于传感器检测线圈面积时,传感器灵敏度基本不发生变化;当被测物体面积为传感器线圈面积的一半时,其灵敏度减少一半;更小时,灵敏度显著下降。如被测体为圆柱体时,当它的直径 D 是传感器线圈直径 d 的 3.5 倍以上时,不影响测量结果;当 $D/d=1$ 时,灵敏度降低至 70%。

若被测体表面有镀层,镀层的性质和厚度的不均匀也会影响测量精度。在测量转动或者移动的被测体时,这种不均匀将形成干扰信号。尤其在激励频率较高,涡流的穿透深度较小时,不均匀产生的干扰的影响将更加突出。

1. 位移测量

它可以用来测量各种形式的位移量。图 3.3.12 所示是位移计测量示意图,其中(a) 为汽轮机主轴的轴向位移测量示意图;(b) 为磨床换向阀、先导阀的位移测量示意图;(c) 为金属试件的热膨胀系数测量示意图。

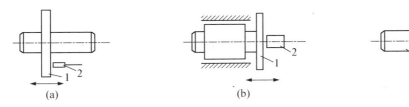

图 3.3.12　位移计测量示意图
1-被测件;2-传感器探头

2. 振幅测量

涡流式传感器可以无接触地测量各种振动的幅值。图 3.3.13 所示是振幅测量应用示意图,其中(a) 为汽轮机和空气压缩机常用的以涡流式传感器来监控主轴的径向振动的示意图;(b) 为测量发动机涡轮叶片的振幅的示意图。在研究轴的振动时,常需要了解轴的振动形状,做出轴振形图。通常使用数个传感器探头并排地安置在轴附近,如图 3.3.13(c)所示。用多通道指示仪输出至记录仪。在轴振动时,可以获得各个传感器所在位置轴的瞬时振幅,从而画出轴振形图。

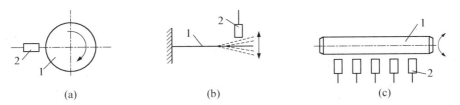

图 3.3.13　振幅测量示意图
1-被测体;2-传感器探头

3. 厚度测量

涡流式传感器可以无接触地测量金属板厚度和非金属板的镀层厚度。图 3.3.14 所示即为涡流式厚度计的测量原理图。当金属板 1 的厚度变化时,将使传感器探头 2 与金属板间距离改变,从而引起输出电压的变化。由于在工作过程中金属板会上、下波动,这将影响测量精度,因此一般涡流式测厚计常用比较的方法测量,如图 3.3.14(b)所示。

图 3.3.14　厚度计测量示意图

1-被测板;2-传感器探头

在被测板 1 的上、下方各装一个传感器探头 2,其间距离为 D,而它们与板的上、下表面分别相距 x_1 和 x_2,这样板厚 $t = D - (x_1 + x_2)$,当两个传感器在工作时分别测得 x_1 和 x_2,转换成电压值后相加。相加后的电压值与两传感器间距离 D 对应的设定电压再相减,就得到与板厚相对应的电压值。

4. 转速测量

在一个旋转体上开一条或数条槽如图 3.3.15(a)所示,或者做成齿,如图 3.3.15(b)所示,旁边安装一个涡流传感器。当旋转体转动时,涡流传感器将周期性地改变输出信号,此电压经过放大、整形,可用频率计指示出频率数值。此值与槽数和被测转速有关,即

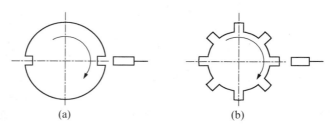

图 3.3.15　转速测量

$$n = \frac{f}{N} \times 60 \qquad (3.4.4)$$

式中:f 为频率值,单位为 Hz;N 为旋转体的槽(齿)数;n 为被测轴的转速,单位为 r/min。

在航空发动机等试验中,常需测得轴的振幅与转速的关系曲线。如果把转速计的频率值经过频率—电压转换装置,接入 $X-Y$ 函数记录仪的 X 轴输入端;而把振幅计的输入接入 $X-Y$ 函数记录仪的 Y 轴,这样利用 $X-Y$ 记录仪就可直接画出转速—振幅曲线。

5. 涡流探伤

电涡流式传感器可以用来检查金属的表面裂纹、热处理裂纹以及用于焊接部位的探伤等。使传感器与被测体距离不变,如有裂纹出现,将引起金属的电阻率、磁导率的变化。在裂纹处也可以说有位移值的变化。这些综合参数(x、ρ、μ)的变化将引起传感器参数的变化,通过测量传感器参数的变化即可达到探伤的目的。

在探伤时,导体与线圈之间是有着相对运动速度的,在测量线圈上就会产生调制频率信

号,这个调制频率取决于相对运动速度和导体中物理性质的变化速度,如缺陷、裂缝,它们出现的信号总是比较短促的。所以缺陷、裂缝会产生较高的频率调幅波。剩余应力趋向于中等频率调幅波,热处理、合金成分变化趋向于较低的频率调幅波。在探伤时,重要的是缺陷信号和干扰信号比。为了获得需要的频率而采用滤波器,使某一频率的信号通过,而将干扰频率信号衰减。但对于比较浅的裂缝信号如图 3.3.16(a)所示,还需要进一步抑制干扰信号,可采用幅值甄别电路。把这一电路调整到裂缝信号正好能通过的状态,凡是低于裂缝信号都不能通过这一电路,这样就把干扰信号都抑制掉了。如图 3.3.16(b)所示。

图 3.3.16　用涡流探伤时的测量信号

思考题与习题

1. 什么是电感式传感器? 电感式传感器分为哪几类?
2. 试述电感式传感器的优点与缺点。
3. 什么是自感式传感器? 列写几种自感式传感器。
4. 什么是差动变压器? 列写几种差动变压器。
5. 比较自感式传感器与差动变压器式传感器的异同。
6. 什么是差动变压器零点残余电压? 说明差动变压器零点残余电压的产生原因及减小的有效措施。
7. 变压器式电桥和带相敏检波的交流电桥,哪一个更优越,为什么?
8. 举例说明差动变压器可以测量的量。
9. 什么是涡流效应?
10. 为什么说涡流式传感器也属于电感式传感器?
11. 使用涡流传感器测量位移或振幅时,对被测物体要考虑哪些因素? 为什么?
12. 简述涡流传感器的调幅测量电路与调频测量电路原理。

第4章 电容式传感器

电容式传感器可以将某些物理量的变化转变为电容量的变化。它广泛应用于科研和生产工艺过程有关物理量测量。过去,电容式传感器主要用于位移、振动、角度、加速度等机械量测量;现在逐渐扩大到压力、压差、液面、成分含量等方面的测量。

4.1 电容式传感器的工作原理

4.1.1 工作原理

电容式传感器实际上是各种类型的可变电容器,它能将被测量的变化转换为电容量的变化。通过一定的测量线路,电容的变化量进一步转换为电压、电流、频率等电信号。按极板形状分,电容式传感器通常有平板形和圆筒形两种,如图 4.1.1 所示。

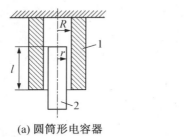 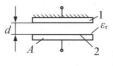

(a) 圆筒形电容器　　　　　　(b) 平板形电容器

图 4.1.1　两种常见的电容器结构

1-定极板;2-动极板

对于平板形电容器,当忽略其边缘效应时,其电容量 C 为

$$C = \frac{\varepsilon A}{d} = \frac{\varepsilon_r \varepsilon_0 A}{d} \tag{4.1.1}$$

式中:A 为极板相对覆盖面积(m^2);d 为极板间的距离(m);ε_r 为介质的相对介电常数;ε_0 为真空的介电常数($8.854 \times 10^{-12}\ \mathrm{F/m}$);$\varepsilon$ 为电容极板间介质的介电常数。

对于圆筒形电容器,其电容量为

$$C = \frac{2\pi\varepsilon_0\varepsilon_r l}{\ln\dfrac{R}{r}} \tag{4.1.2}$$

式中：l 为圆筒长度；R 为外筒内半径；r 为内筒外半径。

由式（4.1.1）和式（4.1.2）可知，电容器的参数 A（或 l）、d 和 ε 中任何一个发生变化时，电容量 C 也随之变化，即可把该参数的变化转换为电容量的变化，通过测量电路就可转换为电量输出。

4.1.2　类　型

电容式传感器在实际应用中有变极距式、变面积式和变介电常数式三种类型，结构图如图 4.1.2 所示。图中变极距式：（a）、（e）；变面积式：（b）、（c）、（d）、（f）、（g）（h）；变介电常数（ε）式：（i）～（l）。变极距式和变面积式可以反映位移等机械量或压力等过程的变化；变介电常数式可以反映液位高度、材料温度和组分含量等的变化。

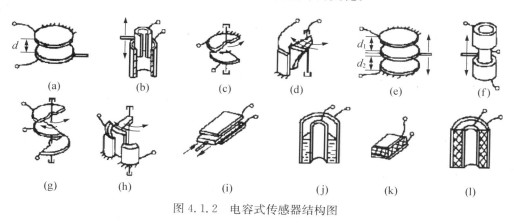

（a）　　　　（b）　　　　（c）　　　　（d）　　　　（e）　　　　（f）

（g）　　　　（h）　　　　（i）　　　　（j）　　　　（k）　　　　（l）

图 4.1.2　电容式传感器结构图

4.2　电容式传感器主要性能

4.2.1　变极距式

变极距式电容传感器的构成如图 4.1.2（a）所示，当某个被测量变化时，会引起极板的位移，从而改变极板间的距离 d，导致电容量 C 的变化。设极板间的介质为空气，即 $\varepsilon_r = 1$，若极板初始间距为 d_0，则初始电容量为 $C_0 = \dfrac{\varepsilon_0 A}{d_0}$；若电容器极板间距由初始值 d_0 缩小 Δd，电容量增大 ΔC，则有

$$C = C_0 + \Delta C = \frac{\varepsilon_0 A}{d_0 - \Delta d} = C_0 \left[\frac{1}{1 - \dfrac{\Delta d}{d_0}} \right] \tag{4.2.1}$$

$$\frac{\Delta C}{C_0} = \frac{\dfrac{\Delta d}{d_0}}{1 - \dfrac{\Delta d}{d_0}} \tag{4.2.2}$$

将式（4.2.2）按幂级数展开，则

$$\frac{\Delta C}{C_0} = \frac{\Delta d}{d_0}\left[1 + \frac{\Delta d}{d} + \left(\frac{\Delta d}{d}\right)^2 + \left(\frac{\Delta d}{d}\right)^3 + \left(\frac{\Delta d}{d}\right)^4 + \cdots\right] \qquad (4.2.3)$$

由式(4.2.3)可知，$\frac{\Delta C}{C_0}$ 与 $\frac{\Delta d}{d_0}$ 为非线性关系，但由于 $\Delta d \ll 1$，故可略去高次项，可得

$$\frac{\Delta C}{C_0} \approx \frac{\Delta d}{d_0} \qquad (4.2.4)$$

所以灵敏度为

$$K_c = \frac{\Delta C}{\Delta d} = \frac{C_0}{d_0} = \frac{\varepsilon_0 A}{d_0^2} \qquad (4.2.5)$$

由式(4.2.5)可知，d_0 愈小，灵敏度愈高，但 d_0 过小，容易引起电容器击穿或短路。为此，极板间可采用高介电常数的材料(云母、塑料膜等)做介质，云母片的相对介电常数是空气的 7 倍，其击穿电压不小于 1000 kV/mm，而空气的仅为 3kV/mm。因此有了云母片，极板间起始距离可大大减小。一般变极板间距离电容式传感器的起始电容在 20～100pF，极板间距离在 25～200μm 的范围内，最大位移应小于间距的 1/10，故在微位移测量中应用最广。

实际应用中经常采用差动式改善其非线性。图 4.1.2(e)所示为差动变极距式电容传感器的结构，在两个固定极板之间设置可移动极板，会使其中一个电容器的电容量增加，另一个电容器的电容量减小，可得

$$C_1 = C_0\left[1 + \frac{\Delta d}{d_0} + \left(\frac{\Delta d}{d_0}\right)^2 + \left(\frac{\Delta d}{d_0}\right)^3 + \left(\frac{\Delta d}{d_0}\right)^4 + \cdots\right] \qquad (4.2.6)$$

$$C_2 = C_0\left[1 - \frac{\Delta d}{d_0} + \left(\frac{\Delta d}{d_0}\right)^2 - \left(\frac{\Delta d}{d_0}\right)^3 + \left(\frac{\Delta d}{d_0}\right)^4 - \cdots\right] \qquad (4.2.7)$$

其电容总的变化为

$$\Delta C = C_1 - C_2 = C_0\left[2\frac{\Delta d}{d_0} + 2\left(\frac{\Delta d}{d_0}\right)^3 + 2\left(\frac{\Delta d}{d_0}\right)^5 + \cdots\right] \qquad (4.2.8)$$

$$\frac{\Delta C}{C_0} \approx 2\frac{\Delta d}{d_0} \qquad (4.2.9)$$

差动式的灵敏度为

$$K_c = 2\frac{\varepsilon_0 A}{d_0^2} \qquad (4.2.10)$$

由式(4.2.8)和式(4.2.10)表明，差动式电容传感器检测提高了灵敏度，线性特性明显改善。

4.2.2　变面积式

如图 4.1.2(b)、(c)、(d)、(f)、(g) (h)所示，均为变面积式电容传感器，可以用来测量直线位移和角位移，当可动极板在被测量的作用下发生位移，使两极板间相对有效面积改变 ΔA，则会导致电容传感器的电容量的变化量 ΔC 为

$$\Delta C = \frac{\varepsilon}{d_0}\Delta A \qquad (4.2.11)$$

灵敏度 $K_c = \dfrac{\Delta C}{\Delta A} = \dfrac{\varepsilon}{d_0}$ 为常数,说明变面积式电容传感器的输入输出关系在理论上是线性的。

4.2.3　变介电常数式

1. 平板形变介电常数式

当两极板间介质的介电常数 ε 变化 $\Delta\varepsilon$,由此引起的电容量的变化量 ΔC 为

$$\Delta C = \frac{A}{d_0}\Delta\varepsilon \tag{4.2.12}$$

引起两极板间介质介电常数变化的因素,可以是介质含水量、介质厚度或高度、介质组分含量的变化。因此,可以用来测量含水量、物位以及介质厚度等物理参数。所要注意的是,当变介电常数式电容极板间为导电介质时,极板表面应涂绝缘层,以防止电极间短路。一般涂层厚度为 0.1mm 左右的聚四氟乙烯膜即可。

2. 圆筒形变介电常数式

因为各种介质的相对介电常数不同,所以在电容器两极板间存在不同介质时,电容器的电容量也就不同,利用这种原理制作的电容式传感器称为变介电常数型电容式传感器,常被用来测量液体的液位和材料的厚度。其检测原理图如图 4.2.1 所示,它是由两个长度为 L、半径为 R 和 r 的圆筒形金属导体组成。当两圆筒间上面一部分充以介电常数为 ε_1 的气体,下面一部分是介电常数为 ε_2 的液体,高度是 H,此时的电容量为

$$C = C_1 + C_2 = \frac{2\pi\varepsilon_1(L-H)}{\ln\dfrac{R}{r}} + \frac{2\pi\varepsilon_2 H}{\ln\dfrac{R}{r}} \tag{4.2.13}$$

经整理后得

$$C = C_0 + \Delta C \tag{4.2.14}$$

式中:

$$C_0 = \frac{2\pi\varepsilon_1 L}{\ln\dfrac{R}{r}}$$

$$\Delta C = \frac{2\pi(\varepsilon_2 - \varepsilon_1)}{\ln\dfrac{R}{r}}H \tag{4.2.15}$$

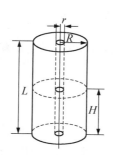

图 4.2.1　电容液位计原理

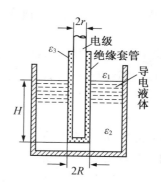

图 4.2.2　导电液体液位测量

式(4.2.15)表明,当圆筒形电容的几何尺寸 L、R、r 保持不变,且介电常数也不变时,电容式传感器电容量变化 ΔC 与液位高度 H 成正比关系。另外,两种介质的介电常数的差值 $(\varepsilon_2-\varepsilon_1)$ 越大,则 ΔC 也越大,说明相对灵敏度越高。

如果被测介质为导电性液体,上述圆筒形电极将被导电的液体所短路,因此,对于这种介质的液位检测,电极要用绝缘物覆盖作为中间介质,而液体和外圆筒一起作为外电极,如图 4.2.2 所示。加入中间介质的介电常数为 ε_3,电极被导电液体浸没的长度为 H,在此时电容器具有的电容量为

$$C = \frac{2\pi\varepsilon_3}{\ln\dfrac{R}{r}}H \qquad\qquad (4.2.16)$$

式中:R 为绝缘覆盖层外半径;r 为内电极的外半径。

4.3 电容式传感器的特点和设计要点

4.3.1 电容式传感器的特点

1. 优点

(1) 温度稳定性好

电容式传感器的电容值一般与电极材料无关,有利于选择温度系数低的材料;又因为电容器本身的损耗非常小,所以发热很小。因此,传感器具有良好的零点稳定性,因为自身发热而引起的零漂可以认为是不存在的。

(2) 结构简单、适应性强

电容式传感器的结构简单,易于制造,易于保证有较高的精度;可以做得非常小巧,以实现某些特殊测量;由于不用有机材料和磁性材料,能承受很大的温度变化和各种辐射及强磁场作用,可以在恶劣环境中工作;也可以在许多各向同性的电介质液体中工作。

(3) 动态响应好

电容式传感器极板间的静电引力很小,所以需要的作用能量极小;又由于它的可动部分可以做得很小很薄,即具有很小的可动质量,因此其固有频率很高,动态响应时间短,能在几兆赫的频率下工作,特别适用于动态测量。又由于介质损耗小,可以用较高频率供电,因此,系统工作频率高。它可用于测量高速变化的参数,如振动、瞬时压力等,而且具有很高的灵敏度。

(4) 可以实现非接触测量、具有平均效应

当采用非接触测量时,电容式传感器具有平均效应,可以减小工件表面粗糙度不同等对测量的影响。

2. 缺点

(1) 输出阻抗高、负载能力差

传感器的电容量受其电极几何尺寸等限制,一般为几十到几百 pF,使传感器的输出阻抗很高,达 $10^6 \sim 10^8\ \Omega$,功率小,负载能力差,从而易受外界干扰影响产生不稳定现象,严重时甚至无法工作。为了改善抗干扰性能,常采用如下措施:将放大线路安放在紧靠电容式

传感器的地方屏蔽;采用多层电极结构来增大电极板面积和初始电容减小固有电感;提高激励频率等。

（2）寄生电容影响大

传感器的初始电容量很小,而传感器的引线电缆电容（1~2m 导线可达 800pF）、测量电路的杂散电容以及传感器极板与其周围导体构成的电容等"寄生电容"却较大,这一方面降低了传感器的灵敏度;另一方面这些电容（如电缆电容）常常是随机变化的,将使传感器工作不稳定,影响测量精度。

4.3.2　电容式传感器的设计要点

电容式传感器所具有的高灵敏度、高精度等独特的优点是与其正确设计、正确选材以及精细加工工艺分不开的。在设计电容式传感器过程中,在所要求的量程、温度和压力范围内,应尽量使其具有低成本、高精度、高分辨力、稳定可靠和频率响应好等,但一般不容易达到理想程度,因此经常采用折中方案。对于电容传感器,设计时可以从以下几个方面考虑。

1. 减小环境温度湿度等变化所产生的影响,保证绝缘材料的绝缘性能

环境温度变化使电容式传感器内各零件几何尺寸和相互间几何位置及某些介质的介电常数发生改变,从而改变传感器的电容量,产生温度附加误差。湿度也影响某些介质的介电常数和绝缘电阻值。因此,必须从选材、结构、加工工艺等方面来减小温度等误差和保证绝缘材料具有高的绝缘性能。

（1）电极。电容式传感器的金属电极材料以选用温度系数低而稳定的铁镍合金为好,但难加工。也可以采用在陶瓷或石英上喷镀金或银的工艺,这样电极可以做得极薄,对减小边缘效应极为有利。传感器内电极表面不便经常清洗,应加以密封,用以防尘、防潮。若在电极表面镀以极薄的惰性金属（如铑等）层,则可代替密封件而起保护作用,可防尘、防热、防湿、防腐蚀,并且在高温下可以减少表面损耗,降低温度系数,但成本较高。

（2）电极支架。电极的支架除要有一定的机械强度外,还要有稳定的性能。选用温度系数小和几何尺寸长期稳定性好,并且具有高的绝缘电阻、低的吸潮性和高的表面电阻的材料,例如云母、石英、人造宝石及各种陶瓷作支架。虽然这些材料较难加工,但性能远高于塑料和有机玻璃等。在温度不太高的环境下,可以考虑选用聚四氟乙烯材料作支架,其绝缘性能较好。

（3）电介质。应尽量采用空气或云母等介电常数的温度系数近似为零的电介质（也不受湿度变化的影响）。若采用某些液体如硅油、煤油等作为电介质,当环境温度变化时,它们的介电常数随之改变,产生误差,这种温度误差虽然可以用后接电子线路加以补偿（如采用与测量电桥相并联的补偿电桥）,但不易完全消除。

此外,尽量采用差动结构、测量电路来减小温度等误差;由于灵敏度与极板间距离成反比,因此初始距离尽量取小一些。

2. 消除和减小边缘效应与泄漏电容的影响

电容器的边缘效应使设计计算复杂化,还会产生非线性和降低传感器的灵敏度。消除和减小的方法是在结构上增设防护电极,防护电极必须与被防护电极取相同的电位。还可以将电极板做得尽量薄,使其极间距相应减小,从而减小边缘效应。

电容式传感器的电容量及其工作时的电容变化量都很小,往往小于泄漏电容。所谓泄漏电容,主要由两部分组成:电容器的极板与其周围导体构成的寄生电容以及引线电容(电缆电容)。这些泄漏电容不仅降低了传感器的灵敏度,而且它的变化是随机的,很不稳定,从而会引起较大的测量误差,必须消除或减小它。

(1) 增加初始电容值,可减小泄漏电容的影响。采用减小极片或极筒间的间距(平板式间距为 0.2~0.5mm,圆筒式间距为 0.15mm),增加工作面积或工作长度来增加初始电容值,但受加工及装配工艺、精度、示值范围、击穿电压、结构等限制。一般电容传感器的电容值变化 $\Delta C=10^{-3}\sim10^3\,\mathrm{pF}$,相对变化 $\Delta C/C=10^{-6}\sim1$。

(2) 导线间分布电容有静电感应,因此导线和导线要离得远,线要尽可能短,最好成直角排列,若采用平行排列时可采用同轴屏蔽线。

(3) 采用接地屏蔽措施,克服不稳定的寄生电容的影响。

(4) 将电容传感器和所采用的测量转换电路、传输电缆和供桥电源等整体用同一个屏蔽壳屏蔽起来。此外,正确选取接地点来消除寄生电容的影响和防止外界的干扰。

(5) 尽可能采用差动式电容传感器,减小非线性误差,提高传感器灵敏度,减小寄生电容的影响。

4.4 电容式传感器测量电路

电容传感器中电容值变化都很微小,不能直接显示记录,必须借助信号调节电路将电容的变化转换为电流、电压或频率等的变化,以便显示、记录及传输。电容式传感器测量电路有交流电桥、调频电路、二极管双 T 形电路、脉冲宽度调制电路、运算放大器式电路等。

4.4.1 交流电桥

交流电桥电路如图 4.4.1 所示,是电容传感器最基本的一种信号变换电路。图中 C_1、C_2 可以是两个差动电容,也可以是一个为固定电容,另一为电容传感器;另外两个桥臂可以是电感、电容或电阻,如图 4.4.1(a)所示,也可以是变压器的两个次级线圈,如图 4.4.1(b)所示。

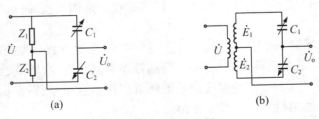

(a) (b)

图 4.4.1 交流电桥

图 4.4.1(b)所示的变压器式交流电桥应用较多,现以此为例说明被测量与输出电压 $\dot{U}_0$ 的关系。设 $\dot{E}_1=\dot{E}_2=\dot{E}$,由图可求得输出电压 $\dot{U}_0$ 为

$$\dot{U}_0=\left(\frac{2\dot{E}}{\dfrac{1}{\mathrm{j}\omega C_1}+\dfrac{1}{\mathrm{j}\omega C_2}}\right)\frac{1}{\mathrm{j}\omega C_2}-\dot{E}=\dot{E}\left(\frac{C_1-C_2}{C_1+C_2}\right) \tag{4.4.1}$$

式中：C_1、C_2 为差动电容，初始电容量均为 C_0。当被测量发生变化时，C_1、C_2 都会发生变化，即

$$C_1 = C_0 + \Delta C = \frac{\varepsilon_0 A}{d_0 - \Delta d} \tag{4.4.2}$$

$$C_2 = C_0 - \Delta C = \frac{\varepsilon_0 A}{d_0 + \Delta d} \tag{4.4.3}$$

将式(4.4.2)和式(4.4.3)代入式(4.4.1)，可得

$$\dot{U}_\circ = \dot{E}\,\frac{\Delta d}{d_0} \tag{4.4.4}$$

由式(4.4.4)可知，输出电压与输入位移成理想线性关系，还与供桥电压成比例，因此，要求电源电压采取稳幅和稳频措施。

4.4.2　调频电路

电容式传感器的调频测量电路如图 4.4.2 所示。该电路把电容式传感器作为振荡器谐振回路的一部分，当被测量变化时，电容 C_x 随之变化，这就使得振荡器的频率 f 发生相应的变化。虽然可将频率作为测量系统的输出量，用以判断被测非电量的大小，但此时系统是非线性的，不易校正，因此加入鉴频器，将频率的变化转换为电压振幅的变化，经过放大就可以用仪器指示或记录仪记录下来。

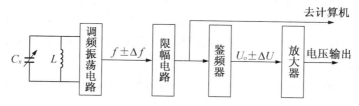

图 4.4.2　调频电路框图

调频振荡器的振荡频率为

$$f = \frac{1}{2\pi \sqrt{LC}} \tag{4.4.5}$$

式中：L 为振荡回路电感；C 为振荡回路的总电容，$C = C_1 + C_2 + C_x$，其中 C_1 为振荡回路固有电容，C_2 为传感器引线分布电容，$C_x = C_0 \pm \Delta C$，为传感器电容。

当被测信号为零时，$\Delta C = 0$，$C = C_1 + C_2 + C_0$，振荡频率为

$$f_0 = \frac{1}{2\pi \sqrt{L(C_1 + C_2 + C_0)}} \tag{4.4.6}$$

当被测信号不为零时，$\Delta C \neq 0$，振荡频率有相应的变化，此时振荡频率为

$$f = \frac{1}{2\pi \sqrt{L(C_1 + C_2 + C_0 \mp \Delta C)}} = f_0 \pm \Delta f \tag{4.4.7}$$

调频电路具有较高的灵敏度，可测至 $0.01\,\mu\text{m}$ 级位移变化量。信号的输出频率易于用数字仪器测量，并与计算机通信，抗干扰能力强，可以发送、接收，以达到遥测控制的目的。

4.4.3　二极管双 T 型电路

二极管双 T 型电路如图 4.4.3(a)所示，e 是高频电源，它提供幅值为 U 的对称方波。D_1、D_2 是特性相同的二极管，C_1、C_2 是传感器两差动电容，R_L 是负载电阻，R_1、R_2 是固定电阻，且 $R_1 = R_2 = R$。

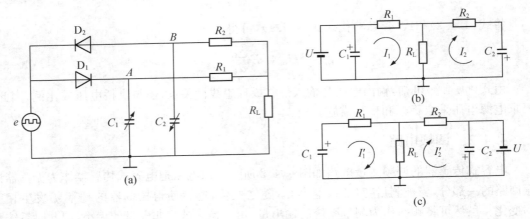

图 4.4.3　二极管双 T 型电路

电路工作原理如下：当 e 为正半周时，二极管 D_1 导通，D_2 截止，于是电容 C_1 充电，其等效电路如图 4.4.3(b)所示；在随后负半周出现时，电容 C_1 上的电荷通过电阻 R_1、负载电阻 R_L 放电，流过 R_L 的电流为 I_1。当 e 为负半周时，D_2 导通，D_1 截止，于是电容 C_2 充电，其等效电路如图 4.4.3(c)所示；在随后出现正半周时，电容 C_2 上的电荷通过电阻 R_2、负载电阻 R_L 放电，流过 R_L 的电流为 I_2。

当传感器没有输入，即 $C_1 = C_2$ 时，$I_1 = I_2$，且方向相反，则在一个周期内流过 R_L 的平均电流为零。

当传感器输入不为零，即 $C_1 \neq C_2$ 时，$I_1 \neq I_2$，则在一个周期内流过 R_L 的平均电流不为零，因此产生输出电压，且输出电压是电容 C_1 和 C_2 的函数。该电路输出电压较高，可用来测量高速的机械运动。

4.4.4　脉冲宽度调制电路

脉冲宽度调制电路(PWM)是利用传感器的电容充放电使电路输出脉冲的占空比随电容式传感器的电容量变化而变化，再通过低通滤波器得到对应于被测量变化的直流信号。脉冲宽度调制电路如图 4.4.4 所示。它由电压比较器 A_1、A_2，双稳态触发器及电容充放电回路组成。电容 C_1、C_2 为传感器差动电容，电阻 $R_1 = R_2$，U_R 为参考直流电压。

当双稳态触发器处于某一状态，$Q = 1$，$\overline{Q} = 0$，A 点高电位通过 R_1 对 C_1 充电，时间常数为 $\tau_1 = R_1 C_1$，直至 C 点电位高于参比电位 U_R，比较器 A_1 输出正跳变信号。在 C_1 充电的同时，因 $\overline{Q} = 0$，电容器 C_2 上已充电荷通过 D_2 迅速放电至零电平。当 A_1 正跳变时，跳变信号激励触发器翻转，使 $Q = 0$，$\overline{Q} = 1$，于是 A 点为低电位，C_1 通过 D_1 迅速放电，而 B 点高电位通过 R_2 对 C_2 充电，时间常数为 $\tau_2 = R_2 C_2$，直至 D 点电位高于参比电位 U_R，比较器 A_2 输出

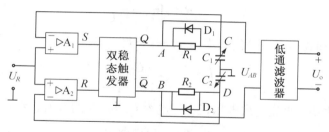

图 4.4.4　差动脉冲调宽电路

正跳变信号，使触发器再次发生翻转，重复前述过程，电路各点波形如图 4.4.5 所示。当差动电容器 $C_1 = C_2$ 时，电路各点波形如图 4.4.5(a)所示，A、B 两点间的平均电压值为零。当差动电容 $C_1 \neq C_2$，且 $C_1 > C_2$，则 $\tau_1 = R_1 C_1 > \tau_2 = R_2 C_2$。由于充放电时间常数变化，使电路中各点电压波形产生相应改变，电路各点波形如图 4.4.5(b)所示，此时 U_A、U_B 脉冲宽度不再相等，一个周期$(T_1 + T_2)$时间内的平均电压值不为零。此 U_{AB} 电压经低通滤波器滤波后，可获得 U_o 输出。

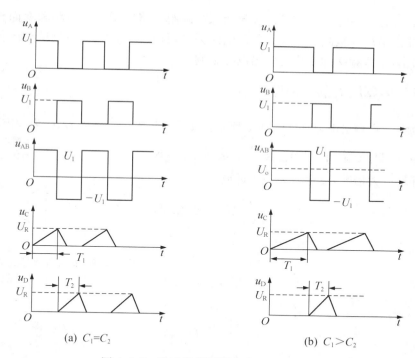

图 4.4.5　脉冲宽度调制电路电压波形图

$$U_o = U_A - U_B = \frac{T_1}{T_1 + T_2} U_1 - \frac{T_2}{T_1 + T_2} U_1 = \frac{T_1 - T_2}{T_1 + T_2} U_1 \qquad (4.4.8)$$

式中：U_1 为双稳态触发器输出的高电位；T_1 为 C_1 充电至 U_R 的时间；T_2 为 C_2 充电至 U_R 的时间。

$$T_1 = R_1 C_1 \ln \frac{U_1}{U_1 - U_R} \qquad (4.4.9)$$

$$T_2 = R_2 C_2 \ln \frac{U_1}{U_1 - U_R} \qquad (4.4.10)$$

将式(4.4.9)和式(4.4.10)代入式(4.4.8),可得

$$U_o = \frac{C_1 - C_2}{C_1 + C_2} U_1 \qquad (4.4.11)$$

式(4.4.11)表明:直流输出电压正比于电容 C_1 与 C_2 的差值。

如果是差动变极距式电容传感器,设 $C_1 > C_2$,即 $C_1 = \dfrac{\varepsilon A}{d_0 - \Delta d}$, $C_2 = \dfrac{\varepsilon A}{d_0 + \Delta d}$,将 C_1、C_2 代入式(4.4.11),可得输出电压为

$$U_o = \frac{\Delta d}{d_0} U_1 \qquad (4.4.12)$$

同样,如果是差动变面积式电容传感器,输出电压为

$$U_o = \frac{\Delta A}{A_0} U_1 \qquad (4.4.13)$$

由式(4.4.12)和式(4.4.13)可见,差动脉宽调制电路适用于变极距和变面积差动式电容传感器,输出电压与被测位移或面积呈线性关系,且转换效率高,经过低通放大器就有较大的直流输出,调宽频率的变化对输出没有影响。

4.4.5 运算放大器式电路

运算放大器式测量电路如图4.4.6所示。图中,C_x 为传感器电容,C 为固定电容,$\dot{U_i}$ 是交流电源电压,$\dot{U_o}$ 是输出信号电压,$\sum$ 是虚地点,K 为放大器开环放大倍数,设运放为理想运放,则

$$\dot{U_o} = -\frac{1/(j\omega C_x)}{1/(j\omega C)} \dot{U_i} = -\frac{C}{C_x} \dot{U_i} \quad (4.4.14)$$

对于变极距式电容传感器

$$C_x = \frac{\varepsilon A}{d}$$

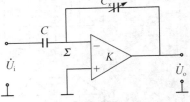

图4.4.6 运算放大器式电路原理图

则输出电压为

$$\dot{U_o} = -\frac{C}{\varepsilon A} d \dot{U_i} \qquad (4.4.15)$$

由式(4.4.15)可知,输出电压 $\dot{U_o}$ 与极板的机械位移 d 呈线性关系,运算放大器式电路解决了变极距式电容传感器的非线性问题。以上输出结果是在放大倍数 $A \to \infty$,输入阻抗 $Z_i \to \infty$ 的理想条件下得到的,实际中有一定的非线性,但只要 A、Z_i 足够大,这种误差会较小。另外,为了保证仪器精度,还要求电源电压 $\dot{U_i}$ 的幅值和固定电容稳定。

4.5　电容式传感器应用

4.5.1　电容式差压传感器

电容式差压传感器结构如图 4.5.1 所示。它由两个凹玻璃圆盘和一个感压膜片组成，两个凹玻璃圆盘上镀金作为电容传感器的两个固定电极，而夹在两圆盘中的感压膜片作为传感器的可动电极。当被测压力 p_1 及 p_2 通过过滤器进入空腔时，压差 $\Delta p = p_2 - p_1$ 传递到感压膜片。

（1）当 $p_2 = p_1$，$\Delta p = 0$ 时，膜片处于中间位置，与两个定极板距离相等，使 $C_2 = C_1$；其中，C_2 为 p_2 侧电容量，C_1 为 p_1 侧电容量。

（2）当有差压作用时，感压膜片产生形变。当 $p_2 > p_1$ 时，膜片向 p_1 弯曲，$C_2 < C_1$；当 $p_2 < p_1$ 时，膜片向 p_2 弯曲，$C_2 > C_1$。

由于弹性膜片两侧压力差，使膜片凸向压力小的一侧，这一位移改变了两个镀金玻璃圆片与弹性膜片之间的电容量，而电容的变化可由测量

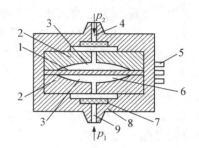

图 4.5.1　电容式差压传感器

1-金属膜片（动极）；2-凹玻璃圆盘；3-金属镀层（定极）；4-低压侧导压口；5-输出端子；6-空腔；7-过滤器；8-壳体；9-高压侧导压口

电路转换成电压或电流输出。这种传感器的分辨力很高，采用适当的测量电路，可以测量较小的压力差，响应速度可达数十毫秒。若测量含有杂质的液体，还需在两个进气孔前设置波纹隔离膜片，并在两侧空腔中充满导压硅油，使得弹性平膜片感受到的压力之差仍等于 $p_2 - p_1$。将这种电容变化通过电路转换为电压的变化，输出的电压与 $|p_2 - p_1|$ 成正比信号。

这种传感器可以用来测量差压，也可以测量某一点以大气压为基准的压力，比如测管道、箱内、罐中压力；也可以把一侧密封后抽成真空，用来测量绝对压力，比如测蒸发罐、反应罐中压力。

4.5.2　电容测厚仪

电容测厚仪主要用于测量金属带材在轧制过程中的厚度，其工作原理如图 4.5.2 所示。

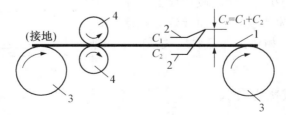

图 4.5.2　电容测厚仪示意图

1-金属带材；2-电容极板；3-传动轮；4-轧辊

在被测金属带材的上下两侧各放置一块面积相等、与带材距离相等的极板,这样极板与带材就形成了两个电容器。把两块极板用导线连接起来作为电容器的一个极板,而金属带材就是电容的另一个极板,其总电容 $C_X = C_1 + C_2$。如果带材厚度发生变化,将引起上下两个极板间距变化,从而引起电容量 C_X 的变化,用交流电桥将电容的这一变化检测出来,再经过放大、检波、滤波,最后在仪表上显示出带材厚度。

4.5.3　电容式加速度传感器

图 4.5.3 所示为电容式加速度传感器的结构图。该传感器采用差动式结构,有两个固定极板,中间有一用弹簧片支撑的质量块,此质量块的两个端面经过磨平抛光后作为可动极板。当传感器壳体随被测对象沿垂直方向做直线加速运动时,质量块在惯性空间中相对静止,两个固定电极将相对于质量块,在垂直方向,产生大小正比于被测加速度的位移。此位移使 C_1、C_2 值随之改变,一个增大,一个减小,它们的差值正比于加速度。该传感器频率响应快,量程范围大,精度较高。此外,该传感器还可做得很小,并与测量电路一起封装在一个厚膜集成电路的壳体中。

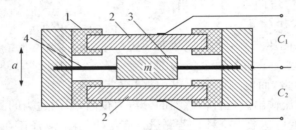

图 4.5.3　电容式加速度传感器
1-绝缘体;2-固定电极;3-质量块;4-弹簧片

4.5.4　电容式湿敏传感器

电容式湿敏传感器主要用来测量环境的相对湿度。传感器的感湿元件是高分子薄膜式湿敏电容,其结构如图 4.5.4 所示,上半部分是平面结构,下半部分是侧面结构。它的下电极是梳状金属电极,上电极是一网状多孔金属电极,上下电极间是亲水性高分子介质膜,上电极、高分子薄膜和下电极构成两个串联的电容。当环境相对湿度改变时,高分子薄膜通过网状上电极吸收或放出水分,使高分子薄膜的介电常数发生变化,从而导致电容量改变。通过测量电路,输出与相对湿度呈对应关系的电压或电流信号。

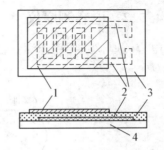

图 4.5.4　湿敏电容的结构示意图
1-上电极;2-下电极;
3-高分子薄膜;4-玻璃基板

4.5.5　电容式接近开关

电容式接近开关属于一种具有开关量输出的位置传感器,它由 LC 高频振荡电路、信号转换处理电路等部分组成,如图 4.5.5 所示。它利用连接于高频振荡回路的感应电极作为检测元件,当没有物体靠近感应电极时,感应电极与大地间的电容量 C 非常小,LC 高频振荡器正常振荡。当被检测物体(如与大地有很大分布电容的人体、液体等)靠近感应电极时,感应电极对地电容 C 增大,使得高频振荡器的振荡减弱,直至停振。振荡器的振荡及停振这两个信号由电路转换成开关量信号,由此便可控制开关的接通或关断。

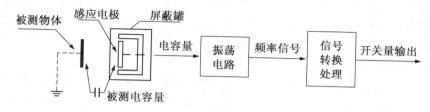

图 4.5.5　人体接近电容式传感器电路图

电容式接近开关具有无抖动、无触点、非接触检测等优点,其抗干扰能力、耐腐蚀性能等比较好,主要用于定位及开关报警控制等场合,如颗粒料位仪、人体接近开关等。

4.6　容栅式传感器

4.6.1　基本类型及工作原理

容栅式传感器有长容栅和圆容栅两种,它们的结构原理如图 4.6.1 所示。图 4.6.1(a) 是长容栅结构示意图,它由定栅尺和动栅尺组成,一般用敷铜板制造。在定栅尺上蚀刻反射电极(也称标尺电极)和屏蔽电极(或称屏蔽);在动栅尺上蚀刻发射电极和接受电极。定栅尺与动栅尺的栅极面相对放置,其间留有间隙,形成一对对电容(即容栅),这些电容并联连接,忽略边缘效应,其最大电容量为

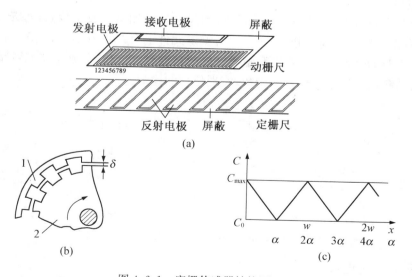

图 4.6.1　容栅传感器结构原理图

$$C_{\max} = n\frac{\varepsilon ab}{\delta} \qquad\qquad (4.6.1)$$

式中：n 为动栅尺栅极片数；a、b 为栅极片的长度和宽度；ε 为动栅尺和定栅尺间介质的介电常数；δ 为动栅尺和定栅尺间的间距。

最小电容量理论上为零，实际上为固定电容 C_0，称为容栅固有电容。当动栅尺沿 x 方向平行于定栅尺相对移动时，每对电容的相对遮盖长度 a 将由大到小，由小到大地周期性变化，电容量值也随之相应周期性变化，如图 4.6.1(c)所示，其中，W 为反射电极的极距。经电路处理过后，可测得线位移值。

图 4.6.1(b)所示为柱状电容传感器。它是由同轴安装的定子 1 和转子 2 组成，在它们的内、外柱面上刻制一系列宽度相等的齿和槽，当转子旋转时就形成了一个可变电容器，当定子、转子齿面相对时电容量最大，错开时电容量最小。其转角 α 与电容量 C 的关系曲线如图 4.6.1(c)所示，其中 α 为齿或槽所对应的圆心角。

(1) 容栅传感器电极的结构形式

以线位移长容栅传感器为例，目前常用的电极的结构形式有直电极反射式和透射式，非直电极反射式和透射式（如反射式 L 型电极）等。

① 直电极反射式

其结构形式如图 4.6.1(a)所示，图中动栅尺上排列一系列尺寸相同，发射极距宽度为 l_0 的小发射电极片 $1,2,3,\cdots,8$；定栅尺上均匀排列着一系列尺寸相同，反射极距为 $8l_0$ 的反射电极片，电极片间相互绝缘，动栅尺和定栅尺平行安装。当发射电极 $1,2,\cdots,8$ 分别加以幅值相等，基波相位相差 $45°$ 的激励电压时，通过电容耦合在反射电极上产生电荷，再通过反射电极和接收电极间电容耦合在接收电极上产生电荷输出。采用不同的激励电压和相应的测量电路，则可得到幅值或相位与被测位移呈比例关系的调幅信号或调相信号，实现对位移的测量。

② 直电极透射式

其结构形式如图 4.6.2 所示。它由一根标尺和一个测量装置组成，标尺是一根金属带子，上面开有许多按一定规律分布的矩形孔；测量元件上有几组发射电极和一个接收电极，并由导线接成差动电容。当标尺在测量元件之间移动时，由窗孔形成差动电容器，其电容量变化是标尺与测量元件之间位置的函数，实现位移的检测。

图 4.6.2　直电极透射式容栅传感器结构示意图

③ 反射式 L 型电极

其动栅尺结构与直电极反射式结构形式相同，所不同的是定栅尺的反射电极为 L 型，如图 4.6.3 所示，其目的是增大反射电极的面积，增加耦合的电容量，提高传感器的灵敏度，增强抗干扰能力和提高稳定性。

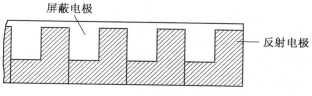

图 4.6.3　L 型反射电极

（2）信号处理方式

容栅式传感器测量电路主要有鉴幅式测量电路和鉴相式测量电路两种形式。目前,鉴幅式测量系统可达到 0.001mm 分辨力,主要在测长仪上使用,鉴相式测量系统分辨力为 0.01mm,主要在电子数字显示卡尺等数显量具上使用。下面以直电极反射式结构为例,讨论这两种信号处理方式。

① 鉴幅式测量系统

图 4.6.4 所示是鉴幅式测量系统结构原理图,图中 A、B 为动栅尺上两组电极片,P 为定栅尺上一片电极片,它们之间构成差动电容 C_A、C_B。两组电极片各由四片小电极片组成,如图 4.6.4(b)所示,在位置 a 时,一组为小电极片 1～4,另一组为 5～8,分别加以同频反相矩形交变电压 U_{m1}、U_{m2},U_1、U_2 为参考直流电压,当电极片 P 在初始位置($x=0$),即 A、B 两组电极片中间时,测量转换系统输出初始电压 $U_{m0}=(U_1+U_2)/2$。此时,加在 A、B 电极片组的交变电压 U_{m1} 和 U_{m2} 是同频等幅反相的,如图 4.6.4(c)所示。通过电容耦合,在电极片 P 上产生电荷并保持不变,因而输出电压 U_{m0} 不发生变化。当电极片 P 相对于电极片组 A、B 有位移 x 时,电极片 P 上的电荷量发生变化,输出交变电压,经测量转换系统输出 U_m,通过电子开关 S_1、S_2,改变 U_{m1}、U_{m2} 的值,最终使电极片 P 上所产生的电荷变化为零,即

$$(U_m-U_1)C_A+(U_m-U_2)C_B=0 \qquad (4.6.2)$$

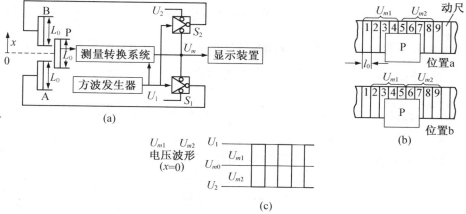

(a)

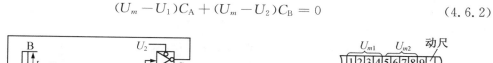

(c)

(b)

图 4.6.4　鉴幅式测量系统原理图

当位移 x 使电极片 P 和 B 的遮盖长度增加,且 $|x|\leqslant l_0/2$ 时,$C_A=C_0(1-x/l_0)$,$C_B=C_0(1+x/l_0)$,其中 C_0 为初始位置时的电容,l_0 为电极片 P 的宽度。由式(4.6.2)可得

$$U_m = \frac{1}{2}(U_1 + U_2) + \frac{(U_2 - U_1)x}{l_0} \tag{4.6.3}$$

当相对位移 $|x| \geqslant l_0$（小极片间距）时，由控制电路自动改变小极片组接线，如图 4.6.4 (b)所示。这时电极片组 A 由小电极片 2～5 构成，加电压 U_{m1}，电极片组 B 由小电极片 6～9 构成，加电压 U_{m2}，这样，在电极片 P 相对移动的过程中，能保证始终与不同的小电极片形成差动电容器，输出与位移呈线性关系的电压信号。

② 鉴相式测量系统

容栅式传感器动栅尺上的发射电极 E 每 8 片为一组（见图 4.6.5(a)），分别加以 $u_1 \sim u_8$ 八个等幅、同频、相位依次相差 $\pi/4$ 的调制方波电压。通过对方波电压信号进行谐波分析可知，方波是由基波和奇次谐波之和组成，因此可用正弦波进行讨论。设动栅尺相对于定栅尺的初始位置及各小发射电极所加激励电压相位如图 4.6.5(a)所示，且各发射电极片与反射电极片（或称标尺电极片）M 全遮蔽时的电容均为 C_0，当位移 $x \leqslant l_0$（发射电极片宽度）时，如图 4.6.5(b)所示，在反射电极片 M 上的感应电荷为

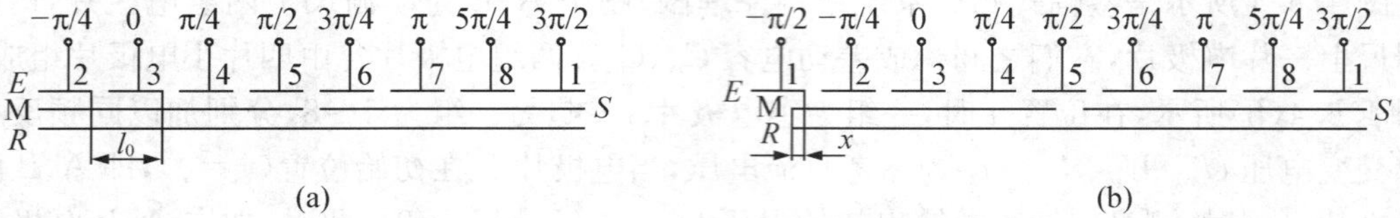

图 4.6.5　鉴相式测量电路原理
(a) 一组电极板初始位置示意图；(b) 动栅尺与定栅尺相对位置为 x 时示意图

$$Q_M = C_0 \frac{x}{l_0} U_m \sin\left(\omega t - \frac{\pi}{2}\right) + C_0 U_m \sin\left(\omega t - \frac{\pi}{4}\right)$$

$$+ C_0 U_m \sin\omega t + C_0 U_m \sin\left(\omega t + \frac{\pi}{4}\right) + C_0 \frac{l_0 - x}{l_0} U_m \sin\left(\omega t + \frac{\pi}{2}\right)$$

$$= C_0 U_m \left[\left(1 - \frac{2x}{l_0}\right)\cos\omega t + \left(2\cos\frac{\pi}{4} + 1\right)\sin\omega t\right] \tag{4.6.4}$$

式中：U_m 为发射电极激励信号基波电压的幅值；ω 为发射电极激励信号基波电压的频率。

设 $1 - \dfrac{2x}{l_0} = a$，$2\cos\dfrac{\pi}{4} + 1 = b$，则式(4.6.4)可写成

$$Q_M = C_0 U_m \sqrt{a^2 + b^2}\left(\frac{a}{\sqrt{a^2 + b^2}}\cos\omega t + \frac{b}{\sqrt{a^2 + b^2}}\sin\omega t\right)$$

设 $\dfrac{a}{\sqrt{a^2 + b^2}} = \sin\theta$，$\dfrac{b}{\sqrt{a^2 + b^2}} = \cos\theta$，因此可得

$$Q_M = C_0 U_m \sqrt{a^2 + b^2}\sin(\omega t + \theta) \tag{4.6.5}$$

$$\theta = \arctan\frac{a}{b} = \arctan\frac{1 - \dfrac{2x}{l_0}}{2\cos\dfrac{\pi}{4} + 1} \tag{4.6.6}$$

由于静电感应，接收电极与反射电极耦合产生感应电荷，其接受电极输出电压正比于接

收电极上的电荷量,即与 Q_M 成正比。所以,θ 反映了传感器输出电压相位的变化规律,而 θ 又与位移 x 有关,故通过测量输出电压的相位,就可间接地测量位移的大小。

鉴相式测量电路具有较强的抗干扰能力。由式(4.6.6)可知,鉴相式测量电路在理论上还存在非线性误差,同时由于激励电压含有高次谐波,影响了测量精度。

(3) 容栅式传感器误差分析

容栅式传感器误差主要有:原理性误差,动栅尺与定栅尺制造的几何尺寸误差,材质误差,加工工艺误差和环境误差等。对误差源的分析有利于在设计、工艺等方面的改进,提高传感器的精度,扩大传感器的使用范围和使用领域。由于篇幅所限,有关误差的详细分析可参阅有关参考文献。

4.6.2　容栅式传感器应用

目前容栅式传感器主要应用于量具、量仪和机床数显装置。如角位移容栅传感器已在电子数显千分尺及机床分度盘中应用。线位移容栅传感器已在电子数显卡尺、数显深度尺、数显高度尺、机床数显标尺中应用。随着对容栅传感器研究的不断深入,其应用领域还会不断扩大,将会有更多的容栅传感器系列产品在仪器仪表中应用,实现产品的升级换代,如容栅式数显沟槽测量仪、容栅式数显棱角度错边量检测仪等。图 4.6.6 所示为容栅式数显轮胎花纹深度尺照片。

图 4.6.6　容栅式数显轮胎花纹深度尺

思考题与习题

1. 试述电容式传感器的工作原理与分类。电容传感器能够测量哪些物理量?

2. 为什么电感式和电容式传感器的结构多采用差动形式,差动结构形式的特点是什么?

3. 电容传感器的测量电路有哪些?叙述二极管双 T 型交流电桥电路工作原理。

4. 简述电容式传感器的优缺点、主要应用场合以及使用中应注意的问题。

5. 简述差动式电容测厚传感器系统的工作原理。

6. 简述鉴幅式容栅测量系统工作原理。

7. 简述鉴相式容栅测量系统工作原理。

第 5 章　磁电式传感器

磁电式传感器是通过磁电作用将被测量(如振动、位移、转速等)转换成电信号的一种传感器。磁电感应式传感器、霍尔式传感器都是磁电式传感器。磁电感应式传感器是把被测量引起的磁信号的变化转换为电信号的传感器;霍尔式传感器是基于霍尔效应原理的传感器。

5.1　磁电感应式传感器

磁电感应式传感器也称为电动势式传感器,或感应式传感器,是一种基于通过闭合导体的磁通量变化而输出感应电动势的传感器。因此,它是一种机械能—电能能量转换型传感器,不需供电电源,是直接从被测物体吸取机械能量并转换成电信号输出。它电路简单、性能稳定、输出阻抗小,又具有一定的频率响应范围(一般为 $10 \sim 1000\,\text{Hz}$),适用于振动、转速、扭矩等测量。特别是由于这种传感器的"双向"性质,使得它可以作为"逆变器"应用于近年来发展起来的"反馈式"(也称力平衡式)传感器中,但这种传感器的尺寸和重量都比较大。

5.1.1　工作原理和结构类型

磁电感应式传感器是以电磁感应原理为基础的,根据电磁感应定律,线圈两端的感应电动势正比于线圈所包围的磁链对时间的变化率,即

$$e = -W\frac{\text{d}\Phi}{\text{d}t} \tag{5.1.1}$$

式中:W 为线圈匝数;Φ 为线圈所包围的磁通量。

若线圈相对磁场运动速度为 v 或角速度为 ω 时,则式(5.1.1)可改写为

$$e = -WBlv$$

或

$$e = -WBS\omega \tag{5.1.2}$$

式中:l 为每匝线圈的平均长度;B 为线圈所在磁场的磁感应强度;S 为每匝线圈的平均截面积。

在传感器中,当结构参数确定后,即 B、l、W、S 均为定值,那么感应电动势 e 与线圈相对磁场的运动速度(v 或 ω)成正比。

根据上述原理,人们设计了两种类型的结构:一种是变磁通式;另一种是恒定磁通式。

变磁通式结构(也称为变磁阻式或变气隙式),常用于旋转角速度的测量,如图5.1.1所示。

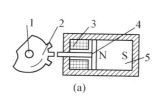
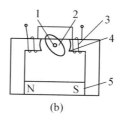

(a)　　　　　　　　　　　(b)

图 5.1.1　变磁通式磁电感应式传感器结构原理图

1-被测转轴;2-铁芯;3-线圈;4-软铁;5-永久磁铁

图 5.1.1(a)所示为开磁路变磁通式,线圈 3 和磁铁 5 静止不动,铁芯测量齿轮 2(导磁材料制成)安装在被测转轴 1 上,随之一起转动,每转过一个齿,传感器磁路磁阻变化一次,磁通也就变化一次。线圈 3 中产生的感应电动势的变化频率等于铁芯 2 上齿轮的齿数和转速的乘积,这种传感器结构简单,但输出信号较小,且因高速轴上加装齿轮较危险而不宜测量高转速。

由 5.1.1(b)所示为两极式闭磁路变磁通式结构示意图,被测转轴 1 带动椭圆形铁芯 2 在磁场气隙中等速转动,使气隙平均长度周期性变化,因而磁路磁阻也周期性地变化,致使磁通同样地周期性变化,在线圈 3 中产生频率与铁芯 2 转速成正比的感应电动势。在这种结构中,也可以用齿轮代表椭圆形铁芯 2,软铁(极掌)4 制成内齿轮形式,两齿轮的齿数相等。当被测物体转动时,两齿轮相对运动,磁路的磁阻发生变化,因而在线圈 3 中产生频率与转速成正比的感应电动势。

恒定磁通式结构有两种,图 5.1.2(a)所示为动圈式,图 5.1.2(b)所示为动铁式。它是由永久磁铁 4、线圈 3、弹簧 2、阻尼器(金属骨架)1 和壳体 5 等组成。磁路系统产生恒定的磁场,磁路中的工作气隙是固定不变的。在动圈式中,运动部件是线圈,永久磁铁与传感器壳体固定,线圈与金属骨架用柔软弹簧支承。在动铁式中,运动部件是磁铁,线圈、金属骨架和壳体固定,永久磁铁用柔软弹簧支撑。两者的阻尼都是由金属骨架与磁场发生相对运动而产生的电磁阻尼。

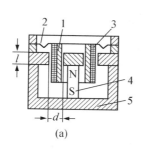
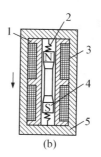

(a)　　　　　　　　　　　(b)

图 5.1.2　恒定磁通路电感应式传感器结构原理图

1-金属骨架;2-弹簧;3-线圈;4-永久磁铁;5-壳体

　　动圈式和动铁式的工作原理相同,当壳体 5 随被测振动体一起振动时,由于弹簧 2 较软,运动部件质量相对较大,因此振动频率足够高(远高于传感器的固有频率)时,运动部件的惯性很大,来不及跟踪振动体一起振动,近于静止不动,振动能量几乎全被弹簧 2 吸收,永久磁铁 4 与线圈 3 之间的相对运动速度接近于振动体振动速度。磁铁 4 与线圈 3 相对运动使线圈 3 切割磁力线,产生与运动速度 v 成正比的感应电动势,即

$$e = -B_0 l W_0 v$$

式中:B_0 为工作气隙磁感应强度;W_0 为线圈处于工作气隙磁场中的匝数,称为工作匝数;l 为每匝线圈的平均长度。

5.1.2 测量电路

1. 测量电路的方框图

　　磁电感应式传感器直接输出感应电动势。所以,任何具有一定工作频带的电压表或示波器都可采用。并且由于该传感器通常具有较高的灵敏度,所以一般不需要增益放大器。但磁电感应式传感器是速度传感器,如要获取位移或加速度信号,就需配用积分电路或微分电路。

　　实际电路中通常将微分或积分电路置于两级放大器的中间,以利于级间的阻抗匹配。图 5.1.3 所示为一般测量电路的方框图。

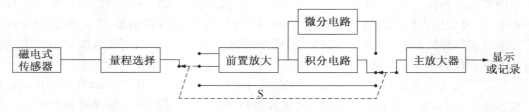

图 5.1.3　磁电感应式传感器测量电路方框图

2. 积分电路

　　基本的无源积分电路如图 5.1.4 所示。其输入与输出间的关系为

$$u_0(t) = \frac{1}{RC}\int u_i(t)\,dt - \frac{1}{RC}\int u_0(t)\,dt \quad (5.1.3)$$

式中:第一项为积分输出而第二项为误差项。该电路的传递函数为

$$G_1(s) = \frac{1}{\varepsilon s + 1} \quad\quad (5.1.4)$$

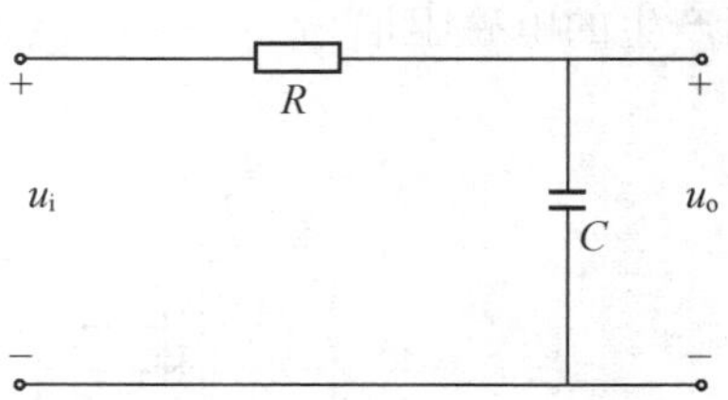

复频特性为

图 5.1.4　无源积分电路

$$G_1(j\omega) = \frac{1}{j(\omega/\omega_C) + 1} \quad\quad\quad (5.1.5)$$

式中:$\tau_C = RC$ 为电路的时间常数;$\omega_C = \dfrac{1}{\tau_C} = 1/RC$ 为电路的对数渐近幅频特性的转角频率。

　　当满足条件 $\omega/\omega_C \gg 1$ 时,式(5.1.5)可近似写成

$$G_1'(\mathrm{j}\omega) \approx \frac{1}{\mathrm{j}(\omega/\omega_C)} \qquad (5.1.6)$$

这是理想的积分特性。

在一般情况下,电路的实际特性与理想特性间将存在误差。幅值误差为

$$r_1 = \frac{|G_1(\mathrm{j}\omega)| - |G_1'(\mathrm{j}\omega)|}{|G_1'(\mathrm{j}\omega)|} = \frac{1}{\sqrt{1 + (\omega_C/\omega)^2}} - 1 \qquad (5.1.7)$$

当满足$(\omega_C/\omega) < 1$时,将式(5.1.7)第一项展开为幂级数并略去高次项,则得

$$r_1 \approx -\frac{1}{2(\omega RC)^2} \qquad (5.1.8)$$

可是,最大幅值误差将出现在低频下限处。

除幅值误差外,还存在相角误差ϕ_1,可表示为

$$\phi_1 = \frac{\pi}{2} - \arctan(\omega RC) \qquad (5.1.9)$$

上述无源积分电路的一个不可克服的缺点是积分误差与输出信号幅度衰减之间的矛盾。欲减小积分误差,需选用较大的时间常数值,增大的结果是使输出衰减严重,往往为了保证低频端的误差不超过容许值而使得高频端的输出信号衰减到无法利用。为解决这一问题,有些仪器采用分频段积分的办法,即把全部工作频带分成几段,对每个频段使用不同的积分电路。随着线性集成运算放大器的发展,有源积分电路得到越来越广泛的应用。基本的有源积分电路如图5.1.5所示。其中反馈电路R_f是为了抑制运算放大器的失调漂移。同时,积分电容C的泄漏电阻和运算放大器的输入电阻r_d也应等效为与R_f并联,r_d应等效为$(1+A_d)r_d$与R_f并联,A_d为运算放大器的开环放大倍数。

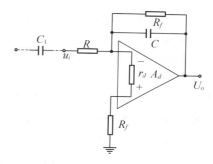

图 5.1.5　有源积分电路

设运算放大器的复频特性为

$$A_d(\mathrm{j}\omega) = -\frac{A_d}{1 + \mathrm{j}\omega\tau_0} \qquad (5.1.10)$$

式中: $\tau_0 = 1/\omega_0$为运算放大器开环渐近幅频特性的转角频率ω_0所代表的时间常数。

积分放大电路的反馈系数为

$$F_b(\mathrm{j}\omega) = \frac{R}{R_f}(1 + \mathrm{j}\omega R_f C) \qquad (5.1.11)$$

则可以写出图5.1.5所示电路的复频特性为

$$G_2(\mathrm{j}\omega) = \frac{A_d(\mathrm{j}\omega)}{1 - A_d(\mathrm{j}\omega)F_b(\mathrm{j}\omega)}$$

$$= \frac{-A_d/(1 + \mathrm{j}\omega\tau_0)}{1 + \dfrac{A_d}{1 + \mathrm{j}\omega\tau_0} \cdot \dfrac{R}{R_f}(1 + \mathrm{j}\omega R_f C)}$$

$$= \frac{-A_d}{\left(1 + \dfrac{A_d \cdot R}{R_f}\right) + j\omega(\tau_0 + A_d RC)}$$

由于 $\tau_0 \ll A_d RC$，因而

$$G_2(j\omega) \approx \frac{-A_d}{\left(1 + \dfrac{A_d \cdot R}{Rf}\right) + j\omega A_d RC} = \frac{\dfrac{-A_d}{1 + A_d R/R_f}}{1 + j\omega\,\dfrac{A_d RC}{1 + A_d R/R_f}}$$

又由于一般 $A_d R / R_f \gg 1$，故

$$G_2(j\omega) \approx -\frac{R_f/R}{1 + j\omega R_f C} \tag{5.1.12}$$

由此可以得出有源积分电路的幅值误差和相角误差分别为

$$\begin{cases} r_2 \approx -\dfrac{1}{2(\omega R_f C)^2} \\[3mm] \phi_2 = \dfrac{\pi}{2} - \arctan(\omega R_f C) \end{cases} \tag{5.1.13}$$

图 5.1.6 所示为当时间常数 RC 取相同数值，$R_f/R = 10$ 时无源和有源积分电路的对数渐近幅频特性。图中 $\omega_0 = 1/RC$，$\omega_f = 1/R_f C = (1/10)\omega_0$。由图可见，当容许信号衰减 -20dB 时，有源积分电路的工作频段将较无源电路宽一个数量级左右。但有源电路同时存在着在低频非工作频段内具有较高增益的特点，这使得电路对低频 $1/f$ 噪声毫无抑制能力。为了解决这一问题，可在电路输入端加接一个输入电容 C_1，且令 $C_1 R \approx 1/\omega_f$。但这只能抑制前级向积分电路传送的低频噪声，对本级内所产生的噪声无效。为抑制积分器本身的 $1/f$ 噪声，希望反馈电路能具有在低频非工作频段内反馈增强的频响特性。

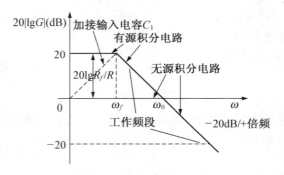

图 5.1.6　无源和有源积分电路的对数渐近幅频特性

一个实用的电路如图 5.1.7(a) 所示，图 5.1.7(b) 所示为其频响特性。设计时满足：$C_1 = 2C_2$，$R_2 = 2R_1$，$R_3 = R_4 = R_5 = R$，$C_3 = C_4 = C_5 = C$。

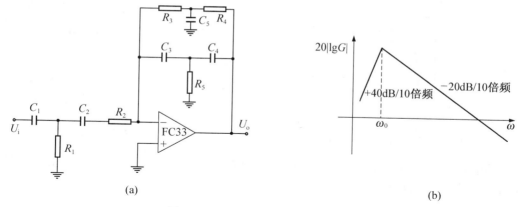

图 5.1.7　一个实用的有源积分电路

3. 微分电路

基本的无源微分电路如图 5.1.8 所示。其输出与输入的时间函数关系为

$$u_o(t) = RC \cdot \frac{\mathrm{d}u_i(t)}{\mathrm{d}t} - RC \cdot \frac{\mathrm{d}u_o(t)}{\mathrm{d}t} \quad (5.1.14)$$

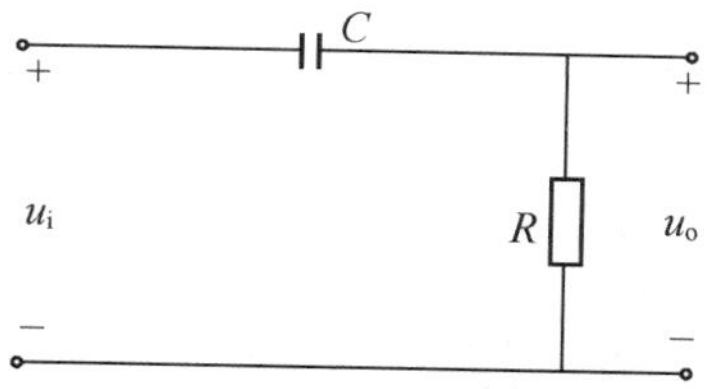

复频特性为

$$G_1(\mathrm{j}\omega) = -\frac{\mathrm{j}\omega RC}{1 + \mathrm{j}\omega RC} \quad (5.1.15)$$

当 $\omega RC \ll 1$ 时,得近似理想的特性为

$$G_1(\mathrm{j}\omega) \approx \mathrm{j}\omega RC$$

图 5.1.8　无源微分电路

显然其工作频段为 $\omega RC < 1$,此时幅值、相角误差分别为

$$\begin{cases} r_{d_1} \approx -\dfrac{1}{2}(\omega RC)^2 \\ \phi_{d_1} \approx -\arctan(\omega RC) \end{cases}$$

与积分电路相反,最大微分误差将在工作频段的高频段出现;最大的输出幅度衰减将限制工作频段的下限值。

图 5.1.9 所示为基本有源微分电路,它存在着输入阻抗低、噪声大、稳定性不足等缺点,实际上还不能使用。实用的有源微分电路如图 5.1.10 所示。增加输入端电阻 R_1 既可提高输入阻抗又可增加阻尼比,选择合适的 R_1 值可以使电路的阻尼比近似为 0.7,则其幅频特性将不产生大的峰值,电路趋于稳定。增加 C,R_1 则可以有效地抑制高频噪声。此时,电路的幅频特性可近似表示为

$$G_2(\mathrm{j}\omega) \approx \frac{-\mathrm{j}\omega\tau}{\left(1 + \mathrm{j}\omega\dfrac{\tau_0}{A_d}\right)\left(1 + \mathrm{j}\dfrac{\omega}{\omega_n}\right)^2} \quad (5.1.16)$$

式中:$\tau = RC$ 为微分电路的时间常数;$\tau_0 = 1/\omega_0$ 为运算放大器本身的转角频率 ω_0 所对应的时间常数;A_d/τ_0 为运算放大器的增益带宽积;$\omega_n \approx 1/(R_1 C) = 1/(RC_1)$ 为电路的谐振频率。

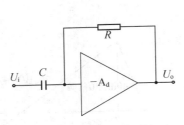

图 5.1.9　基本有源微分电路

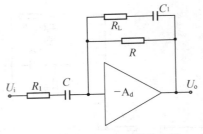

图 5.1.10　实用有源微分电路

电路的对数渐近幅频特性如图 5.1.11 所示。在 $\omega<\omega_n$ 的工作频段内,式(5.1.16)可近似为 $G_2(j\omega)\approx-j\omega\tau$,这是理想的微分特性。

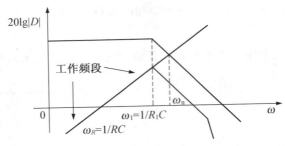

图 5.1.11　有源微分电路的幅频特性

5.1.3　磁电感应式传感器应用

1. 磁电感应式振动速度传感器

图 5.1.12 所示为 CD-1 型磁电感应式振动速度传感器的结构原理图。它属于动圈式恒定磁通型。永久磁铁 3 通过铝架 4 和圆筒形导磁材料制成的壳体 7 固定在一起,形成磁路系统,壳体还起屏蔽作用。磁路中有两个环形气隙,右气隙中放有工作线圈 6,左气隙中放有圆环形阻尼器 2。工作线圈和圆环形阻尼器用芯轴 5 连在一起组成质量块,用圆形弹簧片 1 和 8 支撑在壳体上。使用时,将传感器固定在被测振动体上,永久磁铁、铝架和壳体一起随被测体振动。由于质量块有一定质量,产生惯性力,而弹簧片又非常柔软,因此当振动

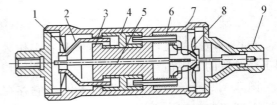

图 5.1.12　CD-1 型振动速度传感器
1、8-弹簧片;2-阻尼器;3-磁铁;
4-铝架;5-芯轴;6-线圈;7-壳体;9-引线

频率远大于传感器固有频率时,线圈在磁路系统的环形气隙中相对永久磁铁运动,以振动体的振动速度切割磁力线,产生感应电动势,通过引线 9 接到测量电路中。同时,良导体阻尼器也在磁路系统气隙中运动,感应产生涡流,形成系统的阻尼力,起衰减固有振动和扩展频率响应范围的作用。

2. 磁电感应式转速传感器

图 5.1.13 所示是一种磁电感应式转速传感器的结构原理图。转子 2 与转轴 1 固定,转

子 2、定子 5 和永久磁铁 3 组成磁路系统。转子 2 和定子 5 的环形端面上都均匀地铣了一些齿和槽,两者的齿、槽数对应相等。测量转速时,传感器的转轴 1 与被测物转轴相连接,因而带动转子 2 转动。当转子 2 的齿与定子 5 的齿相对时,气隙最小,磁路系统的磁通最大。而齿与槽相对时,气隙最大,磁通最小。因此,当定子 5 不动而转子 2 转动时,磁通就周期性地变化,从而在线圈 4 中感应出近似正弦波的电压信号。转速 n 越高,感应电动势的频率也就越高。频率 f 与转速 n 及齿数 z 关系为

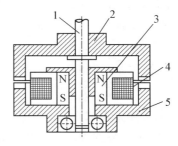

图 5.1.13　磁电感应式转速传感器
1-转轴;2-转子;3-磁铁;
4-线圈;5-定子

$$f = \frac{z \cdot n}{60}$$

式中:z 为齿数;n 为转速(单位为 $r \cdot min^{-1}$)。

5.2　霍尔传感器

5.2.1　霍尔传感器工作原理

霍尔传感器是基于霍尔效应原理将被测量,如电流、磁场、位移、压力等转换成电动势输出的一种传感器。

一块长为 l、宽为 b、厚为 d 的半导体薄片置于磁感应强度为 B 的磁场(磁场方向垂直于薄片)中,如图 5.2.1 所示。当在侧面加控制电流 I 时,在垂直于电流和磁场方向的另两侧面上将产生一个大小与控制电流 I 和磁感应强度 B 的乘积成比例的电动势 U_H。这种现象称为霍尔效应。这个电动势称为霍尔电势,它是由美国物理学家霍尔于 1879 年发现的。

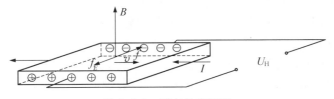

图 5.2.1　霍尔效应原理

霍尔效应的产生是由于运动的载流子受磁场洛仑兹力作用的结果。半导体中的载流子(电子)在洛仑兹力的作用下向前移动的同时将向侧面偏转,于是一边形成电子积累,另一边形成正电荷积累,在半导体两侧形成电场,该电场将阻止电子的继续偏转。当电场力与洛仑兹力相等时,电子积累达到动态平衡,此时形成的电位差就是霍尔电压 U_H

$$U_H = \frac{R_H I B}{d} \qquad (5.2.1)$$

式中:R_H 为霍尔系数;I 为激励电流;B 为磁感应强度;d 为霍尔元件厚度。

霍尔系数 $R_H = \rho\mu$,其中 ρ 为载流体的电阻率,μ 为载流子的迁移率,半导体材料电阻率

霍尔系数 $R_H = \rho\mu$，其中 ρ 为载流体的电阻率，μ 为载流子的迁移率，半导体材料电阻率较大，载流子迁移率很高，就可以获得很大的霍尔系数，适合于制造霍尔元件。一般电子的迁移率大于空穴的迁移率，因此制作霍尔元件时多采用 N 型半导体材料。

令 $K_H = R_H/d$，则

$$U_H = K_H I B \tag{5.2.2}$$

式中：K_H 称为霍尔元件的灵敏系数。它表示霍尔元件在单位磁感应强度和单位控制电流作用下霍尔电势的大小。一般要求霍尔元件的灵敏度越大越好。由于金属的电子浓度很高，所以它的霍尔系数或灵敏度都很小，因此不适宜制作霍尔元件；元件的厚度 d 越小，灵敏度越高，因而制作霍尔片时可采取减小 d 的方法来增加灵敏度，所以霍尔元件的厚度一般都比较薄。但是不能认为 d 越小越好，因为这会导致元件的输入和输出电阻增加，锗元件更是不希望如此。

如果磁感应强度 B 和元件平面的法线方向成一角度 θ 时，则作用在元件上的有效磁场是其在法线方向的分量，此时

$$U_H = K_H I B \cos\theta \tag{5.2.3}$$

当控制电流方向与磁场方向改变时，输出电势的方向也将改变。但当它们同时改变时，霍尔电势极性不变。霍尔电势的大小正比于控制电流 I 和磁感应强度 B。

5.2.2　霍尔元件的结构和基本电路

1. 霍尔元件的结构

根据霍尔效应，霍尔元件的材料应该具有高的电阻率和载流子迁移率。一般金属的载流子迁移率很高，但其电阻率很小；绝缘体的电阻率极高，但其载流子迁移率极低；只有半导体材料最适合制造霍尔元件。

目前常用的霍尔元件材料有：锗（Ge）、硅（Si）、砷化镓（GaAs）、砷化铟（InAs）和锑化铟（InSb）等。其中 N 型硅具有良好的温度特性和线性度，灵敏度高，应用较多；锑化铟元件的霍尔输出电势较大，但受温度的影响也大；锗元件的输出虽小，但它的温度性能和线性度却比较好；砷化铟与锑化铟元件比较前者输出电势小，受温度影响小，线性度较好。因此，采用砷化铟材料作霍尔元件受到普遍重视。

霍尔元件的结构如图 5.2.2 所示，它由霍尔片、引线和壳体组成。霍尔片是一块矩形半导体薄片，在垂直于 x 轴的两个侧面的正中贴两个金属电极用以引出霍尔电势，称为霍尔电极。这个电极沿 b 向的长度力求小，且要求在中点，这对霍尔元件的性能有直接影响。在垂直于 y 轴的两个侧面上，对应地附着两个电极，用以导入控制电流，称其为控制电极。垂直于 z 的表面要求光滑即可，外面用陶瓷、金属或环氧树脂封装即成霍尔元件。

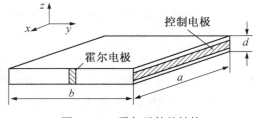

图 5.2.2　霍尔元件的结构

霍尔元件型号及参数如表 5.2.1 所示。

表 5.2.1　霍尔元件型号及参数

型号 ＼ 参数	额定控制电流 I(mA)	磁灵敏度 (mV/(mA·T))	使用温度 (℃)	霍尔电势温度系数 (1/℃)	尺寸 (mm×mm×mm)
HZ-1	18	≥1.2	−20～45	0.04%	8×4×0.2
HZ-2	15	≥1.2	−20～45	0.04%	8×4×0.2
HZ-3	22	≥1.2	−20～45	0.04%	8×4×0.2
HZ-4	50	≥0.4	−30～75	0.04%	8×4×0.2

2. 霍尔元件的基本测量电路

霍尔元件在测量电路中一般有两种表示方法,如图 5.2.3 所示。

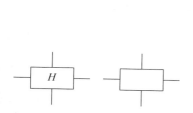

图 5.2.3　霍尔元件的符号

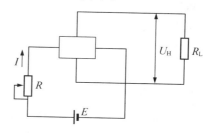

图 5.2.4　霍尔元件的基本测量电路

霍尔元件的基本测量电路如图 5.2.4 所示,控制电流 I 由电源 E 供给,R 为调节电阻,用来调节控制电流的大小。霍尔元件输出端接负载电阻 R_L,它也可以是放大器的输入电阻或测量仪表的内阻等。

在实际使用中,可以把控制电流 I 或外磁场感应强度 B 作为输入信号,或同时将两者作为输入信号,而输出信号则正比于 I 或 B,或两者的乘积。由于建立霍尔效应的时间很短,因此控制电流用交流时,频率可高达 10^9 Hz 以上。

3. 霍尔元件的连接电路

霍尔元件的转换效率较低,实际应用中,为了获得较大的霍尔电压,可将几个霍尔元件的输出串联起来,如图 5.2.5 所示。在这种连接方法中,控制电流极应该是并联的,如果将其接成串联,霍尔元件将不能正常工作。虽然霍尔元件的串联可以增加输出电压,但其输出电阻也将增大。

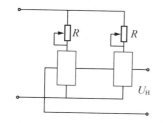

图 5.2.5　霍尔元件的串联

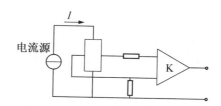

图 5.2.6　霍尔电势的放大电路

当霍尔元件的输出信号不够大时,也可采用运算放大器加以放大,如图 5.2.6 所示。但目前最常用的还是将霍尔元件和放大电路做在一起的集成电路,显然它有较高的性价比。

4. 电磁特性

(1) $U_H - I$ 特性

当磁场恒定时，在一定温度下测定控制电流 I 与霍尔电势 U_H，可以得到良好的线性关系。如图 5.2.7 所示，其直线斜率称为控制电流灵敏度，以符号 K_I 表示，可写成

$$K_I = \frac{U_H}{I} \tag{5.2.4}$$

由式(5.2.2)和式(5.2.4)可以得到

$$K_I = K_H \cdot B \tag{5.2.5}$$

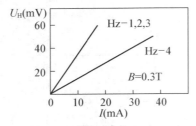

图 5.2.7　霍尔元件的 $U_H - I$ 特性曲线

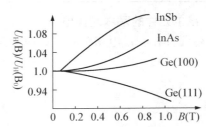

图 5.2.8　霍尔元件的 $U_H - B$ 特性曲线

由图 5.2.7 可见，灵敏度 K_H 大的元件，其控制电流灵敏度一般也很大。但是灵敏度大的元件，其霍尔电势输出并不一定大，这是因为霍尔电势的值与控制电流成正比的缘故。

由于建立霍尔电势所需的时间很短（约 10^{-12} S），因此控制电流采用交流时频率可以很高（如几千兆赫兹），而且元件的噪声系数较小，如锑化铟的噪声系数约 7.66dB。

(2) $U_H - B$ 特性

当控制电流保持不变时，元件的开路霍尔输出随磁场的增加不完全呈线性关系，而有非线性偏离。图 5.2.8 给出了这种偏离程度，从图中可以看出：锑化铟的霍尔输出对磁场的线性度不如锗。

通常霍尔元件工作在 0.5T 以下时线性度较好。在使用中，若对线性度要求很高时，可以采用 HZ - 4，它的线性偏差一般不大于 0.2%。

5.2.3　霍尔元件的主要特性参数

1. 额定控制电流 I_H

使霍尔元件温升 10℃ 所施加的控制电流称为额定控制电流。通过电流 I_H 的载流体产生焦耳热 W_H，$W_H = I^2 Rt = I^2 \rho \cdot \dfrac{l}{bd} t$。

因为增大控制电流可以增大输出的霍尔电势，所以在实际应用中应尽量增大控制电流，但它显然要受霍尔元件温升的限制，通过改善其散热条件可以增大最大允许的控制电流。

2. 灵敏度 K_H

霍尔元件在单位磁感应强度和单位控制电流作用下的空载霍尔电势值称为霍尔元件的灵敏度。

3. 输入电阻 R_i 与输出电阻 R_o

输入电阻 R_i 是指霍尔元件控制电极之间的电阻，输出电阻 R_o 是指霍尔电极间的电阻，

电阻 R_i 和 R_o 规定要在无外磁场和室温的环境温度中测量。

4. 不等位电势 U_0 和不等位电阻 r_0

当磁感应强度 B 为零、控制电流为额定值 I_H 时,霍尔电极间的空载电势称为不等位电势(或零位电势)U_0。用直流电位差计可测得空载霍尔电势。

产生不等位电势的原因主要有:

(1) 霍尔电极安装位置不正确(不对称或不在同一等电位面上);

(2) 半导体材料的不均匀造成了电阻率不均匀或者是几何尺寸不均匀;

(3) 控制电极接触不良造成控制电流不均匀分布等。

不等位电势 U_0 与额定控制电流 I_H 之比称为不等位电阻(零位电阻)r_0,即 $r_0 = U_0/I_H$。

5. 寄生直流电动势

当不加外磁场,控制电流改用额定交流电流时,霍尔电极间的空载电动势为直流与交流电动势之和。其中的交流霍尔电动势与前述零位电动势相对应,而直流霍尔电动势是个寄生量,称为寄生直流电动势 U。后者产生的原因在于:

(1) 控制电极及霍尔电极接触不良,形成非欧姆接触,造成整流效应所致;

(2) 两个霍尔电极大小不对称,则两个电极点的热容量和散热状态不同,于是形成极间温差电动势,表现为直流寄生电动势中的一部分。

寄生直流电动势一般在 1mV 以下。它是影响霍尔元件温漂的原因之一。

6. 热阻 R_Q

它表示在霍尔电极开路情况下,在霍尔元件上输入 1mW 的电功率时产生的温升,单位为℃/mW。所以称它为热阻,是因为这个温升的大小在一定条件下与电阻有关。

7. 霍尔电势温度系数

在一定的磁感应强度和激励电流下,温度每改变 1℃时,霍尔电势值变化的百分率,称为霍尔电势温度系数。它与霍尔元件的材料有关,一般每摄氏度约为 0.1% 左右。

5.2.4　霍尔元件的误差及补偿

霍尔元件在实际应用中,由于其本身制造工艺的缺陷和半导体本身固有的特性,会存在一定的测量误差。下面分析不等位电势和温度两个影响因素带来的误差及其补偿措施。

1. 不等位电势及其补偿

不等位电势 U_0 主要是因为两个霍尔电极没有安装在同一电位面上,当控制电流 I 流经不等位电阻 r_0 时产生压降,如图 5.2.9(a)所示。一个霍尔元件有两对电极,各相邻电极之间的电阻若为 r_1、r_2、r_3、r_4,在分析不等位电势时,可以把霍尔元件等效为一个四臂电阻电桥,如图 5.2.9(b)所示。

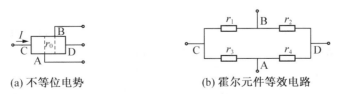

(a) 不等位电势　　　　　(b) 霍尔元件等效电路

图 5.2.9　不等位电势及霍尔元件的等效电路

当霍尔电极 A 和 B 处于同一电位面时，$r_1=r_2=r_3=r_4$，电桥处于平衡状态，不等位电势 U_0 为零；反之，则存在不等位电势，U_0 为电桥初始不平衡输出电压。因此，能够使电桥达到平衡的措施均可以用于补偿不等位电势。由于霍尔元件的不等位电势同时也是温度的函数，所以同时要考虑温度补偿问题。图 5.2.10(a) 所示为不对称电路，补偿电阻 R 与等效桥臂的电阻温度系数一般都不同，因此工作温度变化后原补偿关系即遭破坏，但其电路结构简单，调整方便，能量损失小。图 5.2.10(b) 所示为对称补偿电路，温度变化时补偿稳定性好，但会使霍尔元件的输入电阻减小，输入功率增大，霍尔输出电压降低。

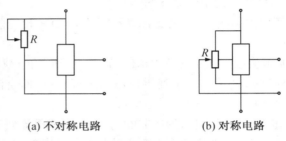

(a) 不对称电路　　　　　　　　(b) 对称电路

图 5.2.10　不等位电势补偿电路

2. 寄生直流电动势

由于霍尔元件的电极不可能做到完全的欧姆接触，在控制电流极和霍尔电极上都可能出现整流效应。因此，当元件在不加磁场的情况下通入交流控制电流时，它的输出除了交流不等位电势外，还有一直流分量，这个直流分量被称为寄生直流电动势。其大小与工作电流有关，随着工作电流的减小，寄生直流电势将迅速减小。

产生寄生直流电动势的原因，除上面所说的因控制电流极和霍尔电势极的欧姆接触不良造成整流效应外，霍尔电势极的焊点大小不同会导致两焊点的热容量不同而产生温差效应，也是形成直流附加电动势的一个原因。

寄生直流电动势很容易导致输出产生漂移，为了减小其影响，在元件的制作和安装时应尽量改善电极的欧姆接触性能和元件的散热条件。

3. 感应电动势

霍尔元件在交变磁场中工作时，即使不加控制电流，由于霍尔电动势的引线布局不合理，在输出回路中也会产生附加感应电动势，其大小不仅正比于磁场的变化频率和磁感应强度的幅值，并且与霍尔电动势极引线所构成的感应面积成正比。

为了减小感应电动势，除合理布线外，还可以在磁路气隙中安置另一辅助霍尔元件。如果两个元件的特性相同，就可以起到显著的补偿效果。

4. 温度误差及其补偿

霍尔元件是采用半导体材料制造的，霍尔元件与一般半导体器件一样，对温度变化十分敏感。这是由于半导体材料的电阻率、迁移率和载流子浓度等随温度变化的缘故。因此，霍尔元件的性能参数，如内阻、霍尔电势等都将随温度变化而变化。

为了减少霍尔元件的温度误差，除选用温度系数小的元件(如砷化铟)或采用恒温措施外，还可采用恒流源供电，这样可以减小元件内阻随温度变化而引起的控制电流的变化。但是采用恒流源供电不能完全解决霍尔电势的稳定问题，因此还应采用其他补偿方法。

图 5.2.11 所示是一种行之有效的补偿线路。在控制电流极并联一个适当的补偿电阻 R_p，当温度升高时，霍尔元件的内阻迅速增加，使通过元件的电流减小，而通过 R_p 的电流增加。利用元件内阻的温度特性和补偿电阻，可自动调节霍尔元件的电流大小，从而起到补偿作用。

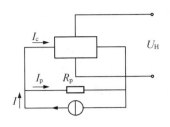

图 5.2.11　温度补偿线路

假设初始温度为 T_0 时有如下参数：霍尔元件的输入电阻为 R_{i0}，选用的补偿电阻 R_{p0}，被分流掉的电流为 I_{p0}，控制电流 I_{C0}，霍尔元件的灵敏度 K_{H0}。

当温度升为 T 时，上述各参数相应为：R_i、R_p、I_p、I_C、K_H，且有关系为

$$\begin{cases} R_i = R_{i0}(1+\alpha\Delta T) \\ R_p = R_{p0}(1+\beta\Delta T) \\ K_H = K_{H0}(1+\delta\Delta T) \end{cases} \tag{5.2.6}$$

其中，$\Delta T = T - T_0$，α、β、δ 分别为输入电阻、分流电阻及灵敏度的温度系数，根据电路可知：

$$I_{C0} = I \frac{R_{p0}}{R_{p0}+R_{i0}} \tag{5.2.7}$$

$$I_C = I \frac{R_{p0}(1+\beta\Delta T)}{R_{p0}(1+\beta\Delta T)+R_{i0}(1+\alpha\Delta T)} \tag{5.2.8}$$

当温度变化 ΔT 时，为使霍尔电势不变，则必须有如下关系：

$$U_{H0} = K_{H0}I_{C0}B = K_H I_C B = U_H = K_{H0}(1+\delta\Delta T)BI\frac{R_{p0}(1+\beta\Delta T)}{R_{p0}(1+\beta\Delta T)+R_{i0}(1+\alpha\Delta T)}$$

整理得

$$R_{p0} = R_{i0}\frac{\alpha-\beta-\delta}{\delta} \tag{5.2.9}$$

对于确定的霍尔元件，其参数 R_{i0}、α、β、δ 是确定值，可由式(5.2.9)求得分流电阻 R_{p0}。为此，此分流电阻可取温度系数不同的两种电阻进行串并联，这样虽然显得麻烦但效果很好。

试验表明，补偿后霍尔电势受温度的影响极小，而且对霍尔元件的其他性能也无影响，只是输出电压稍有下降。这是由于通过元件的控制电流被补偿电阻 R_P 分流的缘故。只要适当增大恒流源输出电流，使通过霍尔元件的电流达到额定值，输出电压可保持原来的数值。

5.2.5　霍尔传感器应用

1. 霍尔集成传感器

目前大多霍尔元件已集成化，即将霍尔元件与放大、整形等电路集成在同一芯片上，它具有体积小、灵敏度高、价格便宜、性能稳定等优点。霍尔集成传感器有线性型和开关型两种。

线性型霍尔集成传感器是将霍尔元件、恒流源和线性放大器等集成在一块芯片上，输出

电压较高(伏级),使用非常方便。

UGN3501M 是具有双端差动输出的线性霍尔器件,其外形、内部电路框图如图 5.2.12 所示,图 5.2.13 所示为其输出特性曲线。当感受的磁场为零时,输出电压等于零;当感受的磁场为正向(磁钢的 S 极对准 UGN3501M 的正面)时,输出为正;磁场为反向时,输出为负,因此使用起来非常方便。它的第 5、6、7 脚外接一微调电位器,可以进行微调并消除不等位电势引起的差动输出零点漂移。

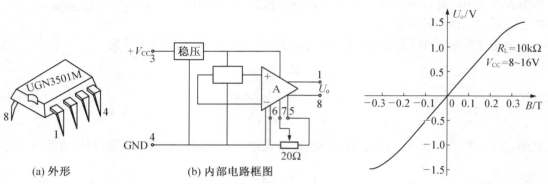

图 5.2.12　差动输出线性霍尔集成传感器　　图 5.2.13　UGN3501M 的输出特性

开关型霍尔集成传感器由霍尔元件、稳压器、差分放大器、施密特触发器、OC 门(集电极开路输出门)等电路集成在同一芯片上组成。当外加磁场强度达到或超过规定的工作点时,OC 门由高阻态变为导通状态,输出为低电平;当外加磁场强度低于释放点时,OC 门重新变为高阻态,输出变为高电平。

开关型霍尔集成传感器有单稳态和双稳态两种,如 UGN(S)3019T 和 UGN(S)3020T 均属于单稳开关型霍尔器件,而 UGN(S)3030T 和 UGN(S)3075T 为双稳开关型霍尔器件。双稳开关型霍尔器件内部包含双稳态电路,其特点是当外加磁场强度达到规定的工作点时,霍尔器件导通,磁场消失后器件仍保持导通状态。只有施加反向极性的磁场,而且磁场强度达到规定的工作点时,器件才能回到关闭状态。也就是说,具有"锁键"功能,因此这类器件又称为锁键型霍尔集成传感器。

UGN3020 的外形和内部电路框图如图 5.2.14 所示,图 5.2.15 所示为其输出特性曲线。

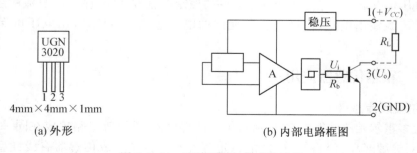

图 5.2.14　开关型霍尔集成传感器

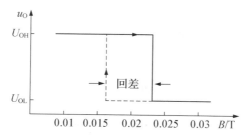

图 5.2.15　开关型霍尔集成传感器的输出特性

2. 霍尔传感器的应用

根据霍尔输出与控制电流和磁感应强度的乘积成正比的关系可知,霍尔元件的用途大致分为三类:

① 保持元件的控制电流恒定,而使传感器感受的磁感应强度 B 变化,则元件的输出正比于磁感应强度,从而引起霍尔电势的改变。根据这种关系可用于测定恒定和交变磁场强度,如高斯计等;微位移(包括角位移)的测量;转速、加速度、压力的测量。

② 当保持元件感受的磁感应强度不变时,则元件的输出与控制电流成正比,这方面的应用有测量交、直流的电流表、电压表等。

③ 当元件的控制电流和磁感应强度均变化时,传感器输出与两者乘积成正比,这方面的应用有乘法器、功率计等。

(1) 霍尔位移传感器

保持霍尔元件的控制电流 I 恒定,使其在一个有均匀梯度变化的磁场中移动,则霍尔电势与位移量成正比,可表示为 $U_H = K_x \cdot x$,其中 x 为沿磁场 x 方向的位移量;K_x 为位移传感器的灵敏系数。磁场梯度越大,灵敏度越高;磁场梯度越均匀,输出电势线性度越好。这种传感器可测 ± 0.5mm 的小位移,其特点是惯性小,响应速度快,无触点测量。在此基础上,也可以测量与位移有关的机械量,如力、压力、振动、应变、加速度等。

图 5.2.16 所示是三种霍尔位移传感器的工作原理,图 5.2.17 所示是相应的输出静态特性曲线。图 5.2.16(a)中产生梯度磁场的磁系统简单,但线性范围窄,特性曲线 1 对应于这种磁路结构,在位移 $\Delta z = 0$ 时,有霍尔电势输出,即 $U_H \neq 0$;图 5.2.16(b)中磁系统由两块场强相同、同极相对放置的磁铁组成,两磁铁正中间处作为位移参考原点,即 $z = 0$,此处磁感应强度 $B = 0$,霍尔电势 $U_H = 0$,在位移量 $\Delta z < 2$mm 范围内,U_H 与 x 间有良好的线性关系(见特性曲线 2),其磁场梯度一般大于 0.03T/mm,分辨率可达 10^{-6}m;图 5.2.16(c)中是两个直流磁系统共同形成一个高梯度磁场,磁场梯度可达 1T/mm,其灵敏度最高,因此最适合于测量振动等微小位移,如特性曲线 3 所示,在 ± 0.5mm 位移范围内线性度好。

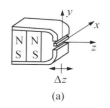

(a)

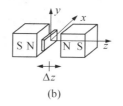

(b)

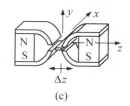

(c)

图 5.2.16　霍尔位移传感器工作原理

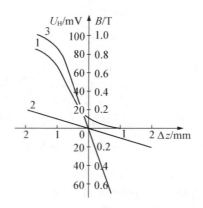

图 5.2.17　霍尔位移传感器静态特性曲线

（2）霍尔式转速测量传感器

　　如图 5.2.18 所示为利用霍尔元件测量转速的应用实例，它是美国 GM 公司生产的霍尔式发动机曲轴转速测量传感器，通常安装在曲轴前端或后端。图 5.2.18（a）所示为传感器的结构示意图，传感器由信号轮的触发叶片、霍尔元件、永久磁铁、底板和导磁板等部件构成。霍尔元件上通有恒定电流 I，固定在底板上，信号轮触发叶片由内外两个带触发叶片的信号轮组成，并随旋转轴一起旋转。外信号轮外缘上均布着 18 个触发叶片和触发窗口，每个触发叶片和窗口的宽度为 10°弧长；内信号轮外缘上，设有三个触发叶片和三个窗口，触发叶片和窗口的宽度均不相同。

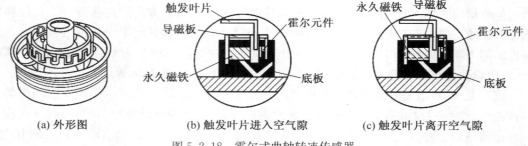

（a）外形图　　　　（b）触发叶片进入空气隙　　　（c）触发叶片离开空气隙

图 5.2.18　霍尔式曲轴转速传感器

　　信号轮随旋转曲轴转动，当触发叶片进入永久磁铁和霍尔元件之间的空气隙时，如图 5.2.18（b）所示，霍尔元件上的磁场被触发叶片旁路（或称隔磁），这时由于霍尔元件上磁感应强度 B 减小，故不产生霍尔电压 U_H；当触发叶片离开空气隙时，如图 5.2.18（c）所示，永久磁铁的磁通便通过导磁板间隙穿过霍尔元件，此时由于霍尔元件上同时通过电流 I 和磁感应强度 B，所以产生霍尔电压 U_H。因此，每当信号轮的触发叶片转至图 5.2.18（c）位置时，霍尔元件便输出一个脉冲，根据单位时间的脉冲数便可以计算出被测旋转曲轴的转速。

　　霍尔传感器具有结构简单、体积小、灵敏度高、频率响应范围宽、无触点、使用寿命长等优点，因而应用前景十分广阔。

思考题与习题

1. 磁电式传感器与电感式传感器有哪些不同？磁电式传感器主要用于测量哪些物理参数？

2. 试分析磁电感应式传感器的工作原理及幅频特性特点。

3. 何谓霍尔效应？制作霍尔元件应采用什么材料，为什么？

4. 霍尔片不等位电势是如何产生的？减小不等位电势可以采用哪些方法？为了减小霍尔元件的温度误差应采用哪些补偿方法？

5. 霍尔压力传感器是怎样工作的？说明其转换原理。

6. 某霍尔元件 $L \times b \times d$ 为 8mm×4mm×0.2mm，其灵敏度系数为 1.2mV/(mA·T)，沿 L 方向通过工作电流 $I = 5$mA，垂直于 $b \times d$ 面方向上的均匀磁场 $B = 0.6$T。求其输出的霍尔电势是多少？

第6章 压电式传感器

压电式传感器是一种基于压电材料的压电效应原理工作的传感器。石英晶体的压电效应早在1680年就已被发现,1948年制作出第一个石英传感器。在石英晶体的压电效应发现之后,一系列的单晶、多晶陶瓷材料和近些年发展起来的有机高分子聚合材料,也都具有相当强的压电效应。压电效应自发现以来,在电子、超声、通信等许多技术领域均得到广泛的应用。压电式传感器具有使用频带宽、灵敏度高、信噪比高、结构简单、工作可靠、质量轻、测量范围宽等优点,在压力冲击和振动等动态参数测试中,是主要的传感器品种,它可以把加速度、压力、位移、温度、湿度等许多非电量转换为电量。近年来,由于电子技术的发展,与之配套的二次仪表以及低噪声、小电容、高绝缘电阻电缆的出现,使压电传感器使用更为方便,集成化、智能化的新型压电传感器已经出现。

6.1 压电式传感器的工作原理

某些晶体或多晶陶瓷,当沿着一定方向受到外力作用时,内部就会产生极化现象,同时在某两个表面上产生符号相反的电荷;当外力去掉后,又恢复到不带电状态;当作用力方向改变时,电荷的极性也随着改变;晶体受力所产生的电荷量与外力的大小成正比。上述这种现象称为正压电效应。反之,如对晶体施加某一方向的电场,晶体本身将产生机械变形,外电场撤离,变形也随着消失,称为逆压电效应。

压电式传感器大都是利用压电材料的压电效应制成的。在电声和超声工程中也有利用逆压电效应制作的传感器。

由于压电晶体的各向异性,并不是所有的压电晶体都能在变形状态下产生压电效应。例如石英晶体就没有体积变形压电效应,但它具有良好的厚度变形和长度变形压电效应。

6.1.1 石英晶体的压电效应

图6.1.1所示为天然石英晶体的结构外形,在晶体学中用三根互相垂直的轴X、Y、Z表示它们的坐标。Z轴为光轴(中性轴),它是晶体的对称轴,光线沿Z轴通过晶体不产生双折射现象,因而以它作为基准轴;X轴为电轴,该轴压电效应最为显著,它通过六棱柱相对的两个棱线且垂直于光轴Z,显然X轴共有三个;Y轴为机械轴(力轴),显

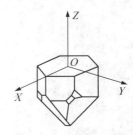

图6.1.1 天然石英晶体的结构外形

然也有三个，它垂直于两个相对的表面，在此轴上加力产生的变形最大。

石英晶体所以具有压电效应，是与它的内部结构分不开的。组成石英晶体的硅离子 Si^{4+} 和氧离子 O^{2-} 在 Z 平面投影，如图 6.1.2 所示。为讨论方便，将这些硅、氧离子等效为正六边形排列，图中"＋"代表 Si^{4+}，"－"代表 O^{2-}。

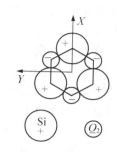

图 6.1.2　硅氧离子的排列示意图

当作用力 $F_X=0$ 时，正、负离子（即 Si^{4+} 和 $2O^{2-}$）正好分布在正六边形顶角上，形成三个互成 $120°$ 夹角的偶极矩 P_1、P_2、P_3，如图 6.1.3(a)所示。此时正负电荷中心重合，电偶极矩的矢量和等于零，即

$$P_1+P_2+P_3=0$$

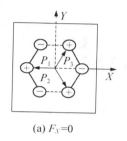 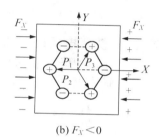 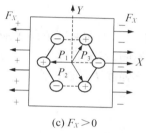

(a) $F_X=0$　　　　　(b) $F_X<0$　　　　　(c) $F_X>0$

图 6.1.3　石英晶体的压电机构示意图

当晶体受到沿 X 方向的压力（$F_X<0$）作用时，晶体沿 X 方向将产生收缩，正、负离子相对位置随之发生变化，如图 6.1.3(b)所示。此时正、负电荷中心不再重合，电偶极矩在 X 方向的分量为

$$(P_1+P_2+P_3)_X>0$$

在 Y、Z 方向的分量为

$$(P_1+P_2+P_3)_Y=0$$
$$(P_1+P_2+P_3)_Z=0$$

由上式看出，在 X 轴的正向表面出现正电荷，在 Y、Z 轴方向表面则不出现电荷。

当晶体受到沿 X 方向的拉力（$F_X>0$）作用时，其变化情况如图 6.1.3(c)所示。此时电极矩的三个分量为

$$(P_1+P_2+P_3)_X<0$$
$$(P_1+P_2+P_3)_Y=0$$
$$(P_1+P_2+P_3)_Z=0$$

由上式看出，在 X 轴的正向表面出现负电荷，在 Y、Z 轴方向表面则不出现电荷。

由此可见，当晶体受到沿 X（即电轴）方向的力 F_X 作用时，它在 X 方向产生正压电效应，而 Y、Z 方向则不产生压电效应。

晶体在 Y 轴方向的力 F_Y 作用下的情况与 F_X 相似。当 $F_Y>0$ 时，晶体的形变与图

6.1.3(b)相似;当 $F_Y < 0$ 时,则与图 6.1.3(c)相似。由此可见,晶体在 Y(即机械轴)方向的力 F_Y 作用下,使它在 X 方向产生正压电效应,在 Y、Z 方向则不产生压电效应。

晶体在 Z 轴方向的力 F_Z 的作用下,因为晶体沿 X 方向和沿 Y 方向所产生的正应变完全相同,所以,正、负电荷中心保持重合,电偶极矩矢量和等于零。这就表明,沿 Z(即光轴)方向的力 F_Z 作用下,晶体不产生压电效应。

假设从石英晶体上切下一片平行六面体——晶体切片,使它的晶面分别平行于 X、Y、Z 轴,如图 6.1.4 所示。并在垂直 X 轴方向两面用真空镀膜或沉银法得到电极面。

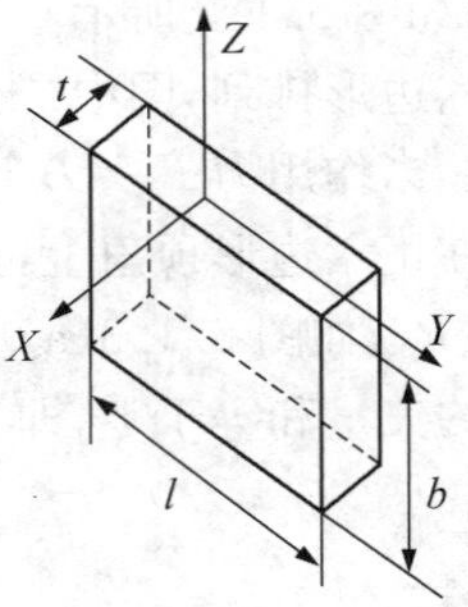

当晶片受到沿 X 轴方向的压缩应力 σ_{XX} 作用时,晶片将产生厚度变形,并发生极化现象。在晶体线性弹性范围内,极化强度 P_{XX} 与应力 σ_{XX} 成正比,即

$$P_{XX} = d_{11}\sigma_{XX} = d_{11}\frac{F_X}{lb} \qquad (6.1.1)$$

图 6.1.4 石英晶体切片

式中:F_X 为沿晶轴 X 方向施加的压缩力;d_{11} 为压电系数,当受力方向和变形不同时,压电系数也不同,石英晶体 $d_{11} = 2.3 \times 10^{-12} \mathrm{CN}^{-1}$;$l$、$b$ 为石英晶片的长度和宽度。

极化强度 P_{XX} 在数值上等于晶面上的电荷密度,即

$$P_{XX} = \frac{q_X}{lb} \qquad (6.1.2)$$

式中:q_X 为垂直于 X 轴平面上的电荷。

将(6.1.2)式代入式(6.1.1),得

$$q_X = d_{11}F_X \qquad (6.1.3)$$

其极间电压为

$$U_X = \frac{q_X}{C_X} = d_{11}\frac{F_X}{C_X} \qquad (6.1.4)$$

式中:C_X 为电极面间电容,$C_X = \frac{\varepsilon_0 \varepsilon_r lb}{t}$。

根据逆压电效应,当晶体 X 轴方向受到电场作用时,晶体在 X 轴方向将产生伸缩,即

$$\Delta t = d_{11}U_X \qquad (6.1.5)$$

或用应变表示,则

$$\frac{\Delta t}{t} = d_{11}\frac{U_X}{t} = d_{11}E_X \qquad (6.1.6)$$

式中:E_X 为 X 轴方向的电场强度。

在 X 轴方向施加压力时,左旋石英晶体的 X 轴正向表面带正电;如果作用力 F_X 改为拉力,则在垂直于 X 轴平面上仍出现等量电荷,但极性相反,如图 6.1.5(a)、(b)所示。

如果在同一晶片上作用力是沿着机械轴的方向,其电荷仍在与 X 轴垂直平面上出现,其极性如图 6.1.5(c)、(d)所示,此时电荷的大小为

$$q_{XY} = d_{12}\frac{lb}{tb}F_Y = d_{12}\frac{l}{t}F_Y \qquad (6.1.7)$$

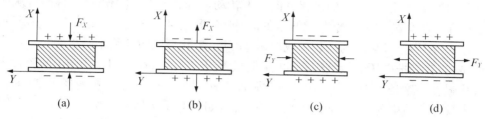

图 6.1.5　晶片上电荷极性与受力方向关系

式中：d_{12} 为石英晶体在 Y 轴方向受力时的压电系数。

根据石英晶体轴对称条件：$d_{11} = -d_{12}$，则式(6.1.7)为

$$q_{XY} = -d_{11}\frac{l}{t}F_Y \tag{6.1.8}$$

式中：t 为晶片厚度。

则其电极间电压为

$$U_X = \frac{q_{XY}}{C_X} = -d_{11}\frac{l}{t}\frac{F_Y}{C_X} \tag{6.1.9}$$

根据逆压电效应，晶片在 Y 轴方向将产生伸缩变形，即

$$\Delta l = -d_{11}\frac{l}{t}U_X \tag{6.1.10}$$

或用应变表示

$$\frac{\Delta l}{l} = -d_{11}E_X \tag{6.1.11}$$

由上述可知：

① 无论是正或逆压电效应，其作用力（或应变）与电荷（或电场强度）之间呈线性关系；

② 晶体在哪个方向上有正压电效应，则在此方向上一定存在逆压电效应；

③ 石英晶体不是在任何方向都存在压电效应的。

6.1.2　压电陶瓷的压电效应

压电陶瓷属于铁电体一类的物质，是人工制造的多晶压电材料。它具有类似铁磁材料磁畴结构的电畴结构。电畴是分子自发形成的区域，它有一定的极化方向，从而存在一定的电场。在无外电场作用时，各个电畴在晶体中杂乱分布，它们的极化效应被相互抵消，因此原始的压电陶瓷内极化强度为零，如图 6.1.6(a)所示。

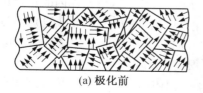
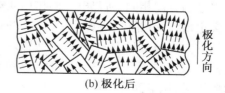

(a) 极化前　　　　　　　　(b) 极化后

图 6.1.6　压电陶瓷中的电畴变化示意图

　　在外电场的作用下,电畴的极化方向发生转动,趋向于按外电场的方向排列,从而使材料得到极化。极化处理后陶瓷内部仍存在有很强的剩余极化强度,如图 6.1.6(b)所示。为了简单起见,图中把极化后的晶粒画成单畴(实际上极化后晶粒往往不是单畴)。

　　但是,当我们把电压表接到陶瓷片的两个电极上进行测量时,却无法测出陶瓷片内部存在的极化强度。这是因为陶瓷片内的极化强度总是以电偶极矩的形式表现出来,即在陶瓷的一端出现正束缚电荷,另一端出现负束缚电荷,如图 6.1.7 所示。由于束缚电荷的作用,在陶瓷片的电极面上吸附了一层来自外界的自由电荷,这些自由电荷与陶瓷片内的束缚电荷符号相反而数量相等,它起着屏蔽和抵消陶瓷片内极化强度对外界的作用。所以,电压表不能测出陶瓷片内的极化程度。如果在陶瓷片上加一个与极化方向平行的压力 F,如图 6.1.8 所示,陶瓷片将产生压缩形变(图中虚线),片内的正、负束缚电荷之间的距离变小,极化强度也变小。因此,原来吸附在电极上的自由电荷,有一部分被释放,而出现放电荷现象。当压力撤销后,陶瓷片恢复原状(这是一个膨胀过程),片内的正、负电荷之间的距离变大,极化强度也变大,因此电极上又吸附一部分自由电荷而出现充电现象。这种由机械效应转变为电效应,或者由机械能转变为电能的现象,就是正压电效应。

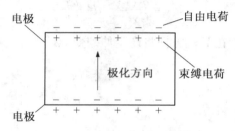

图 6.1.7　陶瓷片内束缚电荷与电极上吸附的自由电荷示意图

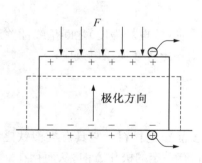

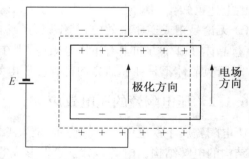

图 6.1.8　正压电效应示意图　　　　　　　　图 6.1.9　逆压电效应示意图

　　同样,若在陶瓷片上加一个与极化方向相同的电场,如图 6.1.9 所示,由于电场的方向与极化强度的方向相同,所以电场的作用使极化强度增大。这时,陶瓷片内的正负束缚电荷之间距离也增大,就是说,陶瓷片沿极化方向产生伸长形变(图 6.1.9 中虚线)。同理,如果外加电场的方向与极化方向相反,则陶瓷片沿极化方向产生压缩形变。这种由于电效应而转变为机械效应或者由电能转变为机械能的现象,就是逆压电效应。

　　由此可见,压电陶瓷所以具有压电效应,是出于陶瓷内部存在自发极化。这些自发极化经过极化工序处理而被迫取向排列后,陶瓷内即存在剩余极化强度。如果外界的作用(如压力或电场的作用)能使此极化强度发生变化,陶瓷片就出现压电效应。此外,还可以看出,陶瓷内的极化电荷是束缚电荷,而不是自由电荷,这些束缚电荷不能自由移动。所以,在陶瓷片中产生的放电或充电现象,是通过陶瓷片内部极化强度的变化,引起电极面上自由电荷的释放或补充的结果。

6.1.3　压电材料

用于压电式传感器的压电材料主要有两种:一种是压电晶体,如石英晶体等;另一种是压电陶瓷,如钛酸钡、锆钛酸铅等。

对压电材料要求具有以下几方面特性:

① 具有较大压电常数。

② 机械强度高、机械刚度大,以期获得宽的线性范围和高的固有振动频率。

③ 具有高电阻率和大介电常数,以减弱外部分布电容的影响并获得良好的低频特性。

④ 温度和湿度稳定性要好,要求具有较高的居里点,获得较宽的工作温度范围。

⑤ 压电性能不随时间变化。

1. 石英晶体

石英是一种具有良好压电特性的压电晶体,其介电常数和压电系数的温度稳定性相当好,在常温下这两个参数几乎不随温度变化,如图 6.1.10 和图 6.1.11 所示。

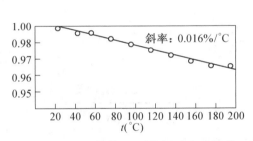

图 6.1.10　石英的 d_{11} 系数相对于 20℃ 的
d_{11} 随温度变化特性

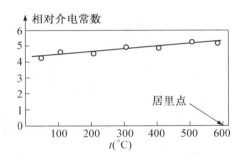

图 6.1.11　石英在高温下相对介电常数的温度特性

由图 6.1.10 和图 6.1.11 可见,在 20～200℃ 温度范围内,温度每升高 1℃,压电系数仅减少 0.016％。但是当温度达到居里点(573℃)时,石英晶体便失去压电特性。

石英晶体的突出优点是性能非常稳定,机械强度高,绝缘性能好。但石英材料价格昂贵,且压电系数比压电陶瓷低得多,因此一般仅用于标准仪器或要求较高的传感器中。

需要指出,因为石英是一种各向异性晶体,因此,按不同方向切割的晶片,其物理性质(如弹性、压电效应、温度特性等)相差很大。在设计石英传感器时,需根据不同使用要求正确地选择石英片的切型。

2. 压电陶瓷

压电陶瓷由于具有很高的压电系数,因此在压电式传感器中得到广泛应用。压电陶瓷主要有以下几种。

(1) 钛酸钡压电陶瓷

钛酸钡($BaTiO_3$)是由碳酸钡($BaCO_3$)和二氧化钛(TiO_2)按 1:1 摩尔比例混合后充分研磨成型,经高温 1300～1400℃ 烧结,然后再经人工极化处理得到的压电陶瓷。

这种压电陶瓷具有很高的介电常数和较大的压电系数(约为石英晶体的 50 倍)。不足之处是居里温度低(120℃),温度稳定性和机械强度不如石英晶体。

(2) 锆钛酸铅系压电陶瓷(PZT)

锆钛酸铅是由 $PbTiO_3$ 和 $PbZrO_3$ 组成的固溶体 $Pb(Zr. Tr)O_3$。它与钛酸钡相比,压电系数更大,居里温度在 300℃以上,各项机电参数受温度影响小,时间稳定性好。此外,在锆钛酸中添加一种或两种其他微量元素(如铌、锑、锡、锰、钨等)还可以获得不同性能的 PZT 材料。因此,锆钛酸铅系压电陶瓷是目前压电式传感器中应用最广泛的压电材料。

6.2 压电式传感器测量电路

6.2.1 等效电路

当压电传感器中的压电晶体承受被测机械应力的作用时,在它的两个极面上出现极性相反但电量相等的电荷。显然可以把压电传感器看成一个静电发生器,如图 6.2.1(a)所示。显然,也可以把它视为两极板上聚集异性电荷,中间为绝缘体的电容器,如图 6.2.1(b)所示。其电容量为

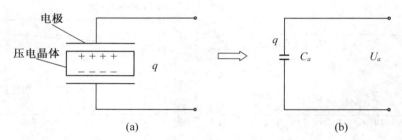

图 6.2.1 压电传感器的等效原理

$$C_a = \frac{\varepsilon S}{t} = \frac{\varepsilon_r \varepsilon_0 S}{t} \tag{6.2.1}$$

式中:S 为极板相对面积(m^2);t 为晶体厚度(m);ε 为压电晶体的介电常数(F/m);ε_r 为压电晶体的相对介电常数(石英晶体为 4.58);ε_0 为真空介电常数($\varepsilon_0 = 8.85 \times 10^{-12}$ F/m)。

当两极板聚集异性电荷时,则两极板就呈现出一定的电压,其大小为

$$U_a = \frac{q}{C_a} \tag{6.2.2}$$

式中:q 为板极上聚集的电荷电量(C);C_a 为两极板间等效电容(F);U_a 为两极板间电压(V)。

因此,压电传感器可以等效地看作一个电压源 U_a 和一个电容器 C_a 的串联电路,如图 6.2.2(a)所示;也可以等效为一个电荷源 q 和一个电容器 C_a 的并联电路,如图 6.2.2(b)所示。

由等效电路可知,只有传感器内部信号电荷无"漏损",外电路负载无穷大时,压电传感器受力后产生的电压或电荷才能长期保存下来,否则电路将以某时间常数按指数规律放电。这对于静态标定以及低频准静态测量极为不利,必然带来误差。事实上,传感器内部不可能

没有泄漏,外电路负载也不可能无穷大,只有外力以较高频率不断地作用,传感器的电荷才能得以补充,从这个意义上讲,压电晶体不适合于静态测量。

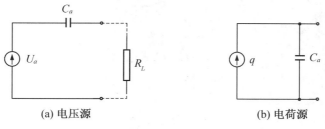

(a) 电压源　　　　　　　　　(b) 电荷源

图 6.2.2　压电传感器等效电路

如果用导线将压电传感器和测量仪器连接时,则应考虑连接导线的等效电容、电阻,前置放大器的输入电阻、输入电容。图 6.2.3 所示是压电传感器的完整电荷源等效电路。图中 C_a 为传感器的电容,C_i 为前置放大器输入电容,C_c 为连接导线对地电容,R_a 为包括连接导线在内的传感器绝缘电阻,R_i 为前置放大器的输入电阻。

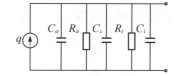

图 6.2.3　压电传感器的完整等效电路

由等效电路看来,压电传感器的绝缘电阻 R_a 与前置放大器的输入电阻 R_i 相并联。为保证传感器和测试系统有一定的低频(或准静态)响应,就要求压电传感器的绝缘电阻保持在 $10^{13}\,\Omega$ 以上,才能使内部电荷泄漏减少到满足一般测试精度的要求。与此相对应,测试系统则应有较大的时间常数,亦即前置放大器要有相当高的输入阻抗,否则传感器的信号电荷将通过输入电路泄漏,即产生测量误差。

6.2.2　测量电路

压电式传感器的前置放大器有两个作用:一是把压电式传感器的高输出阻抗变换成低阻抗输出;二是放大压电式传感器输出的弱信号。根据压电式传感器的工作原理及其等效电路,它的输出可以是电压信号也可以是电荷信号。因此设计前置放大器也有两种形式:一种是电压放大器,其输出电压与输入电压(传感器的输出电压)成正比;另一种是电荷放大器,其输出电压与输入电荷成正比。

1. 电压放大器

压电式传感器连接电压放大器的等效电路如图 6.2.4(a)所示。图 6.2.4(b)所示为简化的等效电路图。

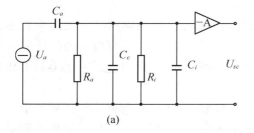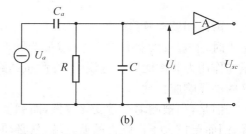

(a)　　　　　　　　　　　　　　(b)

图 6.2.4　压电传感器连接电压放大器的等效电路

图 6.2.4(b)中,等效电阻 R 为

$$R = \frac{R_a \cdot R_i}{R_a + R_i}$$

等效电容为

$$C = C_c + C_i$$

而

$$U_a = \frac{q}{C_a}$$

设压电元件所受的作用力 F 为

$$F = F_m \sin\omega t \tag{6.2.3}$$

式中：F_m 为作用力的幅值。

若压电元件材料是压电陶瓷,其压电系数为 d_{33},则在外力作用下,压电元件产生的电压值为

$$U_a = \frac{d_{33} F_m}{C_a} \sin\omega t \tag{6.2.4}$$

或

$$U_a = U_m \sin\omega t \tag{6.2.5}$$

由图 6.2.4(b)可得送入放大器输入端的电压 U_i,将其写为复数形式为

$$\dot{U}_i = d_{33} F \frac{j\omega R}{1 + j\omega R(C + C_a)} \tag{6.2.6}$$

U_i 的幅值 U_{im} 为

$$U_{im} = \frac{d_{33} F_m \omega R}{\sqrt{1 + \omega^2 R^2 (C_a + C_c + C_i)^2}} \tag{6.2.7}$$

输入电压与作用力之间的相位差 ϕ 为

$$\phi = \frac{\pi}{2} - \arctan[\omega R(C_a + C_c + C_i)] \tag{6.2.8}$$

令 $\tau = R(C_a + C_c + C_i)$,$\tau$ 为测量回路的时间常数,并令 $\omega_0 = 1/\tau$,则可得

$$U_{im} = \frac{d_{33} F_m \omega R}{\sqrt{1 + (\omega/\omega_0)^2}} \approx \frac{d_{33} F_m}{C_a + C_c + C_i} \tag{6.2.9}$$

由式(6.2.9)可知,如果 $\omega/\omega_0 \gg 1$,即作用力变化频率与测量回路时间常数的乘积远大于 1 时,前置放大器的输入电压 U_{im} 与频率无关。一般认为 $\omega/\omega_0 \geqslant 3$,可以近似看作输入电压与作用力频率无关。这说明,在测量回路时间常数一定的条件下,压电式传感器具有相当好的高频响应特性。

但是,当被测动态量变化缓慢,而测量同路时间常数不大时,就会造成传感器灵敏度下降,因而要扩大工作频带的低频端,就必须提高测量回路的时间常数 τ。但是靠增大测量回路的电容来提高时间常数,会影响传感器的灵敏度。根据电压灵敏度 K_u 的定义,得

$$K_u = \frac{U_{im}}{F_m} = \frac{d_{33}}{\sqrt{\left(\dfrac{1}{\omega R}\right)^2 + (C_a + C_c + C_i)^2}}$$

因为 $\omega R \gg 1$，故上式可以近似为

$$K_u \approx \frac{d_{33}}{C_a + C_c + C_i} \qquad\qquad (6.2.10)$$

由式(6.2.10)可知，传感器的电压灵敏度 K_u 与回路电容成反比，增加回路电容必然使传感器的灵敏度下降。为此常将输入内阻 R_i 很大的前置放大器接入回路。其输入内阻越大，测量回路时间常数越大，则传感器低频响应也越好。

由式(6.2.9)还可以看出，当改变连接传感器与前置放大器的电缆长度时，C_c 将改变，U_{im} 也随之变化，从而使前置放大器的输出电压 $U_x = -AU_{im}$ 也发生变化（A 为前置放大器增益）。因此，传感器与前置放大器组合系统的输出电压与电缆电容有关。在设计时，常常把电缆长度定为一常值。因而在使用时，如果改变电缆长度，必须重新校正其灵敏度值，否则由于电缆电容 C_c 的改变，将会引入测量误差。

图 6.2.5 所示为一实用的阻抗变换电路。MOS 型 FFT 管 3DO1F 为输入级，R_4 为它的自给偏置电阻，R_5 为提供串联电流负反馈。适当调节 R_2 的大小可以使 R_3 的负反馈接近 100%。此电路的输入电阻可达 $2 \times 10^8\ \Omega$。

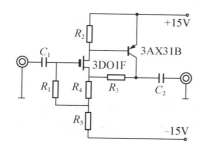

图 6.2.5　阻抗变换器

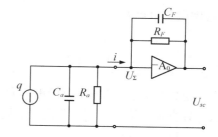

图 6.2.6　电荷放大器原理电路图

近年来，由于线性集成运算放大器的飞跃发展，出现了如 5G28 型结型场效应管输入的高阻抗器件，因而由集成运算放大器构成的电荷放大器电路进一步得到发展。随着 MOS 和双极型混合集成电路的发展，具有更高输入阻抗的器件也将问世，因而电荷放大器将有良好的发展前景。

2. 电荷放大器

电荷放大器是一个具有深度负反馈的高增益放大器，其等效电路如图 6.2.6 所示。若放大器的开环增益 A_0 足够大，并且放大器的输入阻抗很高，则放大器输入端几乎没有分流，运算电流仅流入反馈回路 C_F 与 R_F。由图 6.2.6 可知

$$i = (U_\Sigma - U_x)\left(j\omega C_F + \frac{1}{R_F}\right)$$

$$= [U_\Sigma - (-A_0 U_\Sigma)]\left(j\omega C_F + \frac{1}{R_F}\right)$$

$$=U_{\Sigma}\left[j\omega(A_0+1)C_F+(A_0+1)\frac{1}{R_F}\right] \tag{6.2.11}$$

根据式(6.2.11)可画出等效电路图,如图 6.2.7 所示。

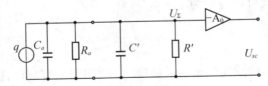

图 6.2.7　压电传感器接至电荷放大器的等效电路图

由式(6.2.11)可见,C_F、R_F 等效到 A_0 的输入端时,电容 C_F 将增大$(1+A_0)$倍。电导 $1/R_F$ 也增大了$(1+A_0)$倍。所以图 6.2.7 中,$C'=(1+A_0)C_F$,$1/R'=(1+A_0)\cdot1/R_F$,这就是所谓"密勒效应"的结果。

由图 6.2.7 电路可以方便地求得 U_{Σ} 和 U_{sc},结点电压 U_{Σ} 为

$$\dot{U}_{\Sigma}=\frac{j\omega q}{\left[\dfrac{1}{R_a}+(1+A_0)\dfrac{1}{R_F}\right]+j\omega\left[C_a+(1+A_0)C_F\right]}$$

$$\dot{U}_x=-A_0U_{\Sigma}=\frac{-j\omega qA_0}{\left[\dfrac{1}{R_a}+(1+A_0)\dfrac{1}{R_F}\right]+j\omega\left[C_a+(1+A_0)C_F\right]} \tag{6.2.12}$$

若考虑电缆电容 C_c,则有

$$\dot{U}_{sc}=\frac{-j\omega qA_0}{\left[\dfrac{1}{R_a}+(1+A_0)\dfrac{1}{R_F}\right]+j\omega\left[C_a+C_c+(1+A_0)C_F\right]} \tag{6.2.13}$$

当 A_0 足够大时,传感器本身的电容和电缆长短将不影响电荷放大器的输出。因此,输出电压 U_{sc} 只决定于输入电荷 q 及反馈回路的参数 C_F 和 R_F。由于 $1/R_F\ll\omega C_F$,则

$$U_{sc}\approx-\frac{A_0q}{(1+A_0)C_F}\approx-\frac{q}{C_F} \tag{6.2.14}$$

可见,当 A_0 足够大时,输出电压只取决于输入电荷 q 和反馈电容 C_F,改变 C_F 的大小便可得到所需的电压输出。

6.3　压电式传感器应用

6.3.1　压电式加速度传感器

压电式加速度传感器结构一般有纵向效应型、横向效应型和剪切效应型三种。纵向效应型是最常见的一种结构,如图 6.3.1 所示。压电陶瓷 4 和质量块 2 为环型,通过螺母 3 对质量块预先加载,使之压紧在压电陶瓷上。测量时将传感器基座 5 与被测对象牢牢地紧固在一起。输出信号由电极 1 引出。

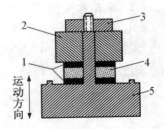

图 6.3.1　纵向效应型加速度传感器的截面图

当传感器感受振动时,因为质量块相对被测体质量较小,因此质量块感受与传感器基座相同的振动,并受到与加速度方向相反的惯性力,此力为 $F=ma$,同时,惯性力作用在压电陶瓷片上产生电荷为

$$q=d_{33}F=d_{33}ma \qquad (6.3.1)$$

式(6.3.1)表明电荷量直接反映加速度大小。它的灵敏度与压电材料压电系数和质量块质量有关。为了提高传感器灵敏度,一般选择压电系数大的压电陶瓷片。若增加质量块的质量会影响被测振动,同时会降低振动系统的固有频率,因此一般不用增加质量的办法来提高传感器灵敏度。而是采用增加压电片的数目和采用合理的连接方法来提高传感器灵敏度。

一般压电片的连接方式有两种,图 6.3.2(a)所示为并联形式,片上的负极集中在中间极上,其输出电容 C' 为单片电容 C 的两倍,但输出电压 U' 等于单片电压 U,极板上电荷量 q' 为单片电荷量 q 的两倍,即

$$q'=2q, \ U'=U, \ C'=2C$$

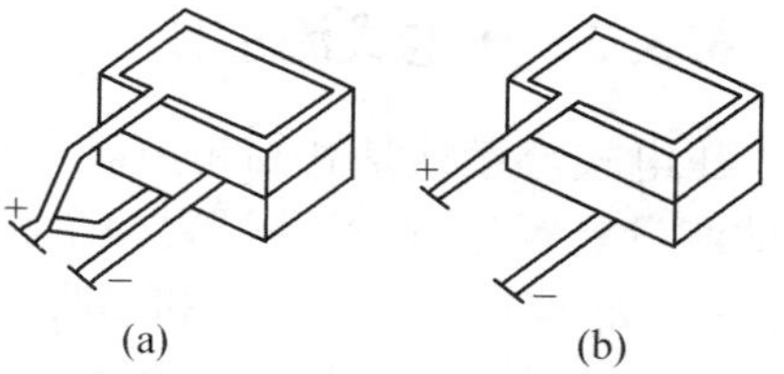

图 6.3.2(b)所示为串联形式,正电荷集中在上极板,负电荷集中在下极板,而中间的极板上产生的负电荷与下片产生的正电荷相互抵消。从图中可知,输出的总电荷 q' 等于单片电荷 q,而输出电压 U' 为单片电压 U 的两倍,总电容 C' 为单片电容 C 的一半,即

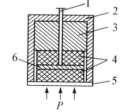

图 6.3.2　叠层式压电元件的串联和并联

$$q'=q, \ U'=2U, \ C'=\frac{1}{2}C$$

在两种接法中,并联接法输出电荷大,时间常数大,宜用于测量缓变信号,并且适用于以电荷作为输出量的场合;而串联接法,输出电压大,本身电容小,适用于以电压作为输出信号,且测量电路输入阻抗很高的场合。

6.3.2　压电式压力传感器

根据使用要求不同,压电式测压传感器有各种不同的结构形式,但它们的基本原理相同。图 6.3.3 所示是压电式测压传感器的原理结构图。它由引线 1、壳体 2、基座 3、压电晶片 4、受压膜片 5 及导电片 6 组成。

当膜片 5 受到压力 P 作用后,则在压电晶片上产生电荷。其电荷 q 为

图 6.3.3　压电式压力传感器原理图

$$q=d_{11}F=d_{11}SP \qquad (6.3.2)$$

式中:F 为作用于压电片上的力;d_{11} 为压电系数;P 为压强,$P=\dfrac{F}{S}$;S 为膜片的有效面积。

压力传感器的输入量为压力 P,如果传感器只由一个压电晶片组成,则根据灵敏度的定义,其电荷灵敏度为:

$$k_q=\frac{q}{P} \qquad (6.3.3)$$

电压灵敏度：
$$k_u = \frac{U_0}{P} \qquad (6.3.4)$$

根据式(6.3.2)，电荷灵敏度可表示为

$$k_q = d_{11}S \qquad (6.3.5)$$

因为 $U_0 = \dfrac{q}{C_0}$，所以电压灵敏度也可表示为

$$k_u = \frac{d_{11}S}{C_0} \qquad (6.3.6)$$

式中：C_0 为压电片等效电容。

6.3.3　压电式流量计

压电式流量计是利用超声波在顺流方向和逆流方向的传播速度不同来进行测量的。它的测量装置是，在管外设置两个相隔一定距离的收发两用压电超声换能器。每隔一段时间(例如 1/100 秒)，发射和接收互换一次。在顺流和逆流的情况下，发射和接收的相位差与流速成正比。根据这个关系，便可精确测定流速。流速与管道横截面积的乘积等于流量。

图 6.3.4 所示是一种工业用压电式流量计的示意图。此种流量计可以测量各种液体的流速。中压和低压气体的流速，不受该流体的导电率、黏度、密度、腐蚀性以及成分的影响。其准确度可达 0.5%，有的可达到 0.01%。

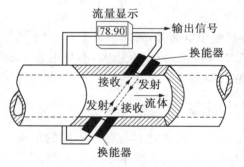

图 6.3.4　压电式流量计

根据同一道理，可以用于直接测量随海洋深度而变化的声速分布，即以一定距离放置两个正对着的压电陶瓷换能器，一个为发射器，一个为接收器。根据测定的发射和接收的相位差随深度的变化，即可得到声速随深度的分布情况。

思考题与习题

1. 何谓压电效应？正压电效应传感器能否测静态信号？为什么？

2. 石英晶体的压电效应有何特点？标出题 6 - 2 图(b)、(c)、(d)中压电片上电荷的极性。

3. 压电式传感器的前置放大器作用是什么？比较电压式和电荷式前置放大器各有何

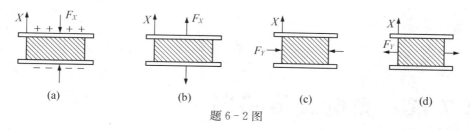

题 6-2 图

特点,说明为何电压灵敏度与电缆长度有关? 而电荷灵敏度与电缆长度无关?

4. 压电元件在使用时常采用多片串接或并接的结构形式。试述在不同接法下输出电压、电荷、电容的关系,它们分别适用于何种应用场合?

5. 何谓电压灵敏度和电荷灵敏度? 并说明两者之间关系。

第 7 章　光电式传感器

7.1　光电效应和光电器件

7.1.1　光电效应

光可以被看成是由具有一定能量的光子所组成的,而每个光子所具有的能量 E 与其频率成正比。光射到物体上就可以看成是一连串具有能量 E 的光子轰击到物体。所谓光电效应,就是指由于物体吸收了能量为 E 的光子后所产生的电效应。

光电式传感器是将光信号转换成电量的一种变换器,工作的理论基础就是光电效应。

从传感器本身来看,光电效应可以分为外光电效应、内光电效应和光生伏特效应三类。

1. 外光电效应

在光线作用下,使电子逸出物体表面的现象称为外光电效应,或称光电发射效应。下面简要介绍外光电效应产生的物理过程。

根据爱因斯坦的假说,一个光子的能量只能给一个电子。因此,如果一个电子要从物体表面逸出,必须使传递给电子能量的光子本身的能量 E 大于电子从物体表面逸出功 A,这时,逸出表面的电子可称为光电子,具有动能 E_k

$$E_k = \frac{1}{2}mv^2 = E - A, \ E = hf \tag{7.1.1}$$

式中: h 为普朗克常数, $h = 6.63 \times 10^{-34}(\text{J} \cdot \text{s})$; f 为光的频率; m 为电子质量; v 为电子逸出时的初速度。

从爱因斯坦的光电效应方程可以看出:光电子逸出物体表面时,具有的初始动能,与光的频率有关,频率越高则动能越大。而不同材料具有不同的逸出功 A,因此对某种特定的材料而言将有一个频率限,当入射光的频率低于此频率限时,不论它有多强,也不能激发电子。当入射光的频率高于此频率限时,不论它有多弱,也会使被照射的物质激发出电子。此频率限称为"红限",红限的波长可表示为

$$\lambda_k = \frac{hc}{A} \tag{7.1.2}$$

式中: c 为光速, $c = 3 \times 10^8 \text{m/s}$。

当入射光的频谱成分不变时,发射的光电子数正比于光强。即光强越大,入射光子数目越多,逸出的电子数也越多。

2. 内光电效应

在光的照射下材料的电阻率发生改变的现象称为内光电效应,或称光电导效应。

内光电效应的物理过程是:光照射到半导体材料上时,价带中的电子受到能量大于或等于禁带宽度的光子轰击,使其由价带越过禁带进入导带,使材料中导带的电子和价带的空穴浓度增大,从而使电导率增大。显然,材料的光电导性能决定于禁带宽度,光子能量 $h\upsilon$ 应大于禁带宽度。

3. 光生伏特效应

光射到半导体 PN 结后,能使 PN 结产生一定方向的电动势,或使 PN 结的光电流增加的现象称为光生伏特效应,或称 PN 结的光电效应。

7.1.2　光电管

光电管的典型结构如图 7.1.1 所示,它由光阴极和光阳极组成,被一起封装在一个抽成真空的玻璃管内。光阴极可以有多种形式,最简单的是在玻璃管内壁上涂有阴极材料,或在玻璃管内装入涂有阴极材料的柱面金属板。光阳极为置于光电管中心

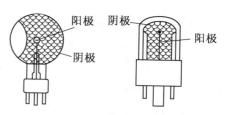

图 7.1.1　光电管的典型结构

的环形金属丝或是置于柱面中心轴位置上的金属丝柱。

当光电管的阴极受到适当的光线照射后便发射电子,这些电子被具有一定电位的阳极吸引,在光电管内形成空间电子流。如果在外电路中串入一个适当阻值的电阻,则在此电阻上将有正比于光电管空间电流的电压降,其值与阴极上的光照强度成一定关系。

另外,光电管除有真空光电管以外,还有充气光电管,其结构与真空光电管相同。只是管内充以少量的惰性气体。当光阴极被光照射产生电子后,在向阳极运动过程中,由于电子对气体分子的撞击,使惰性气体分子电离,从而得到正离子和更多的自由电子,使电流增加,提高了光电管的灵敏度。

7.1.3　光电倍增管

在光照很弱时,光电管所产生的光电流很小,为了提高灵敏度,常应用光电倍增管。光电倍增管的结构原理如图 7.1.2 所示。

光电倍增管的工作原理建立在光电发射和二次发射的基础上。如图 7.1.2 所示,光电倍增极上涂有在电子轰击下可发射更多次级电子的材料,倍增极的形状和位置正好能使轰击进行下去,在每个倍增极间均应依次增大电压。设每极的倍增率为 δ,若有 n 极,则光电倍增极的光电流倍增率将为 δ^n。

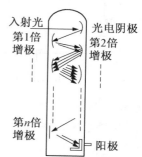

图 7.1.2　光电倍增管的结构原理

7.1.4　光敏电阻

光敏电阻又称为光导管,其工作原理是基于内光电效应。光敏电阻由均质的光电导体

两端加上电极构成,并在两电极加一定的电压。当光照射到光电导体上时,光生载流子的浓度增加,并在外加电场作用下沿一定方向运动,电路中的电流就会增大,即光敏电阻的阻值就会减小,从而实现光电信号的转换。光敏电阻没有极性,使用时在电阻两端加直流或交流电压,在光线照射下可改变电路中电流的大小。由于内光电效应仅限于光线照射的表面层,所以光电导体材料一般都做成薄片并封装在带有透明窗的外壳内。光敏电阻的结构如图7.1.3 所示。为了提高灵敏度,光敏电阻的电极一般做成梳状。

图 7.1.3　光敏电阻的典型结构和梳状电极

7.1.5　光敏二极管和光敏晶体管

光敏二极管也叫光电二极管,其结构与普通二极管相似,如图 7.1.4 所示,具有一个PN 结,单向导电,而且都是非线性器件。不同之处在于光敏二极管的 PN 结位于管子顶部,可以直接受到光照射。使用时,光敏二极管一般处于反向工作状态。在没有光照射时,光敏二极管的反向电阻很大,反向电流很小,此时的电流称为暗电流。当有光线照射 PN 结时,在 PN 结附近激发出光生电子空穴对,它们在外加反向电压作用下,做定向运动形成光电流。光电流的大小与光照强度成正比。

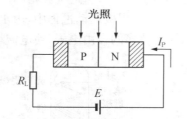

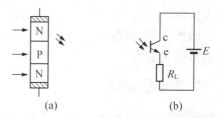

图 7.1.4　光电二极管结构原理图　　　图 7.1.5　NPN 型光敏三极管结构原理图

光敏三极管又称为光电三极管、光电晶体管,其结构与普通三极管相似,都具有电流放大作用,只是基极电流不仅受基极电压控制,还受光照的控制。光敏三极管的工作原理与反向偏置的光敏二极管类似,不过它有两个 PN 结,像普通的三极管一样有增益放大作用,其结构与普通的三极管相似,只是它的基区做得很大,以扩大光的照射面积。光敏三极管也有NPN 型和 PNP 型两种。图 7.1.5 所示为 NPN 型光敏三极管结构原理图。当 NPN 型光敏三极管电路连接图如图 7.1.5(b)所示时,当集电极加上相对于发射极为正的电压而基极开路时,集电结处于反向偏置状态。当光线照射到集电结的基区,会产生光生电子空穴对,光生电子被拉到集电极,基区留下了带正电的空穴,使基极与发射极间的电压升高。这样,发射极(N 型材料)便有大量电子经基极流向集电极,形成光敏三极管的输出电流,从而使光敏三极管具有电流增益作用。

7.1.6　光电池

光电池是基于光生伏特效应制成的一种可直接将光能转换为电能的光电元件。制造光电池的材料很多,主要有硅、锗、硒、硫化镉等,其中硅光电池应用最广泛。

硅光电池结构如图7.1.6所示。硅光电池是在一块N型硅片上,用扩散的方法掺入一些P型杂质,形成一个大面积的PN结。再在硅片的上下两面制成两个电极,然后在受光照的表面上蒸发一层抗发射层,构成一个电池单体。当光照射到电池上时,一部分光被反射,另一部分光被光电池吸收。被吸收的光能一部分变成热能,另一部分以光子的形式与半导体中的电子相碰撞,在PN结处产生电子空穴对。在PN结内电场的作用下,空穴移向P区,电子移向N区,从而使P区带正电,N区带负电,于是P区和N区之间产生电流或光生电动势。

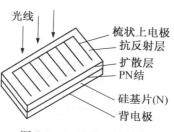

图7.1.6　硅光电池结构

7.1.7　光电式传感器应用

1. 光电比色计

光电比色计是用于化学成分分析的仪器,工作原理如图7.1.7所示。

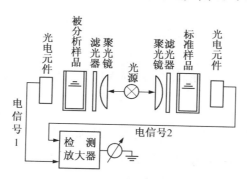

图7.1.7　光电比色计的工作原理

光束分为两束强度相等的光线,其中一路光线通过标准样品,另一路光线通过被分析的样品溶液。左右两路光程的终点分别装有两个相同的光电元件,光电元件给出的电信号同时送给检测放大器,放大器后边接指示仪表,指示值正比于被分析样品的某个指标,例如颜色、浓度或浊度等。

2. 光电转速计

光电转速计分为反射式和透射式两类,它们都是由光源、光路系统、调制器和光电元件组成的,工作原理如图7.1.8所示。调制器的作用是把连续光调制成光脉冲信号,它可以是一个带有均匀分布的多个小孔的圆盘,当安装在被测轴上的调制器随被测轴一起旋转时,利用圆盘的透光性或反射性把被测转速调制成相应的光脉冲。光脉冲照射到光电元件上时,即产生相应的电脉冲信号,从而把转速转换成电脉冲信号。电脉冲频率可以通过一般的频

率表或数字频率计测量,通过被测转轴每分钟转速与电脉冲频率的关系获得被测转速,其关系如下:

$$n = \frac{60f}{N} \tag{7.1.3}$$

式中:n 为被测轴转速(rpm);f 为电脉冲频率;N 为测量孔数或黑白条纹数。

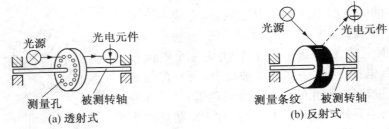

图 7.1.8 光电转速计的工作原理

3. 光电池电源

图 7.1.9 所示为光电池作为电源时的原理框图。选择若干型号相同的光电池,经串、并联后作为光电池组。有光照时光电池组发电,为负载供电,并对蓄电池充电。无光照时,蓄电池向负载供电。图中二极管的作用是防止无光照时,蓄电池通过光电池组放电。光电池是航天工业的重要电源,也可作为航标灯、高速公路警示灯等野外无人值守设备的电源。

图 7.1.9 光电池电源电路框图

图 7.1.10 所示为光电池在白度计中的应用。白度是衡量物体表面对可见光全波长辐射反射率的一个参数,在纺织、丝绸、造纸、化工等行业中有广泛的应用。光源分为两路,一路直接照射光电池 E_1,产生标准电势;另外一路经被测物反射后照射光电池 E_2,产生被测电势,E_1 和 E_2 处于同一温度场内。由于被测物的白度小于 100%(度),所以标准电势总是大于被测电势。电位器 R_p 串联在 E_1 回路中,其中心抽头与白度计作为一体。调节 R_p 使检流计 G 两端的电位相等,便可通过白度计的指针指示出被测物的白度。

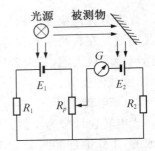

图 7.1.10 白度计原理

7.2 光电编码器

随着计算机技术和数控技术的发展,需要高精度的角度测量数字式传感器——角度编码器。它能把角度位移转换成相应数字代码或脉冲输出,可以直接与计算机或数字电路连接,因此角度编码器是测量角位移最直接、有效的传感器。

　　根据角度编码器的工作原理可分为接触式编码器、光电编码器和电磁式编码器等。由于光电编码器具有非接触、体积小、重量轻、可靠性好、不易受磁场干扰等优点,是目前应用最广泛的一种编码器,广泛应用于数控机床、机器人、雷达等领域。

7.2.1　结构及原理

　　光电编码器又被称为光电码盘,它是通过光电转换把轴转动或角位移转换成一位或一系列数字信号输出。光电编码器可分为增量式和绝对式两大类。增量型光电编码器输出的是脉冲,通过计数输出脉冲数可以测量出相对角位移量;绝对型光电编码器输出为数字编码,根据其编码可转换为码盘的当前位置。

　　如图 7.2.1 所示为典型的增量型光电编码器的结构,光电编码器主要由光栅编码盘、光源(发光二极管)、光电探测器(光敏三极管)构成。编码器的光源由两个红外发光二极管组成,接收元件是两个与发光二极管相对的光电三极管,发光管发出的光经过光栅编码盘和指示光栅后照射到相对的光电三极管上,当转轴带动编码

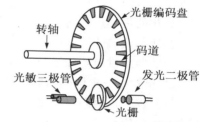

图 7.2.1　典型光电编码器结构原理图

盘转动时,遮挡或导通光路,从而使光电三极管收到光脉冲或数字信号输入,通过后续的放大、整形电路后,输出相应的数字式信号。计数器根据输出的脉冲数目及频率,便可以测出轴转过的角度或转速。

7.2.2　码盘和码制

　　光电编码器的码盘如图 7.2.2 所示,它是在一块圆形基盘上采用刻蚀工艺刻出透光或不透光的码形(或光栅)。基盘材料不同会影响光电编码器的特性,如玻璃材料码盘,其热稳定性好、分辨率很高,但玻璃易碎,而且成本较高;金属码盘直接以通和不通刻线,不易碎,但由于金属有一定的厚度,精度就有限制,易变形,其热稳定性就要比玻璃的差一个数量级;塑料码盘是经济型的,其成本低,不易碎和变形,但精度、热稳定性、寿命均要差一些。

图 7.2.2　光电编码器两种码盘结构

1. 增量型光电编码器的码盘

　　增量型编码器的码盘结构比较简单,是一个被刻画有若干个交替透明和不透明条纹的圆盘(即圆光栅),如图 7.2.3(a)所示。码盘转动时,通过计数光栅遮挡和透过光产生的光脉冲数来测量码盘的转动角度。通常,增量型编码器的码盘另外增加一个码道用于产生定位或零位信号,比较简单的码盘,仅用一条单缝来产生零位信号,通过零位信号(Z)及码道输出的脉冲数就可以判断码盘当前的位置。

　　为了能够辨别码盘转动方向,增量型光电编码器采用两个光电探测器来检测光脉冲,两个光电探测器间距为光栅周期的 1/4,当码盘转动时,它们输出信号 A 和 B 相位相差 $90°$,如图 7.2.3(b)所示。通过比较 A、B 两路输出的相位差可以判断出码盘转动方向。此外,通过软件或硬件细分电路对两路信号的比较运算,可实现四倍频细分,即经细分后方波信号

频率是原来的四倍。

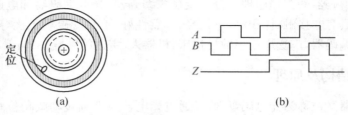

图 7.2.3　增量型光电编码器码盘结构示意图

增量型编码器的分辨率以码盘上光栅的线数或每转脉冲数（Counts Per Revolution, CPR）表示，即码盘旋转一周光电检测可产生的计数脉冲数。如某个码盘的 CPR 为 2048，则可分辨的最小角度约为 $0.1758°$。编码器的应用场合不同，要求的线数相差也很多，因此对一些比较成熟的产品往往一种型号产品可用很多不同线数的光栅，一些厂商甚至可以根据客户的要求供应特殊线数的编码器。

2. 绝对型光电编码器的码盘

绝对编码器的码盘如图 7.2.4 所示，其码盘上有多道同心码道，通过不同码道透光区与不透光区的组合，实现对任意角度的编码。如图中，码盘分成三个码道，每个码道对应一个光电探测器，并沿着码盘的径向排列。当码盘不同角度时，光电探测器根据是否受光输出相应的电平，由此输出与码盘所处绝对位置相对应的二进制编码。码盘输出的编码一般内码道对应二进制编码的高位，最外码道对应输出编码的最低位。绝对编码器定位不需要参考点或零位，也不需要依赖计数器所存的脉冲数来判断位置，因此，掉电后起动位置信息不会丢失，且不会产生累积误差。

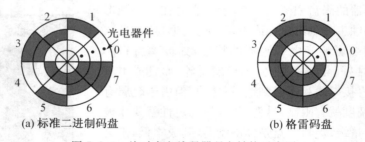

　　　　　　　　(a) 标准二进制码盘　　　　　　　　　　　　(b) 格雷码盘

图 7.2.4　绝对光电编码器码盘结构示意图

不难看出，码盘的码道数就是该码盘输出编码的位数，绝对编码器的分辨率取决于二进制编码个数，亦即码道的数目。若码盘的码道数为 n，则编码器所能分辨的最小角度为

$$\alpha = \frac{360°}{2^n} \tag{7.2.1}$$

显然码道数越大，所能分辨的最小角度越小，分辨率也越高。如一个 18 码道的玻璃码盘可以分辨 2^{18} 个位置，能分辨的最小角度为 $4.94''$。

图 7.2.4(a)所示为标准二进制编码的码盘，这种编码方式直接取自二进制的累进过程，也被称作 8421 码盘。当码盘光电器件在 0 区时，编码输出为"000"，如码盘逆时钟转动，光电器件在 7 区时，其输出为"111"，由此可以根据输出的编码来测出转动角度和当前的位置。但是这种码盘是有缺陷的，光电探测器位于两个区域连接处时，也可能编码输出错误。

由前面分析可知,当从 0 扇形区逆时针转到 7 区时,编码输出应该是从"000"变到"111",但实际的码盘并不会如此输出,因为实际的光电码盘其光电器件不可能排成一条完美的直线,码盘制作、安装时的误差以及光电编码器振动等原因,使不同码道的光电器件不是同时被"开"和"关"。如果内码道光电器件先被遮挡,其次是外码道,最后是中间码道,则编码器输出的编码从起始位置"000"变到"100"再到"101"到"111",电路根据编码判断当前位置时,就认为光电码盘从起始的 0 区,跳到 4 区,顺时针转到 5 区后又转到 7 区。在许多情形下,编码器的这种错误是需要避免的,因为它可能导致整个系统的崩溃。如在机器人手臂控制中,这种输出错误使得控制器认为手臂处在错误位置,为了纠正其位置,手臂有可能会转动 $180°$,从而导致机械臂损坏。因此实际的绝对编码器很少采用标准二进制码。

为了避免标准二进制码盘会产生的这种错误,实际绝对编码器的码盘常采用二进制循环码盘(格雷码),所图 7.2.4(b)所示。使相邻区域的编码只有一位是变化的,这就意味着码盘从一个区域转到另一个区域时,只有一个码道的光电探测器是被开或关的,其他码道的光电探测器保持状态不变,因此,可以避免标准二进制码盘不同码道光电探测器不是同时被开关而产生的错误。格雷码是一种特别设计的编码,格雷码数的任一数增一或减一后,下一数只有一个数据位变化,格雷码的这个特点使其在工程上有广泛应用。格雷码本质上是一种对二进制的加密处理,每位不再具有固定的权值,因此它不便于运算,必须经过解码过程将格雷码转换成二进制码后,才能得到位置信息。表 7.2.1 所示为 3 位二进制码与循环码之间的对应关系。

表 7.2.1　3 位二进制码与循环码对照表

十进制数	自然二进制数	格雷码	十进制数	自然二进制数	格雷码
0	000	000	4	100	110
1	001	001	5	101	111
2	010	011	6	110	101
3	011	010	7	111	100

7.2.3　二进制码和格雷码的转换

1. 二进制码转换成格雷码

二进制码转换成二进制格雷码的方法为:二进制码的最高位保留作为格雷码的最高位,而次高位格雷码为二进制码的高位与次高位相异或,其余各位与次高位的求法相类似。如二进制数为 $B_{n-1}B_{n-2}\cdots B_2 B_1$,其对应的格雷码为 $G_{n-1}G_{n-2}\cdots G_2 G_1$,则其中最高位 $G_{n-1}=B_{n-1}$,其他各位 $G_i=B_{i+1}\oplus B_i$,$(i=n-2,n-3,\cdots,1)$。

例: 二进制数为　1　0　1　1　0

格雷码为　1　1　1　0　1

2. 格雷码转换成二进制码

二进制格雷码转换成自然二进制码是二进制码转换成格雷码的逆过程,其运算公式为:

最高位二进制码 $B_{n-1}=G_{n-1}$,其余二进制码的位为 $B_i=B_{i+1}\oplus G_i,(i=n-2,n-3,\cdots,1)$。

例:二进制格雷码为

自然二进制码为

格雷码与二进制码的相互转换可以通过软件或硬件电路实现,软件转换不需要额外的转换电路,但转换时间相对较长,不适合需要快速控制或测量的场合。硬件转换电路是利用集成异或电路来实现两种码之间的相互转换,它们的电路图如图 7.2.5 所示。也可用专用的格雷码—二进制转换集成电路。

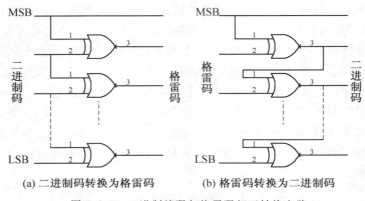

(a) 二进制码转换为格雷码　　　(b) 格雷码转换为二进制码

图 7.2.5　二进制编码与格雷码相互转换电路

7.2.4　光电编码器的应用

光电编码器可以非常方便地测量出角位移,并且输出都为数字信号无需 A/D 转换,因此光电编码器广泛应用于工业控制中定位、速度测量、角度测量等。

电脑的机械鼠标便是利用增量型光电编码器进行定位和位移测量的,其原理结构示意图如图 7.2.6(a)所示。手在桌面上移动鼠标时就会带动鼠标内的滚球①,而滚球的转动又带动两个垂直安置光电码盘②和③(分别对应于 X 轴和 Y 轴方向)的转动,电路输出相应的两路脉冲数,电脑驱动软件把鼠标输出的两路脉冲数转化成电脑显示器上光标沿 X 和 Y 方向的运动,由此实现对屏幕光标的快速定位控制。

鼠标所需的定位精度很低而且码盘只有一个码道,其辨向是通过并排放置两个距离为光栅周期 1/4 的光电探测器来实现的,如图 7.2.6(b)所示。码盘转动时光电探测器输出的两路相位相差 90° 的脉冲,如图 7.2.6(c)所示,通过辨向电路便可以实现辨向。

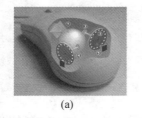

(a)

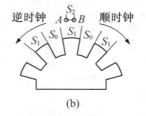

(b)

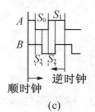

(c)

图 7.2.6　鼠标原理结构示意图

　　光电编码器通过测量脉冲频率或周期的方法来测量转速,常用的测量方法有三种:
"M 法"、"T 法"和"M/T 法"。

　　所谓"M 法"是通过测量一段固定的时间间隔内的编码器输出脉冲来计算这段时间内
的平均转速,这种方法适用于高速场合,其原理图如图 7.2.7 所示。若编码器在 T 时间间
隔内输出了 M_1 个脉冲,如编码器线数为 N,则可测得转速为

图 7.2.7　M 法测量原理

$$n=\frac{60M_1}{(NT)} \quad (\text{r/min})$$
(7.2.2)

　　这种测量转速方法的分辨率随被测速度的增大而减小,因此适合于转速较快的场合。
如一个编码器线数为 360,当转速为 60r/min 时,若时间间隔为 1s,则分辨率为 1/360;若转
速为 6000r/min 时,分辨率为 1/36000。此外,计数时间间隔不能太小,否则会导致在计数
时间间隔内的脉冲数太少,而降低了测量精度。

　　"T 法"是通过测量编码器相邻两个脉冲之间的时间来确定转速的。其时间测定通过对
时钟输出脉冲的计数来实现,其原理如图 7.2.8 所示。由于时钟振荡频率影响测量精度,所
以应选择较高的时钟频率。若编码器线数为 N,采用时钟的周期为 T_c,测出编码器两个相
邻脉冲之间的时钟脉冲数为 M_2,则转速为

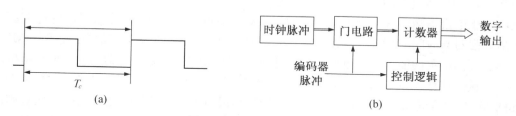

图 7.2.8　T 法测量原理图

$$n=\frac{60M_2}{(T_c N)} \quad (\text{r/min})$$
(7.2.3)

　　这种方法适合于测量转速较慢的场合。若时钟频率相对于
转速过低,则在计数时间间隔内得到的脉冲会太少,从而导致测
量精度比较低。为了在转速较快的场合依旧能保持足够高的测
量精度,可通过测量编码器多个脉冲之间而不是相邻两个脉冲
之间的时间间隔方法来求转速,这种方法即是"M/T"法。

　　光电编码器种类繁多,除码盘、线数、分辨率不同之外,尺
寸、外壳、电气接口、工作电源等都有不同的规格。实际要根据
测量要求、场合及后续电路等因素来选用合适的光电编码器类

图 7.2.9　光电编码器

型。图 7.2.9 所示为一光电编码器外形。

7.3　电荷耦合器件(CCD)

电荷耦合器件(Charge Coupled Device)是 20 世纪 70 年代初期最先由 Bell 实验室发明的。CCD 器件以其灵敏度高、动态范围大和光谱响应范围宽等优点特别引人注目。30 多年来有关 CCD 的研究取得了惊人的进展,已成为最常见的光电探测器之一。目前,各种线阵、面阵图像传感器已成功地用于天文、遥感、传真、卡片阅读、光测试和电视摄像等领域,微光 CCD 和红外 CCD 在航空遥感、热成像等军事应用中显示出很大的优越性。

7.3.1　CCD 的工作原理

1. CCD 原理

CCD 是以阵列形式排列在半导体衬底材料上的金属—氧化物—半导体(MOS)电容结构组成。其基本结构如图 7.3.1 所示,它是在 P 型(或 N 型)单晶硅上,生长一层很薄的二氧化硅层,再在二氧化硅层上沉积金属电极阵列,由此形成 MOS 电容单元组成的阵列,具有光生电荷、电荷存贮和电荷转移的功能。

以 P 型硅的阵元为例,在金属电极未加电压时,载流子均匀分布于半导体内部,当金属极上加一个大于半导体阈值势能的电势时,电极下面多数载流子——空穴会被排尽形成耗尽层,并且耗尽层随着所加电势的增加而深度增大。若此时有光线入射到硅片上,硅就会产生光生电子—空穴对,其中空穴被排斥到硅基体,而光生电子

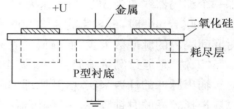

图 7.3.1　CCD 的结构示意图

被收集于电极下面形成电子聚集的反型层。对一定的受光面积,光注入引起的电荷积累和入射光强对与时间的积分成正比,这一结果与照相底片的特性非常相似,由此可见 MOS 电容具有存储电荷的能力。通过调节不同金属电极的电压,积累的电荷可在 MOS 结构之间转移。这是这种光生电荷的积累与转移功能,构成了用于成像的 CCD 基础。这样一个感受光的 MOS 电容光敏元称为 CCD 的一个像素,当成百上千的 MOS 光敏元排列成规则的阵列,就构成了 CCD 器件。当照射到 CCD 上是一幅明暗起伏的图像时,这些 MOS 光敏元就产生一幅与光照强度相对应光生电荷图像,这就是 CCD 的基本工作原理。

2. CCD 的分类

CCD 图像传感器按像素的空间排列可分为线阵式和面阵式两种。线阵式 CCD 像素排列成一维,常见的有 256、512、1024 等像素,主要用于一维尺寸的自动检测。面阵式 CCD 的像素呈两维矩阵排列,呈现如 512×512、1024×1024 等阵列。

(1) 线阵式 CCD 图像传感器

线阵式图像传感器结构如图 7.3.2 所示,由成直线排列的光敏单元和移位寄存器组成。光学成像系统将被测图像成像在 CCD 光敏面上,光敏单元将其转变成电荷信号。读取信号时,光敏单元中的光生电荷转移到相对应的移位寄存器中,在驱动脉冲的作用下顺序移出,在输出端便得到相应的信号。为了不至于引起图像的过载和模糊,成像系统需要设置遮挡

快门,在读出期间切断光电荷的产生并移出信号。

线阵式 CCD 有两种基本结构:单读出寄存器结构和双读出寄存器结构。双读出寄存器结构具有两列移位寄存器,读数时光敏单元的电荷分别移至对应的寄存器,分别输出。与单读出寄存结构相比,双读出寄存器的转移效率提高了一倍。

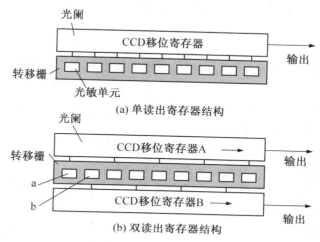

图 7.3.2 线阵 CCD 图像传感器的结构

(2) 面阵型 CCD 图像传感器

面阵型 CCD 图像传感器按传输和读出方式不同,可分为行传输面阵型 CCD(LT - CCD)、帧传输式 CCD(FT - CCD)和行间转输式 CCD(ILT - CCD)三种,其结构如图 7.3.3 所示。

行传输面阵型 CCD 由行选址电路、感光区、输出寄存器组成。输出数据时,由行选址电路分别一行一行地将信号通过输出寄存器转移到输出端,由于是逐行输出而且在信号输出时,其他感光区依旧在感光,因此会产生"拖影"。

帧传输和行间传输面阵型 CCD 比行传输型多了暂存区,需要信号输出时,先把信号移入暂存区,再由输出寄存器从暂存器中一行一行读出,因为移入暂存区的电荷信号不受感光区的影响,因此不会存在拖影问题。它们的结构如图 7.3.3(b)和(c)所示。

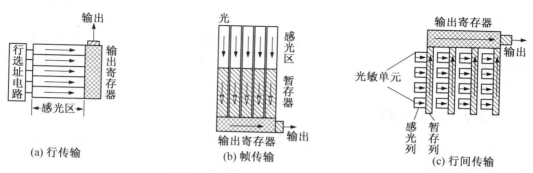

图 7.3.3 面阵型 CCD 结构示意图

(3) CCD 的主要特性参数

1) 分辨率

分辨率表示 CCD 分辨图像的能力,其取决于光敏单元(及像素)之间的间距,因此用单位面积上的像素数来表示。但是,实际应用中 CCD 直接测量的是被测物体经过光学成像系统所成的像,因而成像系统的放大倍率会直接影响系统探测的分辨率。光学系统放大倍数一般调节容易,而要减小 CCD 像素间间距来提高探测分辨率代价非常昂贵,所以,实际应用中的图像探测系统的分辨率往往主要受限 CCD 总光敏单元数以及光学系统的最大放大倍率。因此,实际中常用 CCD 总的像光敏单元数(像素数)来指代 CCD 的分辨率(如数码相机)。

2) 量子效率和光谱响应

CCD 的量子效率是指入射光所产生的光电子数量与入射光子数量之比。由于并不是每个入射光子都能在 CCD 中产生一个电子—空穴对,CCD 的量子效率总是小于 1。

CCD 对于不同的入射光波具有不同的量子效率,这就是探测器的光谱响应。CCD 的长波长理论极限是由基底材料的禁带宽度决定的,其短波长的探测可能通过在 CCD 表面涂荧光层把紫外短波转变成可见光。图 7.3.4 所示为光谱响应特性,光从表面照射 CCD 时,由于电极对光的吸收和反射作用,使 CCD 对蓝光的灵敏度下降。采用背面入射的 CCD 由于光不通过电极,其短波灵敏度比较高而且谱响应比较宽,但这种 CCD 的厚度要减薄到 10 微米左右,使之价格比较高,一般用于需要高端的科学探测仪器。

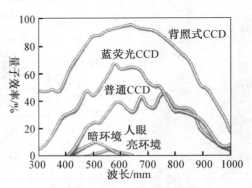

图 7.3.4　光谱响应特性

3) 暗电流

CCD 器件光敏单元在没有光信号输入时,仍有少数载流子聚集在电极下形成转移电流,这种电流称之为暗电流。暗电流是由于热激发产生的电子—空穴对,会对光信号电荷产生影响。暗电流的产生是不均匀的,通常以平均暗电流密度来表征暗电流大小,一般 CCD 的平均暗电流密度为每平方厘米几到几十纳安。由于暗电流是热激发造成的,其大小与温度密切相关,温度越低,其暗电流越小。好的 CCD 在液氮温度下每小时每个单元产生小于一个以下的电子—空穴对。

4) 动态范围

动态范围是指 CCD 阵列整体接受光信号时,能检测出的最强信号与最弱信号之比。动态范围越大,所成的图像颜色层次细节越多。目前 CCD 最大的动态范围可达 18 位,即最强信号与最弱信号之比可达 $2^{18}:1$。

7.3.2　CCD 应用

CCD 固体图像传感器作为一种能有效实现动态非接触测量的传感器,被广泛应用于物体尺寸、位移、表面形状、温度以及图形文字识别、图像检测等领域。

利用 CCD 对尺寸检测按原理可分为三种:衍射法、投影法和光学成像法。这三种测量方法分别适合不同的尺寸物体。

对于检测尺度等于或略大于波长量级的微隙、细丝或小孔,一般采用衍射法,衍射法需要相干性较好的光源,一般可采用具有良好单色性和方向性的 He - Ne 激光器。当激光照射到细丝或小孔时,在远处$(L \geqslant \frac{a^2}{\lambda})$就会得到夫琅和费衍射图像,用 CCD 可以直接测量出衍射图像两暗纹之间的间距 d,如图 7.3.5 所示。根据夫琅和费衍射理论及互补定理可得衍射暗纹间距与细丝直径的关系式为

$$a = \frac{L\lambda}{d} = \frac{L\lambda}{Nl} \tag{7.3.1}$$

式中:L 为细丝到 CCD 的距离;λ 为入射激光波长;a 为被测细丝的直径;N 为两个暗纹之间的像素个数;l 为像素间距。

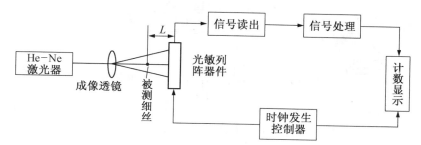

图 7.3.5　细丝直径检测系统原理

　　投影法适合小尺寸物体或者对物体边缘进行测量的情形,当一束平行光照射到被测物体后再投射到 CCD 时,物体的阴影也同时投射到 CCD 上,若光的准直度很好,其阴影的尺寸就代表了待测物体的尺寸。只要利用 CCD 计算出阴影部分尺寸,就可获得待测物体的尺寸。此种测试方法的精度取决于平行光的准直度和 CCD 像素的大小。投影法测量在工业上的一些应用,如图 7.3.6 所示。

(a) 宽度测量　　　　(b) 外径测量　　　　(c) 主轴径向跳动测量

图 7.3.6　投影法测量的应用

　　光学成像法测量物体尺寸的范围非常宽,通过光学系统,物体在 CCD 上成一个放大或缩小的实像,CCD 测得像的大小再除以光学系统的放大倍率便可获得物体的尺寸,这种方法可以实现零件尺寸的在线自动检测。这种自动检测需要自动识别零件或物体的边缘,对于颜色比较丰富的物体或物体与背景颜色相近的情形,物体的边缘识别往往比较困难,因此测量时需要被测物体颜色单一而且与背景有较强的对比。图 7.3.7 所示为基于线阵式 CCD 的零件尺寸在线检测系统。

　　利用线阵 CCD 的自扫描特性,可以把图像扫描成数字图像,再结合电脑的信号处理功能实现对文字及图形识别,这种系统广泛应用于需要文字自动识别的场合或者需要特性识别的安检设备中,如邮政编码自动识别系统、指纹识别系统等。图 7.3.8 所示为邮政编码识别系统,系统通过 CCD 把邮编图像扫描入计算机,通过软件对邮编图像进行数字识别,根据

识别出的数字,计算机控制分类机构把信件送入相应的分类箱中。类似系统还可用于货币识别和分类、商品条形码识别等。

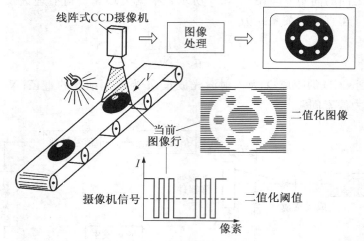

图 7.3.7　基于 CCD 的零件尺寸在线检测系统

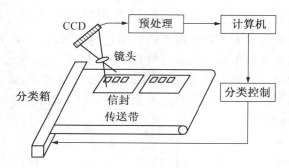

图 7.3.8　CCD 邮政编码识别系统

7.4　光纤传感器

光纤传感器是伴随着光通信技术发展而逐步发展起来的,它是一种把光纤技术与光电技术相结合的新型传感器。光纤传感器与传统传感器相比具有一系列优点:高精度、高灵敏度、易于实现长距离低损耗传输、易弯曲、体积小、防水、耗电小、抗电磁干扰等优点,使其越来越受到人们的关注。

7.4.1　光纤传感器工作原理

1. 光纤及其传光原理

光纤是由"纤芯"和"包层"两层介质结构的同心圆柱体组成,如图 7.4.1 所示,其纤芯折射率较高,包层折射率略低于纤芯,它能使光约束在光纤内部沿着光纤传播。为了增加光纤的机械张力,防止腐蚀,在包层外加覆一层保护层。由许多根光纤组成的光

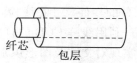

图 7.4.1　光纤结构

纤束称为光缆。

　　光在同一种均匀介质是直线传播的,当入射到不同介质界面就可能会产生折射和反射。当光从折射率(n_1)较大的光密介质入射到折射率(n_2)较低的光疏介质时,其折射光线遵从折射定理:

$$n_1 \sin\theta_1 = n_2 \sin\theta_2 \tag{7.4.1}$$

　　显然,当$\dfrac{n_1 \sin\theta_1}{n_2} \geqslant 1$时,$\theta_2$为90°或无实数值,则光不能透射到光疏介质中而全被反射到光密介质中。当θ_1达到θ_c使$\theta_2 = 90°$时,称此时入射角θ_c为全反射的临界角。此时$\sin\theta_c = \dfrac{n_2}{n_1}$。

　　如图 7.4.2 所示,光从光纤端面射入,其端面入射角必须使得光在纤芯和包层界面的入射角θ_1大于θ_c,光才不会从纤芯入射到包层中。可以证明,若要使$\theta_1 \geqslant \theta_c$,光在端面的入射角必须小于$\theta_{ic}$,其值满足:

$$\sin\theta_{ic} = \frac{\sqrt{n_1^2 - n_2^2}}{n_0} \tag{7.5.2}$$

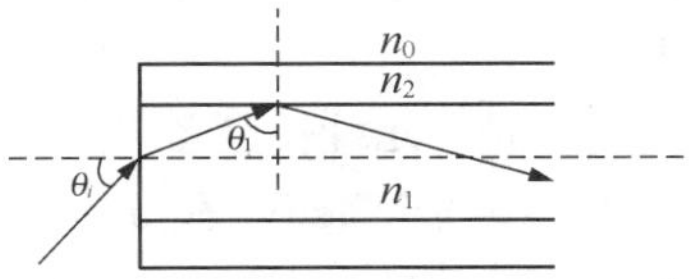

图 7.4.2　光纤导光原理

　　由上面分析可知,当光从光纤端面入射时,只有入射角$\theta_i \leqslant \theta_{ic}$的那部分光才可能在进入光纤后,沿着光纤传输,其余光线会在包层中损耗掉。显然θ_{ic}角越大,进入纤芯可能传输的光越多。外部介质为空气,所以其折射率$n_0 = 1$。在光纤光学中,定义 $\sin\theta_{ic}$ 为数值孔径(NA)。它是光纤的一个重要参数,反映光纤的收集光能力,值越大,收集光的能力也越强,光越容易耦合入光纤。

　　由于光波是一种电磁波,在纤芯与包层界面来回反射的光自己与自己会发生干涉,只有当干涉相位差为2π的整数倍时,光才能沿着光纤传播,并形成稳定径向场分布,这种状态称之为光纤的导模。对特定波长的光波和特定的光纤,只存在有限个数的光波才能满足干涉相位差为2π的整数倍$(0,1,\cdots)$。因此,即使入射的光满足界面的全反射条件,也只能存在有限个导模。一些纤芯很细($5\sim10\,\mu\mathrm{m}$)的光纤,在工作波长,只能传播一个模式,称为单模光纤,而可以传播多个模式的光纤称为多模光纤。

2. 光纤传感器的工作原理

　　光纤传感器是将被测量(温度、压力、电场、磁场等)转换成光的某些参数(光强、相位、波长等)的变化来进行测量的传感器,其基本原理是将光从光源经过光纤传到光调制器(敏感元件),在光被调制后,再经过光纤进入光探测器,最后经信号处理获得与被测量呈确定关系的电量,其结构如图 7.4.3 所示。

图 7.4.3　光纤传感器组成

7.4.2　光纤传感器分类

　　光纤传感器根据光纤在传感器中的作用,可以分为功能型光纤传感器和非功能型光纤传感器两种。功能型光纤传感器的光纤不仅仅起传光的作用,而且也作为敏感元件。利用光纤本身的传输特性受被测量作用而变化,从而使光纤中导波的参数被调制这一特性而制成的传感器,此类传感器的入射光纤和出射光纤连成一条。非功能型光纤传感器中的光纤不是敏感元件,它只起传光作用——把光从光源传输到敏感元件,再把敏感元件的光收集传输到探测器。为了得到较大的受光量和传输光功率,使用的光纤主要是数值孔径和芯径较大的多模光纤。这类光纤结构简单、可靠,技术上容易实现,但其灵敏度、精度一般低于功能型光纤传感器。

按照被调制的参数分类,光纤传感器可分为强度调制型、相位调制型、频率调制型、波长调制型和偏振态调制型五种类型。

强度调制型是光的振幅随被测量(通常是位移、弯曲、距离、损耗等)的变化来获得被测量值。

相位调制光纤传感器需要用到光的干涉技术,将光的相位变化转变为光强变化。干涉技术中常用的 Mach - Zehnder 干涉法是将光纤分为两根,一根光纤中的导波相位受外界光调制,而另一根作为参考光。测量时通过检测两根光纤出射光的干涉条纹变化来测出使相位变化的待测物理量。

频率调制型光纤利用单色光照射到运动物体上后,反射回来时,由于多普勒效应,其频率将发生变化,频移后光相对于原光波频率差为

$$\Delta f = \frac{v(\cos\varphi_2 - \cos\varphi_1)}{\lambda} \tag{7.4.3}$$

式中:φ_1 为出射光与目标物体运动方向的夹角,φ_2 为探测器接收到光与运动物体方向的夹角。采用光纤多普勒测量系统对研究流体流动特别有效,尤其是微小流量范围内的介质流动,如医学上血液流动的测量,能在不干扰流体流动情形下实现高精度测量。

波长调制型光纤传感器是利用被测量通过一定方式改变光纤中传输光的波长,测量波长的变化即可检测到被测量。光波长的调制方法主要有选频和滤波法,常用的在 F - P 腔干涉式滤光、光纤光栅滤光等。波长调制型光纤一般需要采用频带稍宽的光源并且需要对所探测的光作频谱分析。

偏振调制是指被测量能通过一定方式使光纤中光波的振动面发生规律性偏转或产生双折射,使光的偏振特性发生变化,通过检测光偏振态的变化可测出被测量。偏振调制型传感器要有起偏器(使光成为线偏振光)和检偏器(把偏振光的偏振方向转化成光强弱输出)。功能型偏振调制主要利用光纤的磁致旋光效应(磁场导致光纤内线偏振光的偏振方向发生偏转效应)、弹光效应(应力应变引起光纤双折射的效应)等物理效应来实现。

按光纤传感器的检测对象来分可以分为光纤位移传感器、光纤温度传感器、光纤振动传感器、光纤流速传感器、光纤陀螺等。

7.4.3 光纤传感器的应用

1. 光纤位移传感器

光纤位移传感器是结构比较简单的光纤传感器,常用的光纤位移传感器主要采用强度调制方式。如图 7.4.4 所示的结构为透射式偏移传感器,它是将两根同样芯径的光纤端面靠近并装配到一起,光从一根光纤输出通过空隙进入另一根光纤。如果两根光纤的中心轴

为同轴,光在连接处的损失很小,但当两根光纤产生错位时,其损耗就增加。多模光纤在芯径内传输的光能量密度分布是均匀的,因此光通量基本上与两根光纤的芯径交叠面的面积成比例。由于光纤光轴错开距离随物体位移 x 大小而变化,因此,光纤输出的光通量变化反应了光轴的错开距离,这就是透射式光纤端面偏移式传感器的工作原理。为了提高其线性度以及识别偏移方向,可以采用差动式结构,如图 7.4.4(b)所示。

(a) 端面偏移传感器　　　　　　　　　　(b) 差动式偏移传感器

图 7.4.4　光纤端面偏移式传感器

如图 7.4.5 结构所示,如果光纤端面附近存在一个反射物体,由光纤输出的光照射到物体光就会发生反射,其中一部分光又会进入光纤。当物体与光纤端面的距离发生变化,反射回光纤的光强就会发生相应的改变。因此,通过测出反射回光纤的光强,就能以非接触方式确定物体是否存在及其位移情形。这种传感器可使用两根光纤,分别用来发射和收集光,有的产品只用一根光纤来实现发射和收集光,一些产品为增加光通量或提高传感器特性使用多根光纤收集光。这就是反射式光纤位移传感器的原理,其测试精度取决于物体位移的反射率、光纤的芯径及光纤的排列形式。

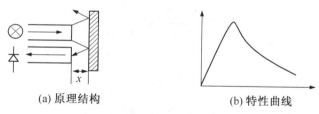

(a) 原理结构　　　　　　　　(b) 特性曲线

图 7.4.5　光纤位移传感器原理及特性曲线

对于这种位移式传感器,当光纤端面紧贴被测物体时,发射光纤中的光不能反射到接收光纤中,因此没有光电信号输出。当端面渐离物体反射面时,接收光纤端面被反射光照亮的区域逐渐变大,其输出信号与位移呈近似线性关系地快速增大,其灵敏度比较高,适合于用来进行微米级的位移测量。当整个接收光纤端面刚好被反射光照亮时,输出信号达到极大值。随着反射物体继续远离光纤端面,由于反射光一部分不能进入接收光纤,其信号输出逐渐减小。这一区域传感器的非线性较大,而且灵敏度较低,一般用于测量距离较远而且测量精度要求不高的场合。

因为输出信号的绝对值与被测表面反射率相关,为使灵敏度与反射率无关,往往对信号进行归一化处理,即通过测量信号极值点的大小对信号进行补偿处理。

2. 光纤温度传感器

（1）辐射式光纤温度传感器

辐射式温度计根据物体的热辐射定理而制成,通过测量被测物体的热辐射来获得物体温度的温度计。由于常温或高温物体的热辐射中心波长在红外或可见光波段,可以通过光纤把物体的热辐射传导到传感器上,从而可以实现远距离测量;通过多束光纤可以对物体实现多点及温度分布进行测量。由于 $400\sim1600℃$ 的黑体热辐射主要集中在近红外波段,而高纯度的石英光纤在 $1.1\sim1.7\mu m$ 波长其损耗非常小,非常适合于上述温度范围内的远距测量。图 7.4.6 所示为一光纤温度传感器示意图。

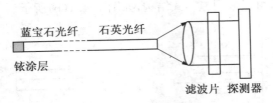

图 7.4.6   探针型温度传感器

(2)荧光发射型光纤温度传感器

荧光发射型温度传感器利用光纤把激发光照射荧光材料上,再用光纤把荧光传送到光电探测器上测量荧光强度,由于荧光发射谱与温度有关,通过测量荧光便可测量出环境温度。图 7.4.7 所示为利用 GaAs 为荧光材料的温度传感器,由于 GaAs 发出的 $0.83\sim0.9\mu m$ 范围内的荧光随着温度升高而强度减小,但对波长 $0.9\mu m$ 以上的荧光几乎不变,利用光纤器件对两种频率荧光进行分离,通过测定两者强度比便可求出温度,其测温精度可达 $0.1℃$。

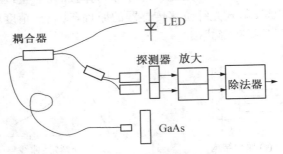

图 7.4.7   荧光发射型温度传感器

光纤温度传感器种类较多,除了上面两类外,还有利用半导体材料的光吸收随温度变化而变化的原理制成吸收型温度传感器、利用液体折射率随温度变化的光纤液体温度传感器以及单模光纤干涉温度传感器、串讯光纤温度传感器等,这些光纤传感器各有其优点和适用场合。

3. 光纤加速度传感器

图 7.4.8 所示为相位型光纤加速度传感器原理示意图,当框架纵向振动时,在惯性力的作用下重物与框架之间产生了相对位移,使光纤伸缩,从而导致光在 L_1 中传播的光程发生改变(即相位变化),在探测器上的干涉条纹会发生移动。通过测量干涉条纹的移动量,根据重物质量、光纤弹性模量及直径就可以检测框架的加速度。

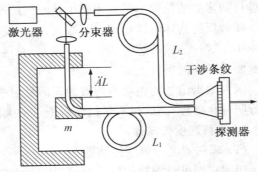

图 7.4.8   相位型光纤加速度结构原理图

7.5　光栅传感器

7.5.1　光栅传感器基本工作原理

计量光栅可分为透射式光栅和反射式光栅两大类,按形状又可分为长光栅和圆光栅。

1. 光栅

光栅是在透明的玻璃上刻有大量相互平行、等宽而又等间距的刻线。没有刻线的地方透光(或反光),刻线的地方不透光(或不反光)。如图 7.5.1 所示的是一块黑白型长光栅,刻线称作栅线,栅线的宽度为 a,缝隙宽度为 b,一般情况下,$a=b$。图中,$W=a+b$ 称为光栅栅距(也称光栅节距或光栅常数),它是光栅的一个重要参数。目前国内常用的光栅每毫米刻成 10、25、50、100、250 条等线条。对于圆光栅来说,除了参数栅距之外,还经常使用栅距角。栅距角是指圆光栅上相邻两刻线所夹的角。图 7.5.2 所示为光栅传感器实物图。

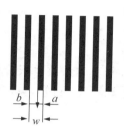

图 7.5.1　黑白型长光栅

图 7.5.2　光栅传感器实物

2. 光栅传感器的组成

光栅传感器测量位移是利用莫尔条纹原理来实现的。光栅传感器作为一个完整的测量装置包括光栅读数头、光栅数显表两大部分。光栅读数头利用光栅原理把输入量(位移量)转换成相应的电信号;光栅数显表是实现细分、辨向和显示功能的电子系统。

(1) 光栅读数头

光栅读数头主要由光源、透镜、主光栅、指示光栅及光电元件组成,如图 7.5.3 所示。其中,光源提供光栅传感器的工作能量(光能);透镜用来将光源发射的可见光收集起来,并将其转换成平行光束送到光栅副;主光栅类似长刻线标尺,也称为标尺光栅,它可运动(或固定不动);指示光栅固定不动(或运动),其栅距与主光栅相等。当

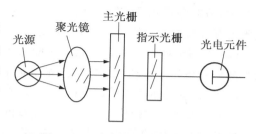

图 7.5.3　光栅传感器组成原理图

主光栅相对指示光栅移动时,透过光栅副的光在近似于垂直栅线的方向做明暗相间的变化,形成莫尔条纹,再利用光电接收元件将莫尔条纹亮暗变化的光信号转换成电脉冲信号。

(2) 光栅数显表

光栅读数头实现了位移量由非电量转换为电量,位移是向量,因而对位移量的测量除了确定大小之外,还应确定其方向。为了辨别位移的方向,进一步提高测量的精度以及实现数

字显示的目的,必须把光栅读数头的输出信号送入数显表作进一步的处理。光栅数显表由整形放大电路、细分电路、辨向电路及数字显示电路等组成。

7.5.2 莫尔条纹及其特点

1. 莫尔条纹

形成莫尔条纹必须有两块光栅组成:主光栅作标准器,指示光栅作为取信号用。将两块光栅(主光栅、指示光栅)相叠合,中间留有很小的间隙,并使两者栅线有很小的夹角 θ,于是在近于垂直栅线方向上出现明暗相间的条纹,如图 7.5. 4 所示。在 $a-a'$ 线上两光栅的栅线彼此重合,光线从缝隙中通过,形成亮带;在 $b-b'$ 线上,两光栅的栅线彼此错开,形成暗带。这种明暗相间的条纹称为莫尔条纹。莫尔条纹方向与刻线方向垂直,故又称横向莫尔条纹。

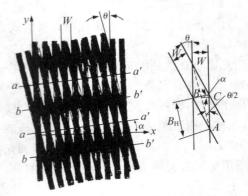

图 7.5.4 莫尔条纹原理图

2. 莫尔条纹特点

莫尔条纹测位移具有以下三个方面的特点:

(1) 位移的放大作用。当光栅每移动一个光栅栅距 W 时,莫尔条纹也跟着移动一个条纹宽度 B_H,如果光栅作反向移动,条纹移动方向也相反。由图 7.5.4 可知,莫尔条纹的间距 B_H 与两光栅栅线间夹角 θ 之间的关系为

$$B_H = AB = \frac{BC}{\sin\frac{\theta}{2}} = \frac{W}{2\sin\frac{\theta}{2}} \approx \frac{W}{\theta} \tag{7.5.1}$$

式中:B_H 为相邻两莫尔条纹间的间距;W 为光栅栅距;θ 为两光栅线纹夹角。

由式(7.5.1)可知,莫尔条纹的宽度 B_H 由光栅栅距 W 和两光栅栅线间夹角 θ 决定,对于给定光栅栅距 W 的两光栅,θ 越小,B_H 越大,这相当于把栅距放大了 $1/\theta$。例如 $\theta = 0.1°$,则 $1/\theta \approx 573$,即莫尔条纹宽度 B_H 是栅距 W 的 573 倍,这相当于把栅距放大了 573 倍,说明光栅具有位移放大作用,从而提高了测量的灵敏度。

(2) 与运动的对应关系。如主光栅沿着刻线垂直方向向右移动时,莫尔条纹将沿着指示光栅的栅线向上移动;反之,当主光栅向左移动时,莫尔条纹沿着指示光栅的栅线向下移动。因此,根据莫尔条纹移动方向就可以对主光栅的运动进行辨向。

(3) 误差的平均效应。光电元件接收的并不只是固定一点的条纹,而是在一定长度范围内所有刻线产生的条纹,这样对于光栅刻线的误差起到了平均作用。也就是说,刻线的局部误差和周期误差对于测量精度的影响可以减小,因此,就有可能得到比光栅本身的刻线精度高的测量精度,这是用光栅测量和普通标尺测量的主要差别。

7.5.3 辨向原理和细分技术

1. 辨向原理

采用图 7.5.3 中一个光电元件的光栅读数头,无论主光栅作正向(向右)还是反向(向

左)移动,莫尔条纹都做明暗交替变化,光电元件总
是输出同一规律变化的电信号,此信号不能辨别运
动方向。为了解决这个问题,需要有两个具有相位
差的莫尔条纹信号同时输入才能辨别移动方向。

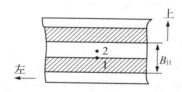

通常在相隔 $B_H/4$ 间距的位置处设置两个光电元
件 1 和 2,如图 7.5.5 所示,当条纹移动时,得到两

图 7.5.5 相隔 $B_H/4$ 间距的两个光电元件

相位差 $\pi/2$ 的正弦电信号 u_1 和 u_2,是滞后还是超前决定于光栅运动方向。然后将 u_1 和 u_2
送到辨向电路中处理,如图 7.5.6 所示。

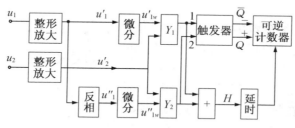

图 7.5.6 辨向电路原理图

当主光栅正向(右)移动时,莫尔条纹向上移动,这时光电元件 2 的输出电压波形如图
7.5.7(a)中曲线 u_2 所示。光电元件 1 的输出电压波形如图中曲线 u_1 所示,显然 u_1 超前
$u_2\pi/2$。u_1'' 是 u_1' 反相后得到的方波。u_{1w}' 和 u_{1w}'' 是 u_1' 和 u_1'' 两个方波经微分电路后得到
的波形。由图 7.5.7(a)可见,对于与门 Y_1,由于 u_{1w}' 处于高电平时,u_2' 总是处于低电平,因
此 Y_1 输出为零;对于与门 Y_2,u_{1w}'' 处于高电平,u_2' 总是处于高电平,因此与门 Y_2 有信号输
出。使加减控制触发器置 1,可逆计数器做加法计数。主光栅反向(左)移动时,莫尔条纹向
下移动。这时光电元件 2 的输出电压波形如图 7.5.7(b)中曲线 u_2 所示,光电元件 1 的输出
电压波形如图中曲线 u_1 所示。显然 u_2 超前 $u_1\pi/2$,与正向移动时情况相反。整形放大后的
u_2' 仍超前 $u_1'\pi/2$。同样,u_1'' 是 u_1' 反相后得到的方波,u_{1w}' 和 u_{1w}'' 是 u_1' 和 u_1'' 两个方波经
微分电路后得到的波形。由图 7.5.7(b)可见,对于与门 Y_1,u_{1w}' 处于高电平时,u_2' 总是处
于高电平,因而 Y_1 有输出。而对于与门 Y_2,u_{1w}'' 处于高电平时,u_2' 却处于低电平,Y_2 无输
出值,因此加减控制器置零,将控制可逆计数器做减法计数。

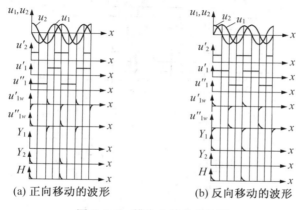

(a) 正向移动的波形　　　　　(b) 反向移动的波形

图 7.5.7 辨向电路各点波形

正向移动时脉冲数累加,反向移动时便从累加的脉冲数中减去反向移动所得到的脉冲数,这样光栅传感器即可辨向,因而可以进行正确的测量。

2. 细分技术

在前面讨论的光栅测量原理中可知,以移过的莫尔条纹的数量来确定位移量,其分辨率为光栅栅距。为了提高分辨率和测量比栅距更小的位移量,可采用细分技术。所谓细分,就是在莫尔条纹信号变化一个周期内,发出若干个脉冲,以减小脉冲当量,如一个周期内发出 n 个脉冲,即可使测量精度提高到 n 倍,而每个脉冲相当于原来栅距的 $1/n$。由于细分后计数脉冲频率提高到了 n 倍,因此也称之为 n 倍频。细分方法有机械细分和电子细分两类。

（1）机械细分

机械细分常用的细分数为 4,四细分可用 4 个光电元件依次安装在相距 $B_H/4$ 的位置上,如图 7.5.8(a)所示。这样可以获得依次有相位差 $\pi/2$ 的 4 个正弦交流信号。用鉴零器分别鉴取 4 个信号的零电平,即在每个信号由负到正过零点时发出一个计数脉冲,如图 7.5.8(b)。这样,在莫尔条纹变化的一个周期内将依次产生 4 个计数

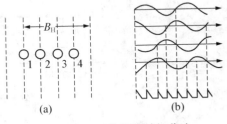

图 7.5.8　四倍频机械细分法

脉冲,实现了四细分。机械细分的优点是对莫尔条纹信号波形要求不严、电路简单,可用于静态和动态测量系统。缺点是由于光电元件安放困难,细分数不能太高。

（2）电子细分

电子细分包括四倍频细分、电阻电桥细分法和电阻链细分法（电阻分割法）等。下面介绍电子细分法中常用的四倍频细分法,这种细分法是其他细分法的基础。

由上述辨向原理可知,在相差 $B_H/4$ 位置上安装两个光电元件,得到两个相位相差 $\pi/2$ 的正弦交流电信号。若将这两个信号反相就可以得到四个依次相差 $\pi/2$ 的信号,它们分别经 RC 微分电路,得到尖脉冲信号。在计数器的输出端能得到四个计数脉冲,每一个脉冲表示的是 $1/4$ 栅距的位移,如图 7.5.9 所示。这种电路结构复杂,细分数不高。

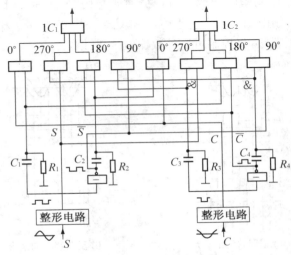

图 7.5.9　四倍频细分电路

思考题与习题

1. 光电管、光敏电阻、光电池是根据什么原理工作的?

2. 用光电式转速传感器量转速,已知测量孔数为 60,频率计的读数为 4000Hz,问转轴的转速是多少?

3. 与伺服电动机同轴安装的增量型光电编码器每转脉冲数为 1024,该伺服电动机与螺距为 8mm 的滚珠丝杠通过联轴器直连,在 4ms 内,光电编码器输出脉冲信号经 4 倍频细分后,共计脉冲数为 0.5K(1K＝1024)。问:工作台位移了多少? 伺服电动机的转速为多少? 伺服电动机的旋转方向是怎样判别的?

4. 用 CCD 对流水线上的圆柱形的零件直径进行自动测量,测得零件图像两边缘最大距离为 500 个像素,若线阵 CCD 像素数为 2048,相邻像素中心距为 14μm,光学系统的放大倍率为 0.2,则零件的实际直径为多少?

5. 光纤传感器相对于普通的光电传感器有哪些优点?

6. 透射式光栅传感器的莫尔条纹是怎样形成的? 它有哪些特性?

7. 简述光栅辨向原理。

8. 简述光栅细分技术。常用的细分方法有哪些?

第8章　温度检测

温度是一个很重要的物理量,自然界中许多物理、化学过程都与温度紧密联系。在国民经济各部门,如电力、化工、机械、冶金、农业、医学等以及人们的日常生活中,温度检测与控制是十分重要的。温度是表征物体冷热程度的物理量。从热平衡观点来看,温度是描述热平衡系统冷热程度的物理量;从分子物理学理论看,温度反映了物体中分子无规则运动的程度。

检测温度的传感器或敏感元件很多,本章在简单介绍温标及测温方法的基础上,重点介绍热电阻式温度传感器、热电偶温度传感器以及非接触式温度传感器的测温原理及应用。

8.1　概　述

8.1.1　温　标

为了保证温度量值的统一,必须建立一个用来衡量温度高低的标准尺度,这个标准尺度称为温标,它规定了温度的读数起点(零点)和测量温度的基本单位。

1. 经验温标

借助于某一种物质的物理量与温度变化的关系,用实验的方法和经验公式所确定的温标称为经验温标。目前常用的有摄氏温标、华氏温标。

(1) 摄氏温标

摄氏温标是 1742 年由瑞典天文学家摄尔修斯(Anders Celsius)发明的。摄氏温标规定:在标准大气压下,冰的熔点为 0 度,水的沸点为 100 度,中间划分 100 等分,每等分为摄氏 1 度,单位符号为℃。

(2) 华氏温标

1714 年,德国物理学家华伦海脱(Daniel Gabriel Fahrenheit)以氯化铵与冰水混合物的温度为零华氏度,把人体正常温度定为 96 华氏度,中间分为 96 等分。后来作了调整,华氏温标规定:在标准大气压下,冰的熔点为 32 度,水的沸点为 212 度,中间划分 180 等分,每等分为华氏 1 度,单位符号为℉。

华氏与摄氏的换算关系为

$$F=(9/5)C+32 \tag{8.1.1}$$

式中：F 为华氏温度值；C 为摄氏温度值。

不论是华氏温标，还是摄氏温标，均是用水银作为温度计的测温介质，依据液体受膨胀的原理来建立温标和制造温度计的，所以经验温标是以测温物质的性质确定的，"经验温标"在科学性和理论性上有一定缺陷。

2. 热力学温标

1848 年，英国物理学家开尔文（Kelvin）首先以热力学第二定律为基础建立温度仅与热量有关，而与测量物质无关的热力学温标，热力学温标所确定的温度数值称为热力学温度，也称绝对温度，用符号 T 表示，单位为开尔文（K）。由于热力学中的卡诺热机是一种理想的机器，实际上能够实现卡诺循环的可逆热机是没有的，是不可能实现的温标。

3. 国际实用温标

为了解决国际上温度标准的统一及实用问题，国际标准化组织协商决定，建立一种既能体现热力学温度，又使用方便、容易实现的温标，这就是国际实用温标。几十年来，国际温标经过几次修改，如 1948 年国际温标（ITS - 48），1968 年国际实用温标（IPTS - 68）和现在使用的 1990 年国际温标（ITS - 90），我国自 1994 年 1 月 1 日起全面实施 ITS - 90 国际温标。

8.1.2　温度检测的主要方法和分类

根据敏感元件与被测介质是否接触，温度传感器可分为接触式和非接触式两大类。接触式测量是测温敏感元件直接与被测介质接触，被测介质与测温敏感元件进行充分热交换，使两者具有同一温度，达到测量的目的。非接触式测量其测温敏感元件不与被测介质接触，它是利用物体的热辐射原理，通过辐射和对流实现热交换，对物体的温度进行检测。常用的测温方法、类型及特点见表 8.1.1。

表 8.1.1　主要温度检测方法及特点

测温方式	温度计与传感器	测温范围/℃	主要特点
接触式	热膨胀式： ① 液体膨胀式（玻璃管温度计） ② 固体膨胀式（双金属温度计）	−100～600 −80～600	结构简单、价廉，一般用于直接读数
	压力式： ① 气体式 ② 液体式	−100～500	耐振、价廉、准确度不高、滞后性大，可转换成电信号
	热电偶	−200～1800	种类多、结构简单、感温部分小，广泛应用于高温测量
	热电阻： ① 金属热电阻 ② 半导体热敏电阻	−260～800 −50～300	种类多、精度高、感温部分较大 体积小、响应快、灵敏度高
	集成温度传感器	−55～150	体积小、反应快、线性好、价格低等
非接触式	辐射式温度计： ① 光学高温计 ② 比色高温计 ③ 红外光电温度计	−20～3500	不干扰被测温度场，可对运动体测温，响应较快。测温计结构复杂、价格高，精度一般不高

8.2   热电阻传感器

热电阻传感器是利用导体或半导体的电阻率随温度变化而变化的原理制成的,实现了将温度变化转化为元件电阻的变化。热电阻广泛用来测量－200～＋850℃范围内的温度,少数情况下,低温可测量至 1K,高温达 1000℃。热电阻传感器按其制造材料来分,分为金属热电阻和半导体热电阻两大类,一般把金属热电阻称为热电阻,而把半导体热电阻称为热敏电阻。

8.2.1   金属热电阻

1. 常用热电阻类型

(1) 铂热电阻

铂热电阻传感器的制造材料是金属铂,其特点是精度高、稳定性好、性能可靠,所以在温度传感器中得到广泛应用。按 IEC 标准,铂热电阻的使用温度范围为－200～＋850℃。

铂热电阻的电阻值与温度之间的关系,在－200～0℃的范围内为

$$R_t = R_0[1 + At + Bt^2 + C(t-100)t^3] \tag{8.2.1}$$

在 0～850℃的温度范围内为

$$R_t = R_0(1 + At + Bt^2) \tag{8.2.2}$$

式(8.2.1)和式(8.2.2)中,R_t 为温度为 t℃时铂电阻值;R_0 为温度为 0℃时铂电阻值;$A = 3.90802 \times 10^{-3}$(℃$^{-1}$),$B = -5.802 \times 10^{-7}$(℃$^{-2}$),$C = -4.27350 \times 10^{-12}$(℃$^{-4}$)。

由式(8.2.1)和式(8.2.2)可见,热电阻在温度 t 时的电阻值与 R_0 有关,温度 t 和电阻值 R_t 是呈非线性的。目前国家标准规定工业用铂热电阻有 $R_0 = 10\Omega$ 和 $R_0 = 100\Omega$ 两种,它们的分度号分别为 Pt10 和 Pt100,其中以 Pt100 为常用。铂热电阻不同分度号亦有相应分度表,即 $R_t—t$ 的关系表,这样在实际测量中,只要测得热电阻的阻值 R_t,便可从分度表上查出对应的温度值。Pt100 的分度表见附录 1。

(2) 铜热电阻

由于铂是贵重金属,因此,在一些测量精度要求不高且温度较低的场合(－50～＋150℃),可采用铜热电阻进行测温,铜电阻具有温度系数大,容易加工和提纯,线性较好,价格便宜等优点。其缺点是,电阻率较小,因而体积较大,热惯性较大,当温度超过 100℃时容易被氧化,不宜在腐蚀性介质中使用。

铜热电阻在测量范围内其电阻值与温度的关系几乎是线性的,可近似地表示为

$$R_t = R_0(1 + \alpha t) \tag{8.2.3}$$

式中:R_t 为温度为 t℃时铜电阻值;R_0 为温度为 0℃时铜电阻值;α 为铜热电阻的电阻温度系数,取 $\alpha = 4.28 \times 10^{-3}$/℃。铜热电阻的两种分度号为 Cu50($R_0 = 50\Omega$)和 Cu100($R_0 = 100\Omega$),分度表见附录 2。

2. 热电阻的结构

热电阻的结构比较简单,一般将电阻丝绕在云母、石英、陶瓷、塑料等绝缘骨架上,经过

固定,外面再加上保护套管,如图 8.2.1 所示。普通工业用热电阻传感器由热电阻、绝缘管、保护套管、引线和接线盒等部分组成,如图 8.2.2 所示。

图 8.2.1 热电阻结构示意图
1-骨架;2-电阻丝;3-保护套管;4-引线端

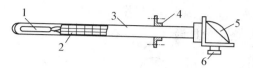

图 8.2.2 工业用热电阻传感器结构示意图
1-热电阻;2-绝缘管;3-保护管;4-安装固定件;5-接线盒;6-引线口

8.2.2 半导体热敏电阻

1. 热敏电阻的类型

热敏电阻是利用半导体的电阻率随温度变化特性制成的测温元件。一般测温范围在 $-100 \sim 300 \, ℃$。大量用于各种温度测量、温度补偿及要求不高的温度控制等场合。

热敏电阻按温度系数可分为三种类型:正温度系数型 PTC(随温度的升高电阻增大的热敏电阻)、负温度系数型 NTC(随温度的升高电阻减小的热敏电阻)以及在某一定温度下电阻值会发生突变的临界温度电阻器 CTR。热敏电阻的温度特性曲线如图 8.2.3 所示。

(1) PTC 热敏电阻

PTC 热敏电阻是用 $BaTiO_3$ 掺入稀土元素使之半导体化而制成的,呈正温度系数特性。如图 8.2.3 所示的 *PTC* 曲线,从曲线可以看出,当温度超过某一点时,电阻值产生阶跃式的变化,其属于开关型的热敏电阻,因而可以用来作为温度控制元件。

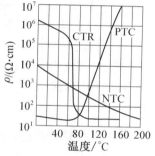

图 8.2.3 NTC、PTC、CTR
的温度特性曲线

(2) NTC 热敏电阻

NTC 热敏电阻主要由 Mn、Co、Ni、Fe 等金属氧化物烧结而成。通过不同的材质组合,能得到不同的温度特性。如图 8.2.3 所示的 *NTC* 曲线,NTC 的温度特性呈负的温度系数,可用于温度的连续测量、控制以及温度补偿等。

(3) CTR 热敏电阻

CTR 热敏电阻是一种具有负温度系数的开关型热敏电阻,当温度在某一点附近,电阻值会突然减小,具有很好的开关特性,常用于温度控制元件。

2. 热敏电阻的特点

(1) 热敏电阻的优点

热敏电阻和热电阻及其他接触式感温元件相比具有下列优点:

① 灵敏度高,其灵敏度比热电阻要大 1～2 个数量级;由于灵敏度高,可大大降低后面调理电路的要求;

② 标称电阻有几欧姆到十几兆欧姆之间的不同型号和规格,因而不仅能很好地与各种电路匹配,而且远距离测量时几乎无需考虑连线电阻的影响;

③ 体积小(最小珠状热敏电阻直径仅 0.1～0.2mm),可用来测量“点温”;

④ 热惯性小,响应速度快,适用于快速变化的测量场合;

⑤ 结构简单、坚固，能承受较大的冲击、振动，采用玻璃、陶瓷等材料密封包装后，可应用于有腐蚀性气氛的恶劣环境；

⑥ 资源丰富，制作简单，可方便地制成各种形状(见图 8.2.4)，易于大批量生产，成本和价格十分低廉。

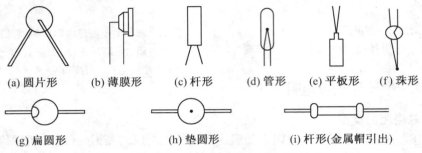

(a) 圆片形　　(b) 薄膜形　　(c) 杆形　　(d) 管形　　(e) 平板形　　(f) 珠形

(g) 扁圆形　　　　　　(h) 垫圆形　　　　　　(i) 杆形(金属帽引出)

图 8.2.4　各类热敏电阻的外形及结构

(2) 热敏电阻的主要缺点

① 阻值与温度的关系为非线性。

② 元件的一致性差，互换性差。

③ 元件易老化，稳定性较差。

④ 除特殊高温热敏电阻外，绝大多数热敏电阻仅适合 0～150℃ 范围的温度测量，使用时必须注意。

8.2.3　热电阻传感器应用

1. 金属热电阻的应用

由于热电阻是将温度信号转换成电阻信号，热电阻传感器的测量电路常用测量电桥将电阻信号转换成电压信号来测量。热电阻引线方式有两线制、三线制和四线制三种。

(1) 两线制

两线制接法是在热电阻 R_t 的两端各连一根导线的引线形式，两根引线的长度相等，阻值都是 r，如图 8.2.5 所示，R_1、R_2、R_3 为固定电阻，U_s 为稳压电源，U_o 为输出电压。从图中可以看出热电阻两引线电阻和热电阻 R_t 一起构成电桥测量臂，这样引线电阻 r 因沿线环境温度改变引起的阻值变化量 $2\Delta r$ 和因被测温度变化引起热电阻 R_t 的增量值 ΔR_t 一起成为有效信号被转换成测量信号，从而影响温度测量精度。这种引线方式简单、费用低，但是引线电阻以及引线电阻的变化会带来附加误差。因此，两线制适用于引线不长、测温精度要求较低的场合。

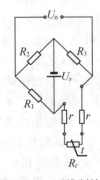

图 8.2.5　两线制接法

(2) 三线制

三线制接法是在热电阻 R_t 的一端连接两根引线，另一端连接一根引线的引线形式，三根引线的长度相等，阻值都是 r，如图 8.2.6 所示，其中一根串联在电桥的电源上，另外两根分别串联在电桥的相邻两臂中，这样把连接导线随温度变化的电阻值加在相邻的两个桥臂上，则其变化对测量的影响就可相互抵消。这种引线方式可以较好地减小引线电阻的影响，提高测量精度。工业用热电阻安装在生产现场,而其指示或记录仪表安装在控制室,其间的引线很长,为减少导线电阻对测温的影响,工业热电阻多采用三线制接法。

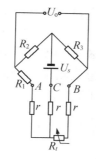

图 8.2.6 三线制接法

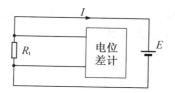

图 8.2.7 四线制接法

（3）四线制

在热电阻两端各连接两根引线称为四线制,如图 8.2.7 所示。这种引线方式主要用于高精度温度检测。其中两根引线为热电阻提供恒流源 I,在热电阻上产生的压降通过另两根引线,引至电位差计进行测量。这种接法不仅可以消除热电阻与测量仪表之间引线电阻的影响,而且可以消除测量线路中寄生电势引起的测量误差,多用于标准计量或实验室中。

2. 热敏电阻的应用

由于热敏电阻具有许多优点,所以应用广泛,可用于温度测量、温度控制、温度补偿、稳压稳幅、过热保护等场合。

NTC 广泛应用于通信、军事、航空、航天、医疗、汽车电子、自动化设施的温度计、控温仪表等装置。PTC 也可以用于工业自动化、汽车等领域。PTC、CTR 虽然不能作为宽范围温度的连续测量,但是检测是否超过特定温度(电阻急剧变化)是很方便的。例如,PTC 上流过电流就发热,若超过骤变温度,电阻就变大,电流变小而不发热,所以装在恒温器上能保持一定的内部温度;装在干燥器上使其起到温度开关的作用。

（1）温度测量

NTC 热敏电阻广泛用于温度测量,如同金属热电阻,常用电桥接法,将电阻信号转换成电压信号来测量。用于测量温度的热敏电阻一般结构较简单,价格较低廉。没有外面保护层的热敏电阻只能应用在干燥的地方;密封的热敏电阻不怕湿气的侵蚀,可以在较恶劣的环境下使用。由于热敏电阻的阻值较大,故其连接导线的电阻和接触电阻可以忽略,使用时采用二线制即可。

（2）温度补偿

仪表中通常用的一些零件,多数是用金属丝制成的,例如线圈、绕线电阻等,金属电阻一般具有正的温度系数,采用负温度系数进行补偿,可以抵消由于温度变化所产生的误差。实际应用时,将负温度系数的热敏电阻与锰铜丝电阻并联后再与补偿元件串联,如图 8.2.8 所示。

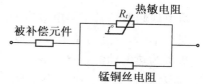

图 8.2.8 仪表中电阻温度补偿

（3）过热保护

下面介绍 NTC 在电动机保护装置中的应用。电动机过热保护装置电路原理图如图

8.2.9 所示。图中 7812 为三端稳压器,1 端输入,2 端接地,3 端输出,输出电流 1A,输出电压 12V。把三只特性相同的负温度系数热敏电阻 R_{t1}、R_{t2} 和 R_{t3} 放置在电动机内绕组旁,紧靠绕组,每相各放置一只,用万能胶固定,R_{t1}、R_{t2} 和 R_{t3} 可以选择如 RRC6 型小型热敏电阻。经过测试,阻值在 20℃ 时为 10kΩ;100℃ 时为 1kΩ;110℃ 时为 0.6kΩ。当电动机正常运转时,温度较低,热敏电阻阻值较高,三极管 T_1 截止,继电器 K 不动作。当电动机过负荷,或断相,或一相通电时,电动机温度急剧上升,热敏电阻阻值急剧减小,小到一定值时三级管 T_1 完全导通,继电器 K 动作,使 K 闭合,红灯亮,从而起到保护的作用。

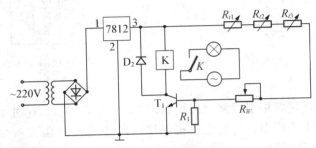

图 8.2.9　电动机过热保护装置电路原理

　　热敏电阻除了用于温度传感器外,还可以用于因放热状态的变化而引起电阻变化的测谎器、风速传感器、微流速传感器、气体传感器、湿度传感器等。

　　(1) 测谎器。① 电极贴在身体某处并施加电压,说假话时出冷汗,因而皮肤表面电阻变小,电流变大。② 身体的其他反应,用热敏电阻可检测出说谎时呼吸加速、变粗,呼气和吸气的间隔变化等,从而可以测出是否说假话。

　　(2) 汽车油箱残余燃料量报警。可以告知汽车油箱中的汽油只剩下某个下限值(例如 10L),若在临界点液面附近固定热敏电阻,那么汽油多于 10L 时热敏电阻浸泡在汽油中而处于冷却状态,而汽油在 10L 以下时,热敏电阻露出到空气中,温度上升,电流增大,打开报警器,从而实现油箱需加油报警。

8.3　热电偶

8.3.1　热电偶测温原理

　　热电偶测温是基于热电效应的原理。当两种不同的导体 A 和 B 组成闭合回路时,若两接点温度不同,分别为 T 和 T_0,则在该电路中会产生电动势,这种现象称为热电效应,产生的电势称为热电动势。热电偶的结构图如图 8.3.1 所示,两种材料的组合称为热电偶,材料 A 和 B 称为热电极;两个接点,接点 T 端称为测量端,或热端,或工作端;另一个接点 T_0 端称为参考端,或冷端,或自由端。热电偶回路产生的电动势由两部分组成:其一是两种导体的接触电势;其二是单一导体的温差电势。

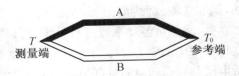

图 8.3.1　热电偶结构图

1. 接触电势

我们知道,不同导体的自由电子密度是不同的。当两种导体 A、B 接触时,由于材料不同,其自由电子密度不同,在接触面上会发生电子扩散现象。设导体 A、B 的电子密度分别为 N_A、N_B,且 $N_A > N_B$。则在接触面上由 A 扩散到 B 的电子比由 B 扩散到 A 的电子多,从而 A 侧失去电子带正电;B 侧得到电子带负电,在接触面处形成一个 A 到 B 的静电场,如图 8.3.2 所示。这个电场阻碍了电子的继续扩散,当达到动态平衡时,接触面形成一个稳定的电位差,即接触电势 $e_{AB}(T)$,注脚 A 表示正电极金属,B 表示负电极金属,如果下标次序改为 BA,则 e 前面的符号应相应地改变,即 $e_{AB}(T) = -e_{BA}(T)$。

2. 温差电势

对于单一导体 A 来说,如果两端温度分别为 T、$T_0(T > T_0)$,由于高温端 (T) 的电子能量比低温端 (T_0) 的电子能量大,因而从高温端跑到低温端的电子数比从低温端跑到高温端的电子数要多,结果高温端失去自由电子带正电荷,低温端得到自由电子而带负电荷,从而形成一个从高温端指向低温端的静电场,即在导体两端产生了电动势,这个电动势称为温差电动势 $e_A(T, T_0)$,如图 8.3.3 所示。

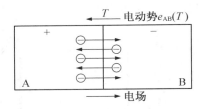

图 8.3.2 接触电势

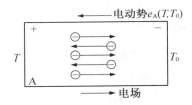

图 8.3.3 温差电势

3. 热电偶回路电势

对于由导体 A、B 组成的热电偶闭合回路,当温度 $T > T_0$,$N_A > N_B$ 时,闭合回路总的热电势为 $E_{AB}(T, T_0)$,如图 8.3.4 所示。$E_{AB}(T, T_0)$ 为

$$E_{AB}(T, T_0) = e_{AB}(T) - e_{AB}(T_0) + e_B(T, T_0) - e_A(T, T_0) \tag{8.3.1}$$

在式 (8.3.1) 中,$e_{AB}(T, T_0)$ 为热电偶电路中的总电动势;$e_A(T, T_0)$ 为 A 导体的温差电动势;$e_{AB}(T)$ 为热端接触电动势;$e_B(T, T_0)$ 为 B 导体的温差电动势;$e_{AB}(T_0)$ 为冷端接触电动势。

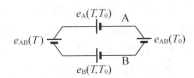

图 8.3.4 热电偶闭合回路

在总电动势中,温差电动势比接触电动势小很多,可忽略不计,则热电偶的热电势可表示为

$$E_{AB}(T, T_0) = e_{AB}(T) - e_{AB}(T_0) \tag{8.3.2}$$

对于已经选定的热电偶,当参考端温度 T_0 恒定时,$e_{AB}(T_0)$ 为常数,则总的电动势就只与温度 T 成单值函数关系,即

$$E_{AB}(T, T_0) = e_{AB}(T) - C = f(T) - C \tag{8.3.3}$$

式中:C 为固定温度 T_0 决定的常数。

通过热电偶的理论分析可以得出以下几点结论:

（1）若热电偶两电极材料相同，则无论两接点温度如何，总电势为零；

（2）若热电偶两接点温度相同，即使 A、B 材料不同，回路总电势也为零；

（3）热电势的大小只与热电极的材料和两端温度有关，与热电极的几何尺寸、形状等无关；

（4）同样材料的热电极，其温度和电势的关系是一样的，因此热电极材料相同的热电偶可以互换。

8.3.2 热电偶的基本定律

1. 均质导体定律

由一种导体组成的闭合回路，不论导体的截面积和长度如何，也不论各处温度如何，都不产生热电势。这条定理说明，热电偶必须由两种不同性质的均质材料构成。

2. 中间导体定律

在热电偶电路中接入第三种导体 C，只要导体 C 两端温度相等，则热电偶回路产生的总热电动势就不变，热电偶接入第三种导体有两种连接方式，如图 8.3.5 所示。

在图 8.3.5(a)中，由于温差电势可忽略不计，则回路中的总热电势等于各接点的接触电势之和，即

$$E_{ABC}(T, T_0) = e_{AB}(T) + e_{BC}(T_0) + e_{CA}(T_0) \quad (8.3.4)$$

当热电偶回路中各接点温度相同，即 $T = T_0$ 时，则回路总的热电势为零，即

$$e_{BC}(T_0) + e_{CA}(T_0) = -e_{AB}(T_0) \quad (8.3.5)$$

将式(8.3.5)代入式(8.3.4)，可得

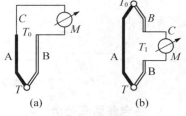

图 8.3.5 热电偶接入第三种导体示意图

$$E_{ABC}(T, T_0) = e_{AB}(T) - e_{AB}(T_0) \quad (8.3.6)$$

式(8.3.6)与式(8.3.2)的结果完全相同，图 8.3.5(b)所示回路可以得到相同的结论。同理，在热电偶回路中接入多种导体后，只要保证接入的每种导体的两端温度相同，则对热电偶回路的热电势没有影响。根据这个定律，热电偶回路中接入测量仪表，并保证两个接点的温度相等，就可以对热电势进行测量，而且连线等不影响热电偶热电势的测量。

3. 中间温度定律

如图 8.3.6 所示，热电偶的热端、冷端及中间温度分别为 T、T_0、T_C。热电偶 AB 在接点温度为 (T, T_0) 时的热电势 $E_{AB}(T, T_0)$，等于热电偶 AB 在接点温度 (T, T_C) 和 (T_C, T_0) 时的热电势 $E_{AB}(T, T_C)$ 和 $E_{AB}(T_C, T_0)$ 的代数和，即

$$E_{AB}(T, T_0) = E_{AB}(T, T_C) + E_{AB}(T_C, T_0) \quad (8.3.7)$$

该定律是参考端温度计算修正法的理论依据。在实际热电偶测温回路中，利用热电偶这一性质，可对参考端温度不为 0℃ 的热电势进行修正。

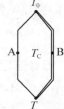

图 8.3.6 中间温度定律

8.3.3　热电偶结构形式

为了适应不同生产对象的测温要求,热电偶的结构形式有普通型热电偶、铠装热电偶和薄膜热电偶等。

1. 普通型热电偶

普通型结构热电偶工业上使用最多,它一般由热电极、绝缘套管、保护管和接线盒组成,其结构如图 8.3.7 所示。普通型热电偶按其安装时的连接形式可分为固定螺纹连接、固定法兰连接、活动法兰连接、无固定装置等多种形式。

（1）热电极

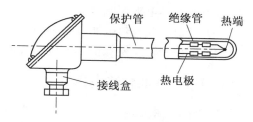

图 8.3.7　普通型热电偶结构

热电偶通常以热电极材料种类来命名,其直径大小由价格、机械强度、电导率以及热电偶的用途和测量范围等因素来决定的。贵金属热电极大多是在 0.13~0.65mm,普通金属热电极直径为 0.5~3.2mm。热电极长度由使用、安装条件,特别是工作端在被测介质中插入深度来决定的,通常为 350~2000mm,常用的长度为 350mm。

（2）绝缘管

用来防止两根热电极短路,其材料的选用要根据使用的温度范围和对绝缘性能的要求而定,常用的是氧化铝和耐火陶瓷。它一般制成圆形,中间有孔,长度为 20mm,使用时根据热电极的长度,可多个串起来使用。

（3）保护套管

为使热电极与被测介质隔离,并使其免受化学侵蚀和机械损伤,热电极在套上绝缘管后再装入套管内。对保护套管的要求:一方面要经久耐用,能耐温度急剧变化,耐腐蚀,不分解出对电极有害的气体,有良好的气密性及足够的机械强度;另一方面是传热良好,传导性能越好,热容量越小,电极对被测温度变化的响应速度就越好。常用的材料有金属和非金属两类,应根据热电偶类型、测温范围和使用条件等因素来选择保护套管材料。

（4）接线盒

接线盒供热电偶与补偿导线连接用,接线盒固定在热电偶保护套管上,一般用铝合金制成,分普通式和防溅式(密封式)两类,为防止灰尘、水分及有害气体侵入保护套管。接线端子上注明热电极的正、负极性。

2. 铠装热电偶

铠装热电偶又称套管热电偶。它是由热电偶丝、绝缘材料和金属套管三者经拉伸加工而成的坚实组合体,如图 8.3.8 所示。它可以做得很细很长,使用中根据需要任意弯曲。铠装热电偶的主要优点是测温端热容量小,动态响应快,机械强度高,挠性好,可安装在结构复杂的装置上,因此在工业中得到了广泛的应用。

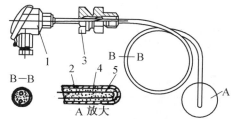

图 8.3.8　铠装型热电偶结构
1-接线盒;2-金属套管;3-固定装置;
4-绝缘材料;5-热电极

3. 薄膜热电偶

薄膜热电偶是由两种薄膜热电极材料,用真空蒸镀、化学涂层等办法蒸镀到绝缘基板上面制成的一种特殊热电偶,如图 8.3.9 所示。薄膜热电偶的热接点可以做得很小(可薄到 $0.01\sim0.1\mu m$),具有热容量小、反应速度快等特点,热响应时间达到微秒级,适用于微小面积上的表面温度以及快速变化的动态温度测量。

为了保证热电偶可靠、稳定地工作,对它的结构要求如下:

(1) 组成热电偶的两个热电极的焊接必须牢固;

(2) 两个热电极彼此之间应很好地绝缘,以防短路;

(3) 补偿导线与热电偶自由端的连接要方便可靠;

(4) 保护套管应能保证热电极与有害介质充分隔离。

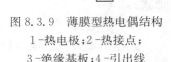

图 8.3.9　薄膜型热电偶结构
1-热电极;2-热接点;
3-绝缘基板;4-引出线

8.3.4　标准化热电偶

理论上讲,根据热电偶的测温原理,任何两种导体都可以组成热电偶。但是为了保证在工程技术中应用可靠,并具有足够的准确度,用于热电偶的材料应满足以下条件:热电势变化尽量大,热电势与温度关系尽量接近线性关系,物理、化学性能稳定,易加工,复现性好,便于成批生产,有良好的互换性。不是所有材料都能作为热电偶材料。

常用热电偶可分为标准热电偶和非标准热电偶两大类。所谓标准热电偶,是指国家标准规定了其热电势与温度的关系、允许误差,并有统一的标准分度表的热电偶,它有与其配套的显示仪表可供选用,分度表详见附录。非标准化热电偶在使用范围或数量级上均不及标准化热电偶,一般也没有统一的分度表,主要用于某些特殊场合的测量。

表 8.3.1 所示为 8 种标准化热电偶的名称、分度号、测温范围和主要性能,表中所列的每一种型号的热电材料前者为热电偶的正极,后者为负极。

表 8.3.1　标准化热电偶

热电偶名称	分度号	测温范围(℃)		特点及应用场合
		长期使用	短期使用	
铂铑₁₀—铂	S	0~1300	1700	热电特性稳定,抗氧化能力强,测量精确度高,热电势小,线性差,价格高。可作为基准热电偶,用于精密测量
铂铑₁₃—铂	R	0~1300	1700	与 S 型性能几乎相同,只是热电势同比大 15%
铂铑₃₀—铂铑₆	B	0~1600	1800	测量上限高,稳定性好,在冷端温度低于 100℃不用考虑温度补偿问题,热电势小,线性较差,价格高,使用寿命远高于 S 型和 R 型
镍铬—镍硅	K	−270~1000	1300	热电势大,线性好,性能稳定,广泛用于中高温测量
镍铬硅—镍硅	N	−270~1200	1300	高温稳定性及使用寿命较 K 型有成倍提高,价格远低于 S 型,且性能相近,在−200 到 1300℃范围内,有全面代替廉价金属热电偶和部分 S 型热电偶的趋势

续　表

热电偶名称	分度号	测温范围(℃)		特点及应用场合
		长期使用	短期使用	
铜—铜镍(康铜)	T	−270～350	400	准确度高,价格低,广泛用于低温测量
镍铬—铜镍	E	−270～870	1000	热电势较大,中低温稳定性好,耐磨蚀,价格便宜,广泛用于中低温测量
铁—铜镍	J	−210～750	1200	价格便宜,耐 H_2 和 CO_2 气体腐蚀,在含碳或铁的条件下使用也很稳定,适用于化工生产过程的温度测量

　　各种标准热电偶的热电势与温度的对应关系都可以从其分度表中查得。图 8.3.10 所示是 8 种标准热电偶的温度与热电势的关系图,从图上可以得出如下结论。

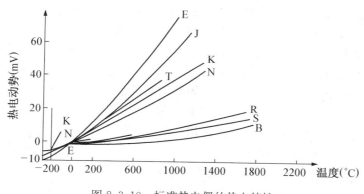

图 8.3.10　标准热电偶的热电特性

　　(1) $T=0$℃时,所有型号的热电偶的热电势均为 0;$T>0$ 时,热电势为正值;$T<0$℃时,热电势为负值。

　　(2) 不同型号的热电偶的热电势一般有较大的区别,在所有标准化热电偶中,B 型热电偶的热电势最小,E 型热电偶的热电势最大。

　　(3) 温度和电势之间一般为非线性关系,正由于这种特性,当自由端温度 $T_0 \neq 0$℃,则不能用测得的电势 $E(T, T_0)$ 直接查分度表得 T',然后再加上 T_0,而应该根据下列公式先求出 $E(T, 0)$

$$E(T, 0) = E(T, T_0) + E(T_0, 0) \tag{8.3.8}$$

然后再查分度表得到温度 T。

　　例 8.3.1　S 型热电偶在工作时自由端温度 $T_0 = 25$℃,现测得热电偶的电势为 7.3mV,求被测介质实际温度。

　　解　由题意知,热电偶测得的电势为 $E(T, 25) = 7.3$mV,由附录 3 分度表查得修正值为 $E(25, 0) = 0.143$mV,则

$$E(T, 0) = E(T, 25) + E(25, 0) = 7.3 + 0.143 = 7.443\text{mV}$$

再由附录 3 分度表查出与其对应的实际温度为 809℃。

8.3.5　热电偶冷端处理和补偿

由式(8.3.2)可见,对某一种热电偶来说,热电偶产生的热电势,只与工作端温度 T 和自由端温度 T_0 有关。热电偶的分度表是以热电偶冷端温度 $T_0＝0℃$ 的条件下,给出的热电势与热端温度的数值对照表,而在实际使用过程中,自由端温度 T_0 往往不能维持在 $0℃$,那么工作端温度为 T 时,在分度表中所对应的热电势 $E_{AB}(T,0)$ 与热电偶实际输出的电势值 $E_{AB}(T,T_0)$ 之间存在误差,根据中间温度定律,误差为

$$E_{AB}(T,0)-E_{AB}(T,T_0)=E_{AB}(T_0,0) \qquad (8.3.9)$$

因此,需要对热电偶自由端温度进行处理,才能准确地使用热电偶分度表查得所测的温度。常用的热电偶冷端处理和补偿方法有以下几种。

1. 补偿导线法

随着工业生产过程自动化程度的提高,应用时常常需要将热电偶输出的电势信号传输到远离数十米的控制室,送给显示仪表或控制仪表,或者由于其他原因,显示仪表不能安装在被测对象附近,需要通过连接导线将热电偶延伸到温度恒定的场所。由于热电偶一般做得比较短,特别是贵金属热电偶就更短,这样热电偶的冷端离被测对象很近,使冷端温度较高,而且波动较大,通常把热电偶的冷端 T_1 延伸到温度比较稳定的控制室内,连接到仪表端子上,这样参考端温度 T_0 也比较稳定。如果用很长的热电偶将冷端延长到温度稳定的地方,热电极线不便于敷设,且对于贵金属来说很不经济,因此这个办法是不可行的。所以用一种导线(即补偿导线)将热电偶的冷端延伸出来,如图 8.3.11 所示,这种导线采用廉价金属在一定温度内($0\sim100℃$)具有和所连接的热电偶有相同的热电性能。

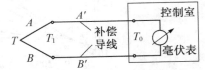

图 8.3.11　带补偿导线的热电偶测温原理

必须指出,热电偶补偿导线的作用只起延伸热电极,使热电偶的冷端移动到控制室的仪表端子上,它本身并不能消除冷端温度变化对测温的影响,不起补偿作用。因此,还需采用其他修正方法来补偿冷端温度 $T_0\neq0℃$ 时对测温的影响。

在使用热电偶补偿导线时必须注意型号相配,极性不能接错,补偿导线与热电偶连接端的温度不能超过 $100℃$。

要求补偿导线和所配热电偶具有相同的热电特性,常用补偿导线如表 8.3.2 所示。表中补偿导线型号的头一个字母与配用热电偶的型号相对应;第二个字母"X"表示延伸补偿导线(补偿导线的材料与热电偶电极的材料相同);字母"C"表示补偿型导线。

表 8.3.2　常用热电偶补偿导线

补偿导线型号	配用热电偶型号	补偿导线		绝缘层颜色	
		正极	负极	正极	负极
SC	S(铂铑$_{10}$—铂)	SPC(铜)	SNC(铜镍)	红	绿
KC	K(镍铬—镍硅)	KPC(铜)	KNC(康铜)	红	蓝
KX	K(镍铬—镍硅)	KPX(镍铬)	KNX(镍硅)	红	黑

续　表

补偿导线型号	配用热电偶型号	补偿导线		绝缘层颜色	
		正极	负极	正极	负极
EX	E(镍铬—铜镍)	EPX(镍铬)	ENX(铜镍)	红	棕
JX	J(铁—铜镍)	JPX(铁)	JNX(铜镍)	红	紫
TX	T(铜—铜镍)	TPX(铜)	TNX 铜镍	红	白

在使用补偿导线时必须注意以下几个问题：

（1）补偿导线只能在规定的温度范围内（一般为 0～100℃）与热电偶的热电特性相同或相近；

（2）不同型号的热电偶有不同的补偿导线；

（3）热电偶与补偿导线连接的两个接点处要保持相同温度；

（4）补偿导线有正负极之分，需分别与热电偶的正负极相连；

（5）补偿导线的作用只是延伸热电偶的自由端，当自由端温度 $T_0 \neq 0℃$ 时，还需要进行其他补偿与修正。

2. 计算修正补偿

设热电偶的测量端温度为 T，自由端温度为 $T_0 \neq 0℃$，根据中间温度定律可得式（8.3.8）。其中，$E(T,0)$ 是热电偶测量端温度为 T，自由端温度为 0℃ 时的热电势；$E(T,T_0)$ 为热电偶测量端温度为 T，自由端温度为 T_0 时所实际测得的热电势值；$E(T_0,0)$ 为自由端温度为 T_0 时应加的修正值。

3. 自由端恒温法

在工业应用时，一般把补偿导线的末端（即热电偶的自由端）引至电加热的恒温器中，使其维持在某一恒定的温度。在实验室及精密测量中，通常把自由端放在盛有绝缘油的试管中，然后将其放入装满冰水混合物的容器中，以使自由端温度保持在 0℃，然后用铜导线引出，这种方法称为冰浴法，如图 8.3.12 所示。

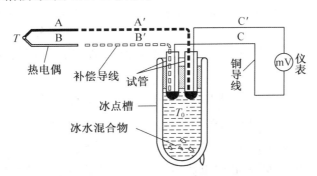

图 8.3.12　冰浴法示意图

4. 补偿电桥法

补偿电桥法是利用不平衡电桥产生的不平衡电压作为补偿信号，来自动补偿热电偶测量过程中因自由端温度不为 0℃ 或变化而引起热电势的变化值。如图 8.3.13 所示，电桥由 R_1、R_2、R_3（均为锰铜电阻，电阻值不会随温度的变化而发生变化）和 R_{Cu}（铜电阻，其值会随着温度的变化而变化)组成,串联在热电偶回路中,热电偶自由端与电桥中的 R_{Cu} 处于相同温度场。当 $T_0=20℃$ 时, $R_1=R_2=R_3=R_{Cu}=1\Omega$,这时电桥处于平衡状态,无电压输出,即 $U_{AB}=0$,此时电桥对仪表的读数无影响;当自由端温变化时, R_{Cu} 也将改变,于是电桥两端 A、B 就会输出一个不平衡电压 U_{AB} ,与热电势相叠加一起送入测量仪表。如果选择适当的 R_s ,可使电桥产生的不平衡电压 U_{AB} 正好补偿由于自由端温度变化而引起的热电势的变化值,使仪表指示出正确的温度。

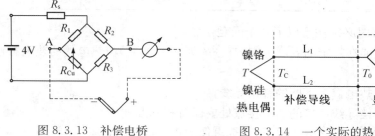

图 8.3.13　补偿电桥　　　　　图 8.3.14　一个实际的热电偶测温系统

例 8.3.2　有一个实际的热电偶测温系统,如图 8.3.14 所示,两个热电极的材料为镍铬—镍硅, L_1 , L_2 分别为配镍铬—镍硅热电偶的补偿导线,测量系统配用 K 型热电偶的温度显示仪表(带补偿导线)来显示被测温度的大小。设 $T=300℃$, $T_C=50℃$, $T_0=20℃$,①求测量回路的总电势以及温度显示仪表的读数。②如果补偿导线为普通铜导线,则测量回路的总电势和温度的显示值为多少?

解　① 由题意可知,使用的热电偶的分度号为 K 型,则总的回路电势为

$$E=E_K(T,T_C)+E_{K补}(T_C,T_0)+E_补(T_0,0)$$

式中: $E_K(T,T_C)$ 为 K 型热电偶产生的热电势; $E_{K补}(T_C,T_0)$ 为配 K 型热电偶的补偿导线产生的电势; $E_补(T_0,0)$ 为补偿电桥提供的电势。由于补偿导线和补偿电桥都是配 K 型热电偶的,因此,这两部分产生的电势可近似为 $E_K(T_C,T_0)$ 和 $E_K(T_0,0)$,所以总电势可写为

$$E=E_K(T,T_C)+E_K(T_C,T_0)+E_K(T_0,0)=E_K(T,0)$$

将 $T=300℃$ 代入上式,并查 K 型热电偶的分度表,得 $E=12.209mV$ 。显然,这仪表读数为 $300℃$ 。

② 当补偿导线是普通铜导线时,因为是同一种导体铜,所以不产生电动势,即等于 0,那么回路总电势为

$$E=E_K(T,T_C)+E_补(T_0,0)=E_K(300,50)+E_K(20,0)$$
$$=(12.209-2.023)+(0.798-0)=10.984(mV)$$

查 K 型分度表,得到 $T_{显示}=270.3℃$ 。

通过例题的计算可以发现,在热电偶测量系统中,不正确的补偿导线接法会引起错误的结果。

8.4　非接触式测温

非接触式测温方法是应用物体的热辐射能量随温度的变化而变化的原理实现的。物体

辐射能量的大小与温度有关,并且以电磁波形式向四周辐射,当选择合适的接收检测装置时,便可测得被测对象发出的热辐射能量并且转换成可测量和显示的各种信号,实现温度的测量。与接触式测温法相比,它具有如下特点:

(1) 传感器和被测对象不接触,不会破坏被测对象的温度场,故可测量运动物体的温度并可进行遥测。

(2) 由于传感器或热辐射探测器不必达到与被测对象同样的温度,故仪表的测温上限不受传感器材料熔点的限制,从理论上说仪表无测温上限。

(3) 在检测过程中传感器不必和被测对象达到热平衡,故检测速度快,响应时间短,适于快速测温。

8.4.1　工作原理

物体受热后,有一部分热能转变成辐射能,它以电磁波的形式向四周辐射,热辐射电磁波具有以光速传播、反射、折射、散射、干涉和吸收等特性。它由波长相差很远的红外光、可见光及紫外光组成,它们的波长范围从 10^{-3} m 到 10^{-8} m。在低温时,物体辐射能量很小,主要发射的是红外光。随着温度的升高,辐射能量急剧增加,辐射光谱也向短波方向移动,在 $500\,℃$ 左右时,辐射光谱包括部分可见光;到 $800\,℃$ 时可见光大大增加,即呈现"红热";如果到 $3000\,℃$ 时,辐射光谱包括更多的短波成分,使得物体呈现"白热"。有经验的技术人员从观察灼热物体表面的"颜色"来大致判断物体的温度,这就是辐射测温的基本原理。

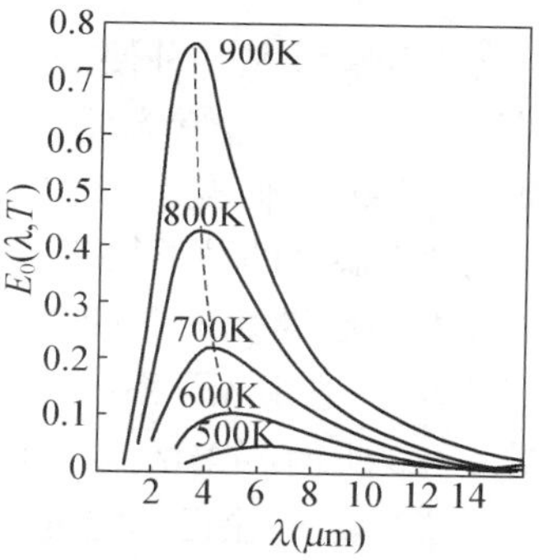

图 8.4.1　黑体辐射能量与波长、温度之间的关系

在某个给定温度下,对应不同波长的黑体辐射能量是不同的,在不同温度下对应全波长$(\lambda,0\sim\infty)$范围总的辐射能量也是不相同的。三者间的关系如图 8.4.1 所示。

1. 普朗克(M. Planck)定律

普朗克定律揭示了在各种不同温度下黑体辐射能量按波长分布的规律,温度为 T 的物体对外辐射的能量 E 可以描述为

$$E(\lambda,T)=\frac{2\pi hc^2\lambda^{-5}}{e^{\frac{hc}{k\lambda T}}-1}=\frac{c_1\lambda^{-5}}{e^{\frac{c_2}{\lambda T}}-1} \tag{8.4.1}$$

式中:λ 为波长,单位是 m;T 为黑体绝对温度,单位是 K;c 为光速;h 为普朗克常数,$h=6.626176\times10^{-34}$ J·s;k 为玻尔兹曼常数,$k=1.38066244\times10^{-23}$ J/K;c_1 为第一辐射常数,$c_1=2\pi hc^2=3.7418\times10^{-16}$ W·m^2;c_2 为第二辐射常数,$c_2=\dfrac{hc}{k}=1.4388\times10^{-2}$ m·K。

如果令式(8.4.1)中的波长 λ 为常数,则

$$E(\lambda_C,T)=\frac{c_1\lambda_C^{-5}}{e^{\frac{c_2}{\lambda_c T}}-1}=f(T) \tag{8.4.2}$$

式(8.4.2)表明物体在特定波长上的辐射能量是温度 T 的单一函数。

2. 斯蒂芬—玻尔兹曼定律

在热辐射分布的所有波长上对式(8.4.1)进行积分,可得斯蒂芬—玻尔兹曼定律

$$E_b = \int_0^\infty E(\lambda, T)\,\mathrm{d}\lambda = \int_0^\infty \frac{c_1\lambda^{-5}}{\mathrm{e}^{\frac{c_2}{\lambda T}} - 1}\,\mathrm{d}\lambda = \sigma T^4 = F(T) \qquad (8.4.3)$$

式中:σ 是斯蒂芬—玻尔兹曼定律常数,$\sigma = 5.67 \times 10^{-8}\,\mathrm{W/(m^2 \cdot K^4)}$;$E_b$ 为全辐射强度。

式(8.4.3)表明,单位面积元在半球方向上所发射的全部波长的辐射强度与温度 T 的四次方成正比,即全辐射强度 E_b 是温度 T 的单一函数。

3. 维恩公式

取两个不同波长 λ_1、λ_2,则在这两个特定波长上的辐射能之比为

$$\frac{E(\lambda_1, T)}{E(\lambda_2, T)} = \left(\frac{\lambda_1}{\lambda_2}\right)^{-5} \mathrm{e}^{\frac{c_2}{T}\left(\frac{1}{\lambda_2} - \frac{1}{\lambda_1}\right)} = \Phi(T) \qquad (8.4.4)$$

式(8.4.4)为维恩公式,它表明两个特定波长上的辐射能之比 $\Phi(T)$ 也是温度的单值函数。

8.4.2　光学高温计

光学高温计是一种便携式测温仪表,不能连续、自动地测量温度,也不能自动记录和控制温度,但是可以非常方便、快速地测出物体较高的温度,它一般用于在 700℃ 以上的温度测量,不能测中、低温。

光学高温计的种类很多,按亮度比较法可分为隐丝式和恒定亮度式两大类,常用的 WGG2‑202 型就属于隐丝式,其外形如图8.4.2 所示。它由光学系统和电测系统两部分组成。其工作原理如图 8.4.3 所示,光学高温计的光学系统将被测物体成像于灯丝平面上,灯丝是一个已标定过的参考辐射源,调节显微镜的目镜位置可以清楚地看到被测物体的像,然后用眼睛判断被测物体的辐射亮度和灯丝亮度是否相同,如果不同,调节变阻器改变灯丝的电

图8.4.2　光学高温计外形图

流,也即调节灯丝亮度;当灯丝亮度与被测物体亮度相同时,则灯丝隐灭在热源亮度的背景里。灯丝隐灭的电流与温度刻度相对应,通过指示仪表即可得知被测物体的温度。

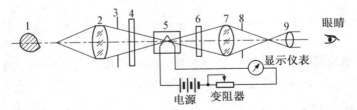

图 8.4.3　隐丝式光学高温计原理图

1‑被测物体;2‑聚焦物镜;3‑物镜光阑;4‑滤光片;5‑标准灯丝;
6‑红色滤光片;7‑显微镜物镜;8‑显微镜孔径光阑;9‑显微镜目镜

在图 8.4.3 中,滤光片 4 的作用是用来减少进入仪表灯丝的亮度,即将被测对象的亮度按一定比例进行减弱,以保证灯丝在不过热的情况下,扩大仪表测量范围。红色滤光片 6 的作用是限制一定的工作波长,使进入人眼能感觉到的波长在 0.62~0.7 $\mu\mathrm{m}$,我国工业用光

学高温计的波长一般限定在 $0.65\mu m$ 左右。由于光学高温计在测温时,是用眼睛直接观察和判断,所以会产生较大的视觉误差。这种隐丝式光学高温计的特点是结构简单、使用方便、量程较宽、有较高的精度,一般用来测量 $700\sim3200$℃范围的温度。

另外,由于光学高温计是以黑体的光谱辐射亮度来刻度的,如果被测物体为非黑体时就会出现偏差。因为在同一温度下,非黑体的光谱辐射亮度比黑体低,从而造成用光学高温计测量非黑体的温度比真实温度偏低,需要通过已知物体的单色黑度系数来修正。

8.4.3　光电高温计

光电高温计是在光学高温计的基础上发展起来的,它克服了光学高温计的缺点,能够连续自动地测量温度,而且能够自动记录和控制温度。它和光学高温计的本质区别就在于它利用光电器件作为敏感元件,代替人的眼睛判断辐射源和灯丝亮度的变化,并将亮度转换成电信号。我国常用的 WDL－31 型的光电高温计外形如图 8.4.4 所示,工作原理如图 8.4.5 所示。

图 8.4.4　光电高温计外形图

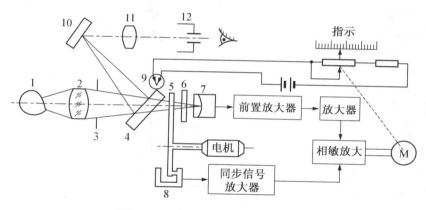

图 8.4.5　光电高温计的工作原理图

1-被测物体;2-聚焦物镜;3-孔径光阑;4-反光镜;5-光学调制器;6-滤光片;7-光电敏
感元件;8-相位同步信号发生器;9-标准灯;10-反光镜;11-目镜;12-观测孔

被测辐射体的亮度 B_1 和标准灯丝的亮度 B_2 经过光学调制盘的调制,交替地照射到光电元件上,并在光电元件上叠加,由于 B_1 和 B_2 成 $180°$ 的相位差,因此,在光电元件上产生 $\Delta B=B_1-B_2$ 的复合光亮。在 ΔB 的作用下,光电元件输出与 ΔB 成正比的差值信号 Δu,经前置放大器及放大器放大后,送到相敏整流放大器中。与此同时,由同一调制盘调制的同步信号发生器产生一个与 Δu 同频率、与 B_1(或 B_2)同相的同步信号,经同步信号放大器放大后也送到相敏整流器,作为相敏整流器所必需的相位鉴别信号,经全波相敏整流后得到的直流信号,其值正比于 ΔB,被送到平衡显示仪表,控制可逆电机运动,可逆电机旋转带动指针移动,并带动滑线电阻触点以改变电阻器的电阻值,同时改变灯丝回路的电流,以减少灯丝与物体的亮度差 ΔB。当被测物体的亮度与灯丝亮度相等时,$\Delta B=0$,使 $\Delta u=0$,系统处于平衡状态,这时标准灯丝的电流值或滑线电阻触点的位置反映了被测物体的表面温度。同时,被测物体的亮度由反光镜 4 部分反射到反光镜 10，由瞄准系统进行观察。

　　光电高温计的测量距离一般为 0.5～3m，温度测量范围一般为 200～2500℃，基本误差为上限的 ±1.0%，响应时间小于 1s，输出标准线性信号，可以与各种记录仪、调节器和电子计算机联用，进行自动记录调节控制。优点是抗环境干扰能力强，有利于提高测量的稳定性；缺点是仪器结构比较复杂。

8.4.4　辐射温度计

　　辐射温度计的工作原理是基于斯蒂芬－玻尔兹曼定律，在我国工业生产中，使用的主要型号有 WTF－201、WFT－202 等。图 8.4.6 所示为 WFT－202 的实物图，其工作原理如图 8.4.7 所示，由辐射感温器和显示仪表两部分组成，它可用于测量 400～2000℃ 范围的温度。测温时，首先通过目镜对准被测物体，该物体的辐射能经物镜聚集后，通过补偿光阑照射在热电堆上，热电堆把辐射能转变成电信号，再经过导线和适当的外接电阻接到动圈式仪表和电子电位差计上。

图 8.4.6　辐射温度计实物图

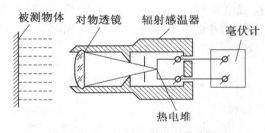

图 8.4.7　辐射温度计工作原理

　　根据高温计的起点不同，热电堆分别由 8 对（测量下限为 400℃ 和 700℃）或 16 对（测量下限为 100℃）直径为 0.05～0.07mm 的镍铬－考铜（或铁－康铜）热电偶串联而成，每对热电偶的热接点焊在呈花瓣形的 8 片涂黑的铂片上，铂片与冷接点固定在云母片上。为了补偿热电势随环境温度变化而带来的测量误差，采用了双金属片控制的补偿光栏，借以调节照射在热电堆上的辐射能大小，以达到补偿的目的。

　　因为辐射感温器在测温时，热电堆并不直接与测温介质接触，所以尽管测量的温度很高，但热电堆所处的温度不会超过 300℃。另外，热电堆又是安放在密封性能特别好的辐射感温器内，腐蚀性气体不会进入内部腐蚀热电堆，因此，它的稳定性和使用寿命都能得到保证，从而优于热电偶测温。

8.4.5　比色温度计

　　比色温度计是基于维恩公式工作的，通过测量物体的两个不同的波长 λ_1、λ_2 的辐射亮度之比来测量温度的；也有利用 3 个以上波长的辐射亮度进行比较的三色或多色温度计。根据维恩公式，物体温度变化时，辐射强度最大值对应的波长要发生移动，从而使特定波长下的亮度发生变化，测出两个波长对应的亮度比，就可以求出被测物体温度。图 8.4.8 所示为国产 WDS－Ⅱ 光电比色高温计的原理示意图。被测物体的辐射能经物镜 1 聚焦后，经平行平面玻璃 2、中间有通孔的回零硅光电池 3，再经透镜 4 到分光镜 5。分光镜的作用是反射波长为 λ_1 的光，而让波长为 λ_2 的光通过，将可见光分成 λ_1（$\approx 0.8\mu m$）、λ_2（$\approx 1\mu m$）两部分。一部分的能量经可见光滤光片 9,将少量长波辐射能滤除后,剩下波长约为 $0.8\mu m$ 的可见光被硅光电池 8(即 $E(\lambda_1,T)$)接收,并转换成电信号 U_{λ_1},输入显示仪表;另一部分的能量则通过分光镜 5,经红外滤光片 6 将少量可见光滤掉。剩下波长为 $1\mu m$ 的红外光被硅光电池 7(即 $E(\lambda_2,T)$)接收,并转换成电信号 U_{λ_2} 送入显示仪表。由两个硅光电池输出的信号电压,经显示仪表的平衡桥路测量得出其比值 $B=U_{\lambda_1}/U_{\lambda_2}$,即可读出被测对象的温度值。

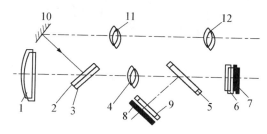

图 8.4.8　单通道比色温度计光路系统原理
1-物镜;2-平行平面玻璃;3-回零硅光电池;4-透镜;5-分光镜;
6-红外滤光片;7-硅光电池 $E(\lambda_2,T)$;8-硅光电池 $E(\lambda_1,T)$;
9-可见光滤光片;10-反射镜;11-倒像镜;12-目镜

比色温度计量程为 $800\sim2000℃$,精度为 0.5%,响应速度由光电元件及二次仪表记录速度而定。其优点是测温准确度高,反应速度快,测量范围宽,可测目标小,测量温度更接近真实温度,环境的粉尘、水汽、烟雾等对测量结果的影响小。可用于冶金、水泥、玻璃等工业部门。

思考题与习题

1. 什么叫温标? 什么叫国际实用温标?

2. 试述热电阻测温原理? 常用金属热电阻的种类?

3. 利用分度号 Pt100 铂热电阻测温,求测量温度分别为 $t_1=-100℃$ 和 $t_2=600℃$ 的铂电阻 R_{t1}、R_{t2} 阻值。

4. 电冰箱冷藏室温度一般都保持在 5℃ 以下,利用负温度系数热敏电阻制成的电冰箱温度超标指示器,可在温度超过 5℃ 时提醒用户及时采取措施。如题 4 图所示,试分析其工作原理。

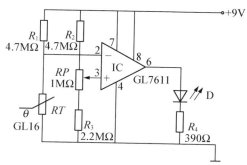

题 4 图　电冰箱温度超标指示器电路

5. 已知热电偶的分度号为 K 型,在工作时,自由端温度 $T_0 = 30℃$,今测得热电势为 25.568mV,求工作端的温度是多少?

6. 试述热电偶测温的基本定律。

7. 在热电偶回路中接入测量仪表时,会不会影响热电偶回路的热电势数值? 为什么?

8. 用热电偶测温为什么要进行冷端温度补偿? 常用的冷端温度补偿方法有哪几种?

9. 试从原理、系统组成和应用场合三方面比较热电偶测温与热电阻测温有什么不同?

10. 热辐射温度计的测温特点是什么?

第9章 流量检测

在工农业生产和科学研究试验中,流量是一个很重要的参数。例如,在石油化工生产过程自动检测和控制中,为了有效地操作、控制和监测,需要检测各种流体的流量。流量检测对于发展生产、节约能源、提高经济效益和管理水平起着重要作用。流量仪表是过程自动化仪表与装置中的大类仪表之一,它被广泛应用于冶金、电力、煤炭、化工、石油、交通、建筑、轻纺、食品、医药、农业、环境保护及人们日常生活等国民经济各个领域。

9.1 流量测量概述

9.1.1 流量测量的基本概念

1. 流量与流量计

流量是指单位时间内流体(气体、液体或固体颗粒等)流过管道或设备某处横截面的数量,又称为瞬时流量。

当流体的数量以体积表示时,称为体积流量,用 q_V 表示,单位为 m^3/h 或 L/s 等。

$$q_V = \lim_{\Delta t \to 0} \frac{\Delta V}{\Delta t} = \frac{dV}{dt} = \bar{u}A \tag{9.1.1}$$

当流体的数量以质量表示时,称为质量流量,用 q_m 表示,单位为 t/h 或 kg/s 等。

$$q_m = \lim_{\Delta t \to 0} \frac{\Delta M}{\Delta t} = \frac{dM}{dt} = \rho \bar{u}A \tag{9.1.2}$$

式(9.1.1)和式(9.1.2)中,V 为体积;M 为质量;t 为时间;A 为截面面积;ρ 为流体的密度;$\bar{u}$ 为流体流过截面的平均流速。

累积流量:在某一段时间内流过管道横截面的流体总和称为总(流)量或累积流量,记为 Q_V 或 Q_m。

$$Q_v = \int_t q_v dt \tag{9.1.3}$$

$$Q_m = \int_t q_m dt \tag{9.1.4}$$

例如,设测得某管道中流体的流速 $u = 10m/s$,圆管道的直径 $D = 1m$,则可求得管道截

面积 $A = 0.79\text{m}^2$，流体流量 $q_V = 7.9\text{m}^3/\text{s}$。

如果流量不随时间显著变化，称之为定常流，式(9.1.3)和式(9.1.4)中的时间可以取任意值。如果流量随时间不断变化，则为非定常流，那么该两式中的时间应非常小，可以认为在该段时间内流量是稳定的，所以，此时的流量就是瞬时流量。通常指用来测量瞬时流量的仪表叫流量计，用来测量总量的仪表称为计量表。

流量的计量单位：在 SI 单位制中，体积流量的计量单位为米³/秒(m^3/s)；质量流量的计量单位为千克/秒(kg/s)；累积体积流量的计量单位为米³(m^3)；累积质量流量的计量单位为千克(kg)。

工程上还使用的流量计量单位有：米³/小时(m^3/h)；升/分(L/min)；吨/小时(t/h)；升(L)；吨(t)等。

2. 流体的物理性质与管流基础知识

流体的物理性质对流量特性的影响是流量计设计计算及使用的主要因素之一，目前通用的流量计涉及流体物理性质的参数为：流体的密度、黏度、压缩系数和膨胀系数、雷诺数、电导率、声速、导热系数等。

(1) 流体的密度

单位体积的流体所具有的质量称为流体密度，用数学表达式可表示为

$$\rho = \frac{M}{V} \tag{9.1.5}$$

式中：M 为流体质量，单位为 kg；V 为流体体积，单位为 m^3；ρ 为流体的密度，单位为 kg/m^3。

由式(9.1.5)可见，流体密度的单位是千克/米³(kg/m^3)，流体密度是温度和压力的函数。

(2) 流体黏度

流体运动过程中阻滞剪切变形的黏滞力与流体的速度梯度和接触面积成正比，并与流体黏性有关，其数学表达式为

$$F = \mu A \frac{\text{d}u}{\text{d}y} \tag{9.1.6}$$

式(9.1.6)称为牛顿黏性定律。式中：F 为黏滞力；A 为接触面积；$\text{d}u/\text{d}y$ 为流体垂直于速度方向的速度梯度；μ 为表征流体黏性的比例系数。

(3) 流体的压缩系数和膨胀系数

在一定的温度下，流体体积随压力增大而缩小的特性，称为流体的压缩性；在一定压力下，流体的体积随温度升高而增大的特性，称为流体的膨胀性。

当流体温度不变而所受压力变化时，流体体积的相对变化率称为流体的压缩系数。

$$k = -\frac{1}{V} \cdot \frac{\Delta V}{\Delta P} \tag{9.1.7}$$

式中：k 为压缩系数；V 为流体的体积；ΔV 为流体体积的变化；ΔP 为流体所受压力的变化。

在一定的压力下，流体温度变化时，其体积的相对变化率称为流体的膨胀系数。

$$\beta = \frac{1}{V} \cdot \frac{\Delta V}{\Delta T} \tag{9.1.8}$$

式中：β 为膨胀系数；V 为流体的体积；ΔV 为流体体积的变化；ΔT 为流体温度的变化。

（4）雷诺数

雷诺数是一个表征流体流动的惯性力与黏滞力之比的无量纲参数，定义为：

$$Re = \frac{\bar{u}\rho D}{\mu} \qquad\qquad (9.1.9)$$

式中：D 为圆管直径；ρ 为流体密度；$\bar{u}$ 为流体平均流速；μ 为流体动力黏滞度。

（5）管流类型

① 单相流和多相流

管道中只有一种均匀状态的流体流动称为单相流；有两种以上不同相流体同时在管道中流动称为多相流。

② 可压缩和不可压缩流体的流动

流体可分为可压缩流体和不可压缩流体，所以流体的流动也可分为可压缩流体流动和不可压缩流体流动两种。

③ 稳定流和不稳定流

当流体流动时，若其各处的速度和压力仅和流体质点所处的位置有关，而与时间无关，则流体的这种流动称为稳定流；若其各处的速度和压力不仅与流体质点所处的位置有关，而且与时间也有关，则流体的这种流动称为不稳定流。

④ 层流与紊流

管内流体有两种流动状态：层流和紊流。层流中流体沿轴向作分层平行流动，各流层质点没有垂直于主流方向的横向运动，互不混杂，有规则的流线。紊流状态管内流体不仅有轴向运动，而且还有剧烈的无规则的横向运动。

（6）流速分布与平均流速

流体有黏性，当它在管内流动时，即使是在同一管路截面上，流速也因其流经的位置不同而不同。越接近管壁，由于管壁与流体的黏滞作用，流速越低，管中心部分的流速最快，流体流动状态不同将呈现不同的流速分布。

9.1.2　流量检测仪表的分类和主要技术参数

1. 流量检测的方法

工业上常用的流量仪表种类很多，其测量原理、结构特性、适用范围及使用方法等各不相同。所以其分类方法可以按不同的原则划分，没有统一的分类方法。按照不同的测量原理，流量仪表可分为容积式、速度式、差压式和质量流量计。

容积式流量计是利用机械测量元件把流体连续不断地分隔成单位体积并进行累加而计量出流体总量的仪表。如腰轮流量计、椭圆齿轮流量计、刮板流量计、活塞流量计等。

速度式流量计是以测量管道内或明渠中流体的平均速度来求得流量的仪表。如涡轮流量计、涡街流量计、电磁流量计、超声流量计等。

差压式流量计是利用伯努利方程原理来测量流量的仪表。它以输出差压信号来反映流量的大小。如节流式流量计、均速管流量计、弯管流量计等。

质量式流量计是测量所经过的流体质量，此类流量仪表有间接式质量流量计和直接式质量流量计。这种测量方法具有被测流体流量不受流体温度、压力、密度、黏度等变化的影响，是一种处于发展中的流量测量方法。

常用的流量测量仪表的分类如表 9.1.1 所示。

表 9.1.1　流量仪表的分类

类　别		工作原理	仪表名称		可测流体种类	适用管径（mm）	测量精度（%）	安装要求及特点
体积流量计	差压式流量计	流体流过管道中的阻力件时产生的压力差与流量之间有确定关系，通过测量差压值求得流量	节流式	标准孔板	液、气、蒸汽	50～1000	±1～2	需 直 管 段，压损大
				标准喷嘴		50～500		需 直 管 段，压损中等
				文丘里管		100～1200		需 直 管 段，压损小
			均速管		液、气、蒸汽	25～9000	±1	需 直 管 段，压损小
			转子流量计		液、气	4～150	±2	垂直安装
			靶式流量计		液、气、蒸汽	15～200	±1～4	需直管段
			弯管流量计		液、气		±0.5～5	需 直 管 段，无压损
	容积式流量计	直接对仪表排出的定量流体计数确定流量	椭圆齿轮流量计		液	10～100	±0.2～0.	无直管段要求，需装过滤器，压损中等
			腰轮流量计		液、气			
			刮板流量计		液		±0.2	无直管段要求，压损小
	速度式流量计	通过测量管道截面上流体平均流速来测量流量	涡轮流量计		液、气	4～600	±0.1～0.5	需直管段，装过滤器
			涡街流量计		液、气	150～1000	±0.5～1	需直管段
			电磁流量计		导电液体	6～2000	±0.5～1.5	直管段要求不高，无压损
			超声波流量计		液	＞10	±1	需 直 管 段，无压损

续　表

类　　别		工作原理	仪表名称	可测流体种类	适用管径 mm	测量精度％	安装要求及特点
质量流量计	直接式	直接检测与质量流量成比例的量来测量质量流量	热式质量流量计			±1	
			冲量式质量流量计	固体粉料		±0.2～2	
			科氏质量流量计	液、气		±0.15	
	间接式	同时测体积流量和流体密度来计算质量流量	组合法	液、气		±0.5	
			温度、压力补偿法	液、气			

2. 流量仪表的主要技术参数

（1）测量范围

测量范围是指流量计可测的最大流量与最小流量之间的范围。

（2）量程和量程比

流量范围内最大流量与最小流量值之差称为流量计的量程。最大流量与最小流量的比值称为量程比，也称为流量计的范围度。

（3）允许误差和精度等级

流量仪表在规定的正常工作条件下允许的最大误差，称为该流量仪表的允许误差，一般用最大相对误差和引用误差来表示。流量仪表的精度等级是根据允许误差的大小来划分的，其精度等级有 0.02、0.05、0.1、0.2、0.5、1.0、1.5、2.5 级等。

（4）压力损失

压力损失的大小是流量仪表选型的一个重要技术指标。压力损失小，流体能耗小，输运流体的动力要求小，测量成本低。反之则能耗大，经济效益相应降低。故希望流量计的压力损失愈小愈好。

9.2　差压式流量计

差压式流量计是一类应用最广泛的流量计，在各类流量仪表中其使用量占居首位。差压式流量计基于流体在通过设置于流通管道上的流动阻力件时产生的压力差与流体流量之间的确定关系，通过测量差压值求得流体流量。常用于气体、液体、蒸汽流量的测量，具有性能稳定、结构牢固等优点。但由于压力损失大，所以测量精度偏低。

节流式差压流量计是应用最广泛的差压式流量计，它是以节流装置为检测元件的差压式流量计。节流式差压流量计由节流元件及静压差测量装置等组成，其结构如图 9.2.1 所示。

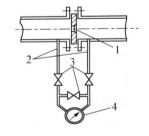

图 9.2.1　节流式流量计组成
1-节流元件；2-引压管路
3-三阀组；4-差压计

9.2.1 节流式差压流量计的工作原理

1. 节流装置工作原理

节流装置用于测量流量,其工作原理为:在管道内部装有截面变化的孔板或喷嘴等节流件,当流体流经节流件时由于流束收缩,则在节流件的前后产生静压力差,利用压差与流速的关系可进一步测出流量。

以孔板为例,观察在管道中流动的流体经过节流件时流体的静压力和流速的变化情况。实验表明(见图 9.2.2),在距孔板前大约 $(0.5 \sim 2)D$(D 为管道内径)处,流束开始收缩,即靠近管壁处的流体开始向管道的中心处加速。流束经过孔板后,由于惯性作用而继续收缩,大约在孔板后的 $(0.3 \sim 0.5)D$ 处流束的截面积最小,流速最快、压力最低。在这以后,流束开始扩展,流速逐渐恢复到原来的速度,压力也逐渐恢复到最大。产生这种现象的原因是,当流体在管道中流过时,由于受到节流元件的阻挡作用,流体的流动速度变慢,动压能降低,静压能升高,流体通过节流元件以后,节流元件对流体的阻碍作用消失,动压能升高,静压能降低,于是在节流元件前后产生了静压差 Δp,压差的大小与流量成单值对应关系,流量越大,流束的局部收缩和静压能、动压能的转化越显著,即 Δp 也越大。所以,只要测出节流元件前、后的静压差,就能求得流经节流元件的流量的大小。值得注意的是,流体经过节流元件以后,压力逐步恢复到最大,但不能恢复到收缩前的压力值,这是因为流体经过节流元件时有永久性的压力损失所致。

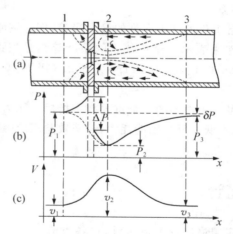

图 9.2.2 流体流经节流件时压力和流速变化情况

流体流经喷嘴和文丘里管的情况与孔板相似,只是它们的开孔面积和流束的最小收缩截面基本一致。

2. 流量方程

假定在水平管道内流动的是不可压缩的、无黏性的理想流体,依据流体力学中的伯努利方程(9.2.1)和连续性方程(9.2.2),可以推导出理想流体的流量基本方程式,即

$$\frac{p_1}{\rho} + \frac{v_1{}^2}{2} = \frac{p_2}{\rho} + \frac{v_2{}^2}{2} \tag{9.2.1}$$

$$v_1 \rho \frac{\pi}{4} D^2 = v_2 \rho \frac{\pi}{4} d^2 \tag{9.2.2}$$

式中：p_1、p_2 分别为截面 1 和 2 上流体的静压力；v_1、v_2 分别为截面 1 和 2 上流体的平均流速；D、d 分别为截面 1 和 2 上流束直径；ρ 为流体的密度。由式(9.2.1)和式(9.2.2)可求得流经节流件的流速为

$$v_2 = \frac{1}{\sqrt{1-(d/D)^4}} \sqrt{\frac{2}{\rho}(p_1 - p_2)} \tag{9.2.3}$$

根据体积流量的定义，可写出体积流量的理论方程式为

$$q_V = v_2 A_2 = \frac{1}{\sqrt{1-(d/D)^4}} \frac{\pi}{4} d^2 \sqrt{\frac{2}{\rho}(p_1 - p_2)} \tag{9.2.4}$$

质量流量方程式为

$$q_m = \rho v_2 A_2 = \frac{1}{\sqrt{1-(d/D)^4}} \frac{\pi}{4} d^2 \sqrt{2\rho(p_1 - p_2)} \tag{9.2.5}$$

3. 实际流量公式

由上面推导出的理论流量方程式可知，通过节流元件的被测流体的流量与节流元件上、下游的差压存在一定的函数关系。但是由于实际流体与理想流体之间的差异，如果按理论流量方程式计算流量值，将远大于实际流量值。所以，只有对理论流量方程式进行修正后，才能应用于实际流量的计算。

引入流出系数 C，定义为实际流量与理论流量之比。并以实际采用的某种取压方式所得到的压差 Δp 来代替$(p_1 - p_2)$的值，令直径比 $\beta = \dfrac{d}{D}$，对式(9.2.4)和式(9.2.5)进行修正，得

$$q_V = \frac{C}{\sqrt{1-\beta^4}} \frac{\pi}{4} d^2 \sqrt{\frac{2}{\rho} \Delta p} = \alpha \frac{\pi}{4} d^2 \sqrt{\frac{2}{\rho} \Delta p} \tag{9.2.6}$$

$$q_m = \frac{C}{\sqrt{1-\beta^4}} \frac{\pi}{4} d^2 \sqrt{2\rho\Delta p} = \alpha \frac{\pi}{4} d^2 \sqrt{2\rho\Delta p} \tag{9.2.7}$$

式中：α 称为流量系数，是通过实验方法确定的。

$$\alpha = \frac{C}{\sqrt{1-\beta^4}} = CE \tag{9.2.8}$$

$$E = \frac{1}{\sqrt{1-\beta^4}} \tag{9.2.9}$$

对于可压缩流体，考虑到节流过程中流体密度的变化而引入流束膨胀系数 ε 进行修正，采用节流件前的流体密度，由此流量公式可更一般的表示为

$$q_V = \alpha\varepsilon \frac{\pi}{4} d^2 \sqrt{\frac{2}{\rho} \Delta p} \tag{9.2.10}$$

$$q_m = \alpha\varepsilon \frac{\pi}{4} d^2 \sqrt{2\rho\Delta p} \tag{9.2.11}$$

式中：ε 为可膨胀性系数，当被测流体为液体时，ε＝1；当被测流体为气体、蒸汽时，ε＜1。

9.2.2　标准节流装置

节流装置已发展应用半个多世纪，积累的经验和试验数据十分充足，应用也十分广泛。节流装置按其标准化程度，可分为标准型和非标准型两大类。所谓标准型，是指按照标准文件（如节流装置国际标准 ISO 5167－2003 或国家标准 GB/T2624－2006）设计、制造、安装和使用，它的结构形式、尺寸要求、取压方式、使用条件等均有统一规定。只要按标准规定的条件和数据去设计、加工制造和安装使用，无需对节流装置进行标定，就可以直接应用于流量检测，其误差不会超出规定流量的误差，如果稍有变动，还可以修正。这对于现场应用是非常方便的。标准节流装置由于它具有结构简单并已标准化、使用寿命长和适应性广等优点，因而在流量测量仪表中占据重要地位。非标准型节流装置是指成熟程度较低、尚未标准化的节流装置。

标准节流装置是由节流件，取压装置，节流件上游第一个阻力件、第二个阻力件，下游第一个阻力件以及它们间的直管段所组成。标准节流装置同时规定了它所适应的流体种类，流体流动条件以及对管道条件、安装条件、流体参数的要求。节流件的形式很多，有孔板、喷嘴、文丘里管、四分之一圆弧孔板和偏心孔板等。有的甚至可用管道上的部件如弯头等所产生的压差来测量流量，但是由于它所产生的压差值较小，影响的因素很多，因此很难测量准确。应用最多的标准节流装置是孔板、喷嘴和文丘里管。

1. 标准节流件

常用的标准节流元件有标准孔板、喷嘴和文丘里管。

（1）标准孔板

标准孔板的形状如图 9.2.3 所示，是一块具有与管道同心圆形开孔的圆板，迎流一侧是有锐利直角入口边缘的圆筒形孔，顺流的出口呈扩散的锥形。标准孔板的开孔直径 d 是一个非常重要的尺寸，对制成的孔板，应至少取 4 个大致相等的角度测得直径的平均值。任一孔径的单测值与平均值之差不得大于 0.05%。孔径 d 在任何情况下都应大于或等于 12.5mm，根据所用孔板的取压方式，直径比（d/D）总是大于或等于 0.20，而小于或等于 0.75。

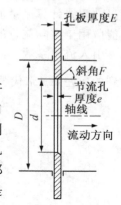

图 9.2.3　标准孔板

标准孔板的主要特点是结构简单、加工方便、价格便宜。压力损失较大，测量精度较低，只适用于洁净流体介质，测量大管径高温高压介质时，孔板易变形。

（2）标准喷嘴

标准喷嘴是一种以管道轴线为中心线的旋转对称体，主要由入口圆弧收缩部分与出口圆筒形喉部组成，有 ISA1932 喷嘴和长径喷嘴两种形式。ISA1932 喷嘴简称标准喷嘴，其形状如图 9.2.4 所示，它由进口端面 A、收缩部 BC、圆筒形喉部 E 和出口边缘保护槽 H 等 4 个部分所组成。

入口平面部分 A 是直径为 1.5d 且与旋转轴（喷嘴轴线）同心的圆周和直管为 D 的管道内圆所限定的平面部分。当 $d=2D/3$ 时，该平面的径向宽度为零。当 $d>2D/3$ 时，直径为 1.5d 的圆周将大于直径 D 的圆周，则在管内没有平面部分。这时应像图 9.2.4(b)那样，使平面部分 A 的直径恰好等于管道内径 D。

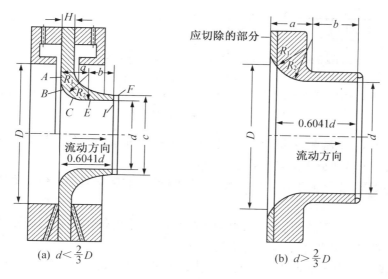

图 9.2.4　ISA1932 喷嘴

（3）文丘里管

文丘里管是由收缩段、圆筒形喉部与圆锥形扩散管 3 部分组成。按收缩段的形状不同，又分为古典文丘里管和文丘里喷嘴。文丘里管压力损失最低，有较高的测量精度，对流体中的悬浮物不敏感，可用于污脏流体介质的流量测量，在大管径流量测量方面应用得较多。但尺寸大、笨重、加工困难、成本高，一般用在有特殊要求的场合。古典文丘里管是由入门圆筒段 A、圆锥形收缩段 B、圆筒形喉部 C 和圆锥形扩散段 E 组成，如图 9.2.5 所示。按圆锥形收缩段内表面加工的方法和圆锥形收缩段与喉部圆筒相交的线型的不同，又分为粗糙收缩段式、精加工收缩段式和粗焊铁板收缩段式。文丘里喷嘴是喷嘴加上扩散段而成，喉部亦为圆筒形。

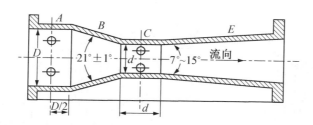

图 9.2.5　文丘里管

2. 取压装置

取压装置是指取压的位置与取压口的结构形式的总称。差压式流量计是通过测量节流件前后压力差 Δp 来实现流量测量的，而压力差 Δp 的值与取压孔位置和取压方式紧密相关。每个取压装置至少有一个上游取压孔和一个下游取压孔，不同取压方式的上下游取压孔位置必须符合国家标准的规定。节流件上下游取压孔的位置表征标准孔板的取压方式，取压方式有 5 种。各种取压方式及取压孔位置如图 9.2.6 所示。

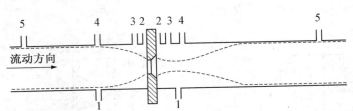

1-1-理论取压；2-2-角接取压；3-3-法兰取压；4-4-径距取压；5-5-损失取压

图 9.2.6 节流装置的取压方式

（1）理论取压：上游侧取压孔的轴线位于距离孔板前端面 1 倍管道直径 D 处，下游侧取压孔的轴线位于流速最大的最小收缩端面处。

（2）角接取压：上下游取压管位于孔板（或喷嘴）的前后端面处。角接取压包括单独钻孔和环室取压。

（3）法兰取压：上下游侧取压孔的轴线至孔板上、下游侧端面之间的距离均为 25.4±0.8mm。取压孔开在孔板上下游侧的法兰上。

（4）径距取压：上游侧取压孔的轴线至孔板上游端面的距离为 $1D±0.1D$，下游侧取压孔的轴线至孔极下游端面的距离为 $0.5D$。

（5）损失取压：上游侧取压孔的轴线至孔板上游端面的距离为 $2.5D$，下游侧取压孔的轴线至孔板下游端面的距离为 $8D$。该方法很少使用。目前广泛采用的是角接取压法，其次是法兰取压法。角接取压法比较简便，容易实现环室取压，测量精度较高。法兰取压法结构较简单，容易装配，计算也方便，但精度较角接取压法低些。

① 角接取压

角接取压装置包括单独钻孔取压的夹紧环（见图 9.2.7 的下半部分）和环室（见图 9.2.7 的上半部分）。环室取压的前后环室装在节流件的两侧，环室夹在法兰之间。法兰和环室之间、环室和节流件之间放有垫片并夹紧。节流件前后的静压力，是从前、后环室和节流件前、后端面之间所形成的连续环隙处取得的，其值为整个圆周上静压力的平均值，环隙宽度 b 规定如下：

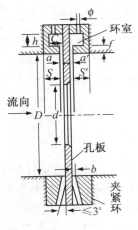

图 9.2.7 角接取压装置

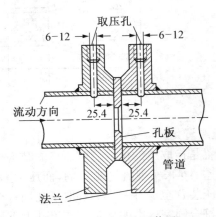

图 9.2.8 法兰取压装置

对于清洁流体和蒸汽：

当 $\beta \leqslant 0.65$ 时，$0.005D \leqslant b \leqslant 0.03D$

当 $\beta > 0.65$ 时，$0.01D \leqslant b \leqslant 0.02D$

无论 β 取什么值，当用于清洁流体时，b 应满足 $1\text{mm} \leqslant b \leqslant 10\text{mm}$；用于测量蒸汽或液化气时，$b$ 应满足：$1\text{mm} \leqslant b \leqslant 10\text{mm}$。

角接取压标准孔板的优点是灵敏度高、加工简单、费用较低。

（2）法兰取压

法兰取压装置即为设有取压孔的法兰，其结构如图 9.2.8 所示。上下游的取压孔必须垂直于管道轴线，取压孔的轴线离孔板上下游端面的距离均为 25.4mm。取压孔的轴线应与管道轴线直角相交，孔口与管内表面平齐，上下游取压孔的孔径相同，孔径不得大于 $0.08D$，实际尺寸应为 $6 \sim 12\text{mm}$。

（3）$D - D/2$ 取压

此取压装置的特点是上下游取压口名义上等于 D 和 $D/2$，但实际上可以有一定的变动范围，且不需要对流量系数进行修正。上游取压口至孔板上游端面间距离可在 $0.9D \sim 1.1D$。下游取压口至孔板端面间距 l_2 可以在下列值之间：

当 $\beta \leqslant 0.6$ 时，l_2 可在 $0.48D \sim 0.52D$；

当 $\beta > 0.6$ 时，l_2 可在 $0.49D \sim 0.51D$。

$D - D/2$ 取压标准孔板的优点是：对标准孔板与管道轴线的垂直度和同心度的安装要求较低，特别适合大管道的过热蒸汽测量。

3. 差压式流量检测仪表的安装

差压式流量检测仪表的安装包括节流装置、差压信号管路和差压计（或差压变送器）3 个部分的安装。正确的选用、精确的设计、细致的加工制造节流装置是保证检测准确度的基础，同时还必须满足差压式流量计安装的各种要求，只有这样，流量计才能正常运行。

（1）节流装置的安装

节流装置应该安装在两段有恒定横截面积的圆形直管段之间。应该在紧邻节流装置上游，管道内流体流动状态稳定、无漩涡的位置上安装节流装置。上、下游都应有直管段，其长度因节流装置的形式不同而不同，要根据实验资料确定，其中标准节流装置要求是最严格的，管道内可设排泄孔和放气孔，用于排放固体沉积物和被测流体之外的流体。但在流量检测期间，流体不得通过排泄孔和放气孔。一般情况下，排泄孔和放气孔不要位于节流件附近，其孔径应小于 $0.08D$。

（2）导压管路的安装

① 取压口

取压口一般设在法兰、环室或夹紧环上。位于测量气体流量的水平管的取压口，应设在管道垂直截面的上方，以防液体或脏污物进入。测量液体流量的水平管上的取压口，可设在下方，以防气体进入。具体位置的选择如图 9.2.9 所示。测量蒸汽流量的

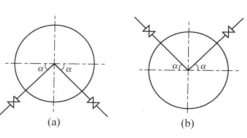

图 9.2.9　取压口位置示意图

取压口,可设在水平管截面的水平方向。至于垂直管道上的取压口,可在取压装置的平面上任意选择。

② 导压管

为把节流件前后的压差传送至差压计,应设两条导压管。导压管应按最短的管路来敷设,长度最好在 16m 以内;导压管应按被测流体的性质和参数选用耐压、耐腐蚀的材料制造,管内径要根据导压管的长度来确定,一般不得小于 6mm。

两根导压管应尽量保持相同的温度。两导压管里流体温度不同时,将引起其中流体密度变化,引起差压计的零点漂移。因此,两根导压管应尽量靠近。

导压管内应保证是单相的流体。严寒地区和高温地区应加防冻和防止汽化的措施。安装时必须考虑有排除管内积水或积气的管路,也应避免将导压管水平安装。导压管的倾斜度不得小于 1∶12,其顶部应设放气阀,凹部应设置放水阀。应切实保证导管内的液体不存留气泡,否则就不能传递压差。

③ 截断阀、冷凝器、集气器和沉降器

为了在必要时将测量管与主管路完全切断,应设置截断阀,阀应设在离节流件很近的地方。截断阀的流通面积不应小于导压管的流通面积,截断阀的结构应能防止在其中聚积气体或液体,避免影响差压信号的传送。

冷凝器的作用是使导压管中被测量的蒸汽冷凝,并使正负导压管中冷凝液具有相同的高度且保持恒定。冷凝器的容积应大于全量程内差压计或差压变送器工作空间的最大容积变化的 3 倍。

被测液体中产生的气体不得在导压管中积存,故在导压管的各最高点上应设置集气器或排气阀。

由于被测流体中往往含有杂质,故在导压管的最低点设沉降器或排污阀是完全必要的,在测量蒸汽流量时对排除积存的水垢也是有效的。

④ 隔离器和隔离液

当被测量的流体有腐蚀性、易冻结、易析出固体或具有很高黏度时,应采用隔离器和隔离液,使被测流体不与差压计或差压变送器接触,以免破坏差压计或差压变送器的工作性能。隔离液应选择沸点高、凝固点低、化学与物理性能稳定的液体,如甘油、乙醇等。

⑤ 清洗装置

为防止脏污液体或灰尘积存在导压管和差压计中,应定期进行清洗。其方法是:被测流体为气体或液体时,可用洁净的空气吹入主管道;如果被测流体是液体,也可用洁净的液体吹入主管道。

（3）差压计的安装

差压计和差压变送器的安装,首先考虑的是安装地点周围的条件是否符合差压计使用时规定的各种要求(温度、湿度、腐蚀性、振动等),操作和维修是否方便。否则,应采取相应的预防措施或者改换安装地点。其次是当检测液体流量或导压管中的介质为液体时,应使两根导压管内的液体温度相同,避免因温度不同,使密度发生变化,从而引起附加的检测误差。

4. 测量管道条件

测量管道截面应为圆形,节流件及取压装置安装在两圆形直管之间。节流件附近管道的圆度应符合标准中的具体规定。当现场难以满足直管段的最小长度要求或有扰动源存在时,可考虑在节流件前安装流动整流器,以消除流动的不对称分布和旋转流等情况。安装位置和使用的整流器型式在标准中有具体规定。

9.3　电磁流量计

电磁流量计能够测量具有一定导电率的流体的流量,如酸、碱、盐溶液以及含有固体颗粒或纤维的流体等。

9.3.1　工作原理

电磁流量计是基于法拉第电磁感应原理制成的一种流量计,其测量原理如图 9.3.1 所示。当被测导电流体在磁场中沿垂直于磁力线方向流动而切割磁力线时,在对称安装的流通管道两侧的电极上将产生感应电动势,感应电动势的方向可以由右手定则确定。当磁场强度和管道直径一定时,感应电动势的大小与流速成正比

图 9.3.1　电磁流量计原理图

$$E = BDv \qquad (9.3.1)$$

式中:E 为感应电动势,单位为 V;B 为磁感应强度,单位为 T;D 为管道直径,即导体在磁场内切割磁力线的长度,单位为 m;v 为垂直于磁力线方向的液体流速,即被测液体流过传感器的平均流速,单位为 m/s。

对于具体的流量计,管径 D 是固定的,磁场强度 B 在有关参数确定后也是不变的,感应电势 E 的大小只取决于液体的平均流速。因此,感应电势与液体体积流量有如下关系

$$q_v = \frac{1}{4}\pi D^2 v = \frac{\pi D}{4B}E = \frac{E}{k} \qquad (9.3.2)$$

式中:$k = 4 \times \dfrac{B}{\pi D}$ 称为仪表常数,决定于仪表的几何尺寸及磁场强度。

实际的电磁流量计由流量传感器和转换器两大部分组成,转换器的任务是将传感器上产生的感应电势转换成 0～10mA 或 4～20mA 的直流电信号,该信号经放大处理,实现各种显示或输出。

9.3.2　电磁流量传感器

电磁流量传感器的结构如图 9.3.2 所示,由检测导管、绝缘衬里、电极和传感器磁场等部分组成。

检测导管由非导磁的高阻材料制成。为了避免磁力线被检测导管的管壁短路,并使检测导管在较强的交变磁场中尽可能地降低涡流损耗,一般为不锈钢、玻璃钢或具有高电阻率的铝合金。

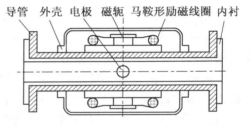

导管　外壳　电极　磁轭　马鞍形励磁线圈　内衬

图 9.3.2　电磁流量计结构

绝缘衬里是为了防止检测导管被腐蚀并使内壁光滑,常常在整个检测导管内壁涂上绝缘衬里,衬里材料由工作温度来决定,一般常用陶瓷或专门的橡胶、环氧树脂等。需要指出的是,用不锈钢等导电材料作导管时,在检测导管内壁与电极之间必须有绝缘衬里,以防止感应电势被短路。

电极用非导磁不锈钢制成,或用铂、金,或镀铂、镀金的不锈钢制成。电极的安装位置宜在管道的水平对称方向,以防止沉淀物堆积在电极上面而影响测量准确度。要求电极与导管内衬齐平,以便流体通过时不受阻碍。电阻与测量管内壁必须绝缘,以防止感应电势被短路。

电磁流量计的磁场,原则上采用交流磁场和直流磁场都可以。直流磁场可以用永久磁铁来实现,这种结构比较简单。直流磁场不会造成干扰,仪表性能稳定,工作可靠。但直流磁场在电极上产生直流电势,可能会引起被测介质的电解,从而在电极上发生极化现象,破坏原来的检测条件。而且当管道直径较大时,永久磁铁势必也很大,这样既笨重又不经济。所以,工业生产上用的电磁流量计,一般采用交变磁场。采用交变磁场可以有效地消除极化现象。但是,由于电磁流量计在工作时,管道内充满导电液体,因而交变磁通就不可避免地要穿过由电极引线、被测液体和转换部分的输入阻抗构成的闭合回路,从而在该回路内产生一个附加的干扰电势,会引起检测误差。因此,可在检测部分的结构上采取相应措施,使进入仪表的干扰电势互相抵消,消除此项影响。

9.3.3 电磁流量转换器

电磁流量转换器将传感器输出的电势信号经转换器信号处理和放大后转换为正比于流量的 4~20mA 的电流信号或脉冲信号,输出给显示记录仪表,因励磁波形的不同,电磁流量转换器的电路有多种形式。转换器由微处理机与励磁电路、缓冲放大、A/D 转换与电源等组成,自动完成励磁、高低频电势信号采集、处理与转换。

转换器还具有多种功能:单量程、多量程、多通道设定、瞬时流量与累积流量运算、显示或流量控制、标准电流与脉冲输出、信号远传以及各种报警检测、故障诊断等。

9.3.4 电磁流量计的特点及使用

1. 电磁流量计的特点

测量管内无可动部件,压力损失小,也不会发生堵塞现象,适用于含有颗粒、悬浮物等流体的流量测量;由于测量管及电极都衬防腐材料,可以用来测量腐蚀性介质的流量;流量测量范围大,流量计的管径小到 1mm,大到 2m 以上,插入式电磁流量计适应的管径可达 3000mm;测量精度可达 0.5%~1.5%;电磁流量计的输出与流量呈线性关系;电磁流量计无机械惯性,反应迅速,可以测量脉动流量。

电磁流量计的缺点主要是:被测介质必须是导电的液体,不能用于气体、蒸汽及石油制品的流量测量;流速测量下限有一定限度;工作压力受到限制;结构比较复杂,成本较高。此外,管道上安装电极及衬里材料的密封受温度的限制,它的工作温度一般为 $-40\sim130℃$,工作压力 $0.6\sim1.6MPa$。

2. 电磁流量计的安装与使用

电磁流量传感器安装位置,应选择在任何情况下检测导管内都能充满液体的地方,避免检测导管内没有液体,而指针却不在零位所造成的错觉。最好是垂直安装,使被测液体自下而上流经仪表,这样可以避免当导管中有沉淀物或流体流经电极时,产生气泡而造成的检测误差。如不能垂直安装时,也可水平安装,但要使两电极在同一水平面上。

电磁流量计的输出信号比较弱,在满量程时也只有 $2.5\sim8\text{mV}$,流量很小时,输出只有几 μV,外界略有干扰就能影响检测的精度。因此,传感器的外壳、屏蔽线,检测导管以及传感器两端的管道都要接地,并且要求单独敷设接地点,绝对不要连接在电机、电器等公用地线或上下水管道上。值得注意的是:转换部分已通过电缆线接地,故勿再行接地,以免因地电位的不同而受干扰。

传感器的安装地点要远离一切磁源(如大功率电机、变压器等),不能有振动。

传感器和变换器必须使用同一相线,避免检测信号和反馈信号相位相差 120°,使仪表不能正常工作。

要定期清理传感器内壁积垢层,以防电极短路,要始终避免酸、碱、盐对一次表的导管内绝缘衬里的腐蚀,保持绝缘衬里良好的工作状态。

9.4　涡轮流量计

9.4.1　涡轮流量计工作原理

涡轮流量计是速度式流量检测仪表,它是以动量守恒原理为基础的。当流体流经安装在管道里的涡轮叶片与管道之间时,由于流体冲击涡轮叶片,使涡轮旋转。涡轮的旋转速度随流量的变化而变化,最后从涡轮的转速求出流量值。如图 9.4.1 所示,通过磁电转换装置将涡轮转数变换成电脉冲,该脉冲信号经前置放大后送入二次仪表进行计数和显示,由单位时间的脉冲数和累计脉冲数反映出瞬时流量和累积流量。

图 9.4.1　涡轮流量计组成框图

流体的总流量与信号脉冲的关系为

$$Q=\frac{N}{\zeta} \tag{9.4.1}$$

式中:Q 为流体总流量;N 为脉动电势信号的脉冲数;ζ 为流量常数。

例如,涡轮流量计变送器的 ζ 为 200 次/L,显示仪表在 10min 内计算得的脉冲总数为 5000 次,则 10min 内流体流过的总量 $Q=5000/200=25\text{L}$。

9.4.2　涡轮流量变送器的结构

涡轮流量变送器的结构如图 9.4.2 所示,它主要由涡轮组件(涡轮和轴承)、导流体组件、磁电转换器、前置放大器和壳体等组成。

涡轮是由导磁的不锈钢材料制成,装有数片螺旋形叶片,被置于摩擦力很小的轴承中。当流体流经涡轮时,涡轮除了发生旋转外,还受到一个轴向推力的作用,为了减小轴向推力的影响,一般利用流体产生的反推力来进行自动补偿,即采用了较特殊的涡轮轴体形状。

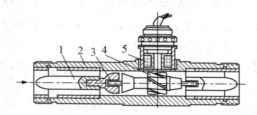

图 9.4.2 涡轮流量变送器的结构

1-导流器;2-外壳;3-轴承;4-涡轮;5-磁电转换器

由铁芯和感应线圈组成的磁电装置安装在变送器的壳体上。当导磁性的叶片旋转时,叶片便要周期性地改变磁电系统的磁阻值,使通过线圈的磁通量发生周期性的变化,因而在线圈内感应出脉动电信号。磁电转换除上述磁阻式外,还有采用感应式的,它的转动涡轮用非导磁性材料制成,即将一小块磁钢埋在涡轮内腔,当涡轮旋转时,磁钢也随着旋转,因而在固定于壳体上的线圈里感应出电信号。磁阻式比较简单,并可以提高输出信号的频率,有利于提高测量精度。

导流器是由导向环及导向座组成,使流体在进入涡轮前被导直,以避免流体的自旋作用而改变流体与涡轮叶片的作用角度,保证仪表的精度。在导流器上装有轴承,用以支承涡轮。

前置放大器将磁电转换装置输出的微弱信号进行放大后再送到二次仪表,前置放大器一般采用三级电压放大和射极输出电路,置于信号引出端的接线盒中。

9.4.3 涡轮流量计的特点及使用注意事项

1. 涡轮流量计的特点

(1) 准确度高,可达到 0.5 级以上,在狭小范围内可以达到 0.1%,可作为流量的准确计量仪表,用作标定其他流量的标准仪表。

(2) 反应迅速,可测脉动流量。被测介质为水时,其时间常数一般只有几毫秒到几十毫秒。

(3) 重复性好,短期重复性可达 0.05%~0.2%。

(4) 结构紧凑轻巧,安装维护方便。

(5) 量程范围宽,刻度线性。

2. 使用注意事项

(1) 要求被测介质洁净,减少对轴承的磨损,并防止涡轮被卡住,应在变送器前加过滤装置。

(2) 介质的密度和黏度的变化对示值有影响。由于变送器的流量系数一般是在常温下用水标定的,所以密度改变时应该重新标定。对于同一液体介质,密度受温度、压力的影响很小,所以可以忽略温度、压力变化的影响。对于气体介质,由于密度受温度、压力影响较大,除影响流量系数外,还直接影响仪表的灵敏度。虽然涡轮流量计时间常数很小,很适于测量由于压缩机冲击而引起的脉动流量,但是用涡轮流量计测量气体流量时,必须对密度进行补偿。

（3）仪表的安装方式要求与校验情况相同,一般要求水平安装。由于泵或管道弯曲,会引起流体的旋转,而改变了流体和涡轮叶片的作用角度,这样即使是稳定的流量,涡轮的转数也会改变。因此,除在变送器结构上装有导流器外,还必须保证变送器前后有一定的直管段,一般入口直管段的长度取管道内径的 10 倍以上,出口取 5 倍以上。

（4）使用涡轮流量计时,一般要加装过滤器,以保持被测介质清洁,减少磨损。

9.5　涡街流量计

在特定的流动条件下,一部分流体动能转化为流体振动,其振动频率与流速有确定的比例关系,依据这种原理工作的流量计称为流体振动流量计。涡街流量计就属于这类流量计。

9.5.1　涡街流量计工作原理

流体在流动过程中,遇到障碍物会产生回流而形成漩涡。在均匀流动的流体的管道中,垂直地插入一个具有非流线型截面的柱体,称为漩涡发生体,当流速高于一定值时,则在该漩涡发生体两侧会产生旋转方向相反、交替出现的漩涡,并随着流体流动,在下游形成两列不对称的漩涡列,称之为"卡曼漩涡"。

管道中设置圆柱状阻力件后,漩涡形成的情况如图 9.5.1 所示。若两列平行漩涡相距为 h,同一列里先后出现的两个漩涡的间隔距离为 L,当比值 h/L 为 0.281 时,漩涡的形成是稳定的周期性现象。这时的单侧漩涡产生频率 f 和流体速度 v 之间有如下关系:

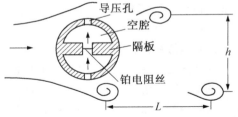

图 9.5.1　卡曼漩涡的形成

$$f = s_t \frac{v}{d} \tag{9.5.1}$$

式中: v 为柱体两侧处的流速,单位为 m/s; d 为柱体迎流面最大宽度,单位为 m; s_t 为无量纲数,在柱体形状确定后,在一定的雷诺数范围内为常数,称为斯特拉哈尔(strouhal)数。

如果在管道中插入圆柱体的漩涡发生器,在漩涡发生处,流通截面积为 A,管道内径为 D,圆柱体直径为 d,当满足 $d/D<0.3$ 时,漩涡发生体外的流通截面积可近似表示为

$$A = \frac{\pi D^2}{4}\left(1 - 1.25\frac{d}{D}\right) \tag{9.5.2}$$

流体的体积流量方程式为

$$q_V = vA = \frac{\pi D^2 f d}{4 s_t}\left(1 - 1.25\frac{d}{D}\right) \tag{9.5.3}$$

当管道内径和圆柱体的几何尺寸确定后,体积流量只与涡街产生的频率成正比,而与流体的物理性质(温度、压力、密度、成分等)无关,于是得

$$q_V = Kf \tag{9.5.4}$$

如采用三角柱体作为漩涡发生体,其迎流面的边长或宽度为 d,流体的体积流量为

$$q_V = A \frac{d}{s_t} \left(1 - 1.5 \frac{d}{D}\right) f \tag{9.5.5}$$

由式(9.5.5)可见,测出频率 f 就能得知体积流量。上述推导的前提是涡街稳定。实验表明,在 $h/L = 0.281$ 的条件下,不论阻力体是圆柱、方柱还是三角柱都能达到稳定状态。

9.5.2 漩涡频率的检测方法

由涡街流量计的工作原理可知,只要检测出漩涡产生的频率,就可得知流经管道的流体的流量,因此怎样检测出漩涡产生的频率是区分不同性能流量计的标准。目前已有多种方法,无非是利用漩涡的局部压力、密度、流速等的变化作用于敏感元件,产生周期性电信号,再经放大整形,得到方波脉冲,具体方法如下。

(1)电容检测法

在三角柱的两侧面各有相同的弹性金属膜片,内充硅油,漩涡引起的压力波动,使两膜片与柱体间构成的电容产生差动变化。其变化频率与漩涡产生的频率相对应,故检测由电容变化频率可推算出流量。

(2)应力检测法

在三角柱中央或后部插入嵌有压电陶瓷片的杆,杆端为扁平片,产生漩涡引起的压力变化作用在杆端而形成弯矩,使压电元件出现相应的电荷。此法技术上比较成熟,应用较多,已有系列化产品。

(3)热敏检测法

图 9.5.2 所示为三角柱体涡街检测器原理示意图,在三角柱体的迎流面对称地嵌入两个热敏电阻,与另两只固定电阻构成电桥,电桥通以恒定电流使热敏电阻温度稍高于流体。

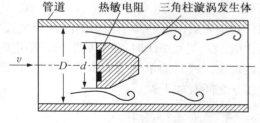

图 9.5.2 三角柱涡街检测器

两只热敏电阻在三角形漩涡发生体两侧未产生漩涡时,两只热敏电阻温度一致,阻值相等,电桥无电压输出。当发生体两侧交替产生漩涡时,两个电阻被周期地冷却,使其阻值改变,阻值的变化由桥路测出,即可测得漩涡产生频率,从而测出流量。

采用圆柱形漩涡发生体,可以得到更稳定、更强烈的漩涡。它与流速和频率的关系为

$$f = \frac{0.16}{\left(1 - 1.25 \frac{d}{D}\right)} \times \frac{v}{d} \tag{9.5.6}$$

式中:d 为三角柱扁平面的宽度。

(4)超声检测法

在柱体后设置横穿流体的超声波束,流体出现漩涡将使超声波由于介质密度变化而折射或散射,使收到的声信号产生周期起伏,经放大得到相应流量变化的脉冲信号。

9.5.3　涡街流量计特点与使用注意事项

1. 涡街流量计的特点

（1）测量精度较高，标定系数不受流体压力、温度、密度、黏度及成分变化的影响，更换检测元件时，不需重新标定；

（2）量程比宽，液体达 1∶15，气体达 1∶30；

（3）使用寿命长，压力损失小，安装与维护比较方便；

（4）测量几乎不受流体参数变化的影响，用水或空气标定后的流量计无须校正即可用于其他介质的测量；

（5）管道口径几乎不受限制，为 25～2700mm；

（6）直接输出与流量呈线性关系的电频率信号，易与数字仪表或计算机接口，对气体、液体和蒸汽介质均适用。

涡街流量计的主要缺点是流体流速分布情况和脉动情况将影响测量准确度，因此适用于紊流流速分布变化小的情况，并要求流量计前后有足够长的直管段。

2. 涡街流量计使用注意事项

涡街流量计使用时应注意以下问题：

（1）流速分布变动及脉动流能的变化带来流场的干扰，例如各种阀门、弯头、支管、扩张管等，直接影响漩涡的形成与频率，最终将影响其检测精度。安装时对仪表上下游的直管段有严格要求，一般上游为 $20D$，下游为 $5D$，必要时上游附加装整流片；同时仪表应定期用汽油、煤油、酒精等对检测元件进行清洗，以避免检测元件被玷污而造成对检测精度的影响。

（2）工业电磁的干扰会引起传感器输出电压的变化，安装时要合理的选择线路的敷设方式，采取相应屏蔽措施，正确选择接地点以减小电磁干扰。

（3）管道振动也会对检测带来影响。安装时，要采用支架结构，把压电敏感元件放在振动弯矩的零点上，压电元件将不会受到振动力的影响。也可采用差动传感器来消除振动影响。

（4）被测流体的雷诺数应在 $2\times10^4\sim7\times10^{16}$，如果超过这个范围，斯特劳哈尔数 s_t 便不是常数，仪表精度将降低。

（5）流体的流速必须在规定的范围内，不同口径，有不同的流速要求，如果被测介质为气体时，最大流速应小于 60m/s；为蒸汽时，应小于 70m/s；为液体时，应小于 7m/s。仪表的下限流速，可根据被测介质的黏度与密度，从仪表的相应曲线或公式中求得。同时因流体的流动状态与压力和温度有关，所以流体的压力和密度也要在规定的范围内。

9.6　超声波流量计

超声波流量计是一种非接触式流量测量仪表。它利用超声波在流体中的传播特性来测量流体的流速和流量，利用超声波测量流量的方法有许多种，其中典型的方法有：

① 速度差法，其中又分为时间差法、相位差法和声循环频率差法。

② 多普勒频移法。

③ 声速偏移法。

上述各种方法均有实际应用,但用得较多的还是速度差法和多普勒频移法,而声速偏移法当流速与声速比较低时实施起来很困难。

超声波的发射和接收换能器,一般采用压电陶瓷元件,接收换能器利用其压电效应,发射换能器则利用其逆压电效应。为保证声能损失小、方向性强,必须把压电陶瓷片封装在声楔之中。声楔应有良好的透声性能,常用有机玻璃、橡胶或塑料制成。压电元件常用锆钛酸铅(PZT)。通常把发射和接收换能器做成完全相同的材质和结构,可以互换使用或兼作两用。

9.6.1 传播速度法测量原理

1. 时差法

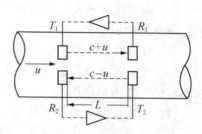

图 9.6.1　超声测速原理

时差法就是测量超声波脉冲顺流和逆流时传播的时间差。超声波在流体中的传播速度受流体流动速度的影响。设在静止的流体中声速为 c,流体流动的速度为 u。当超声波传播方向与流体流动方向一致时,超声波的传播速度为 $(c+u)$,而当超声波传播方向与流体流动方向相反时,超声波的传播速度为 $(c-u)$。如图 9.6.1 所示,在距离为 L 的两处分别安装两对超声波发送器 T_1、T_2 和接收器 R_1、R_2。顺流传播的超声波从 T_1 到 R_1 所需时间为

$$t_1 = \frac{L}{c+u} \tag{9.6.1}$$

逆流方向传播的超声波是从 T_2 到 R_2,所需时间为

$$t_2 = \frac{L}{c-u} \tag{9.6.2}$$

由于 $c^2 \gg u^2$,所以

$$\Delta t = t_2 - t_1 = \frac{2Lu}{c^2} \tag{9.6.3}$$

可得流体流速为

$$u = \frac{c^2}{2L} \Delta t \tag{9.6.4}$$

这就是通过测量超声波顺流和逆流传播同样距离所需要的时间差来测量流体流动速度的,是属于超声波传播速度差法的一种。

2. 频差法

频差法是测量超声波在顺流与逆流方向的传播频率差来计算流量的,两个超声波换能器是相同的,通过收发转换器控制,可交替作为发射器和接收器。

设流体的流速为 u,超声波的静止流体中的声速为 c。若 A 换能器发射超声波,则其在顺流方向的传播频率为

$$f_1 = \frac{1}{t_1} = \frac{c+u}{L} \tag{9.6.5}$$

逆流时传播频率为

$$f_2 = \frac{1}{t_2} = \frac{c-u}{L} \tag{9.6.6}$$

脉冲循环频差为

$$\Delta f = f_1 - f_2 = \frac{2u}{L} \tag{9.6.7}$$

流体流速为

$$u = \frac{L}{2}\Delta f \tag{9.6.8}$$

9.6.2 多普勒法测量原理

超声波在传播路径上如遇到微小固体颗粒或气泡会被散射,因此用时差法测量含有这类东西的流体时就不能很好地工作,它只能用来测量比较洁净的流体。而多普勒法正是利用超声波被散射这一特点工作的,所以多普勒法正适合测量含固体颗粒或气泡的流体。根据多普勒效应,当声源和观察者之间有相对运动时,观察者所感受到的声频率将不同于声源所发出的频率。这个频率的变化与两者之间的相对速度成正比。超声波多普勒流量计就是基于多普勒效应测量流量的。

多普勒法的工作原理如图 9.6.2 所示,设散射粒子与被测流体一起以速度 v 沿管道运动,对发射换能器来说便是以 $v\cos\theta$ 的速度离去,所以散射粒子接收到的超声波频串为

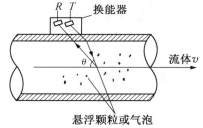

$$f' = f_T - \frac{v\cos\theta}{c} f_T \tag{9.6.9}$$

式中:f_T 为发射超声波的频率;v 为被测流体的流速;c 为流体中的声速;θ 为超声束折射入被测流体中的折射角。

图 9.6.2 超声多普勒法流量测量原理

式(9.6.9)中减去 $\frac{v\cos\theta}{c}f_T$ 一项,就是由于散射粒子的离去造成对散射粒子来说超声频率的降低。$\frac{v\cos\theta}{c}f_T$ 是按比例关系求得的。接收换能器收到的超声波频率,由于散射粒子以 $v\cos\theta$ 的速度离去又造成频率再一次降低,故接收换能器收到的超声波的频率为

$$f_s = f' - \frac{v\cos\theta}{c} f' \tag{9.6.10}$$

将式(9.6.9)代入式(9.6.10),并考虑 $c \gg v$,可得

$$f_s = f_T(1 - \frac{v\cos\theta}{c})^2 = f_T\left(1 - \frac{2v\cos\theta}{c} + \frac{v^2\cos^2\theta}{c^2}\right) \approx f_T\left(1 - \frac{2v\cos\theta}{c}\right) \tag{9.6.11}$$

接收器收到的超声波的频率与发射的超声波的频率之差,一般称为多普勒频率。

$$\Delta f = f_T - f_s = f_T \frac{2v\cos\theta}{c} \tag{9.6.12}$$

由式(9.6.12)得

$$v = \frac{c}{2f_T\cos\theta}\Delta f = K\Delta f \tag{9.6.13}$$

式中：K 为系数。

由式(9.6.13)可知，在发射频率 f_T 恒定时，流速与频移成正比。

9.6.3　超声波流量计的特点

超声波流量计可用来测量液体和气体的流量，比较广泛地用于测量大管道液体(如自来水)的流量，甚至江河的流速。它没有插入被测流体管道内部件，故没有压头损失，可以节约能源。由于换能器与流体不接触，对腐蚀很强的流体也同样可准确测量。超声波换能器在管外壁安装，故安装和检修时对流体流动和管道都毫无影响。流量计的测量准确度一般为 $\pm(1\%\sim2\%)$，测量管道液体流速范围一般为 $0.5\sim5\mathrm{m/s}$。

利用超声波进行流量检测，有以下几个特点：

(1) 超声波流量计可以做成非接触式的，从管道外部进行测量。在管道内部无任何测量部件，故没有压力损失，不改变原流体的流动状态，对原有管道不需任何加工就可以进行测量。

(2) 测量结果不受被测流体的黏度、电导率的影响，可测各种液体或气体的流量，可测很大口径的管道内流体的流量，甚至可测河流的流速。

(3) 超声波流量计的输出信号与被测流体的流量成线性关系。

9.7　质量流量计

在工业生产中，由于物料平衡、热平衡以及储存、经济核算等所需要的都是质量，并非体积。检测质量流量的方法可分为两大类：间接式质量流量计和直接式质量流量计。

间接式测量方法通过测量体积流量和流体密度经计算得出质量流量，这种方式又称为推导式。直接式质量流量计是直接检测被测流体质量的流量，根据测量原理可分为：① 与能量的传递、转换有关的质量流量计，如热式质量流量计和差压式质量流量计；② 与力和加速度有关的质量流量计，如科里奥利式质量流量计。

9.7.1　间接式质量流量计

间接式质量流量计一般是采用体积流量计和密度计或两个不同类型的体积流量计组合实现质量流量的测量。前述各种测量体积流量的流量计都可以配合密度计，同时测量流体的密度再运算得出质量流量。密度计可采用同位素、超声波、振动管、片式等连续测量密度的仪表，电磁流量计，容积流量计，涡轮、涡街流量计等，都可与密度配合测量流体质量流量。常见的组合方式主要有 3 种：

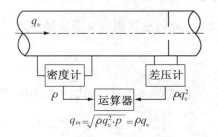

图 9.7.1　节流式流量计与密度计组合

（1）节流式流量计与密度计的组合；
（2）体积流量计与密度计的组合；
（3）体积流量计与体积流量计的组合。

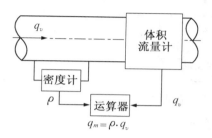
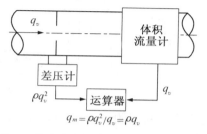

图 9.7.2　体积流量计和密度计组合　　　　图 9.7.3　节流式流量计和其他体积流量计组合

9.7.2　直接式质量流量计

直接式质量流量计的输出信号直接反映质量流量,它有许多种形式。

1. 热式质量流量计

由于气体吸收热量或放出热量均与该气体的质量成正比,因此可由加热气体所需能量或由此能量使气体温度升高之间的关系来测量气体的质量流量,其原理如图 9.7.4 所示。在被测流体中放入一个加热电阻丝,在其上、下游各放一个测温元件,通过测量加热电阻丝中的加热电流及上、下游的温差来测量质量流量。在上述具体条件下,被测气体单位时间内吸收的热量与温升的关系为

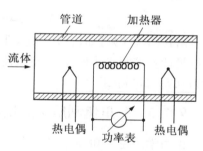

图 9.7.4　热式质量流量计示意图

$$\Delta q = \frac{m}{\Delta \tau} C_p \Delta T \tag{9.7.1}$$

式中：ΔT 为被测气体的温升；Δq 为被测气体吸收的热量；m 为时间 $\Delta \tau$ 内流过被测气体的质量；C_p 为被测气体的定压比热容。

实际上 $m/\Delta \tau$ 就是被测流体的质量流量,即 $q_m = m/\Delta \tau$。如果加热电阻丝只向被测气体加热,管道本身与外界很好的绝热,气体被加热时也不对外做功,则电阻丝放出的热量全部用来使被测气体温度升高,所以加热的功率 P 为

$$P = q_m C_p \Delta T \tag{9.7.2}$$

由式(9.7.2)可以看出,当加热功率一定时,通过测量被测气体的温升或在温升一定时测量向被测气体加热所消耗的功率,都可以测出被测气体的质量流量。

$$q_m = \frac{P}{C_p \Delta T} \tag{9.7.3}$$

2. 差压式质量流量计

差压式质量流量计是以马格努斯效应为基础的流量计,实际应用中利用孔板和定量泵组合实现质量流量测量。它有双孔板和四孔板与定量泵组合两种结构。

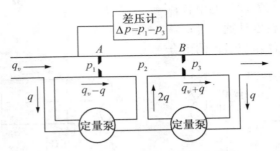

图 9.7.5　双孔板差压式质量流量计

根据差压式流量测量原理，孔板 A 和 B 处压差分别为

$$\Delta p_A = p_1 - p_2 = K\rho(q_v - q)^2 \tag{9.7.4}$$

$$\Delta p_B = p_2 - p_3 = K\rho(q_v + q)^2 \tag{9.7.5}$$

式中：K 为常数；ρ 为流体的密度；q_v 为体积流量；q 为流入定量泵的流量。

孔板 A、B 前后的压差与流体质量流量成正比，测出压差便可以求出流体质量流量

$$\Delta p_B - \Delta p_A = p_1 - p_3 = 4K\rho q_v q = K_1 \rho q_v \tag{9.7.6}$$

由式(9.7.6)可知，若 q 一定，孔板 A 和 B 的差压值与质量流量成正比关系。差压式质量流量计要求两块孔板、两台定量流量泵的参数完全一致。它的压力损失较大，测量范围一般为 0.5～250kg/h。

9.7.3　科里奥利质量流量计

由力学理论可知，质点在旋转参照系中做直线运动时，质点要同时受到旋转角速度和直线速度的作用，即受到科里奥利(Coriolis，简称科氏力)的作用。科里奥利质量流量计就是基于这一原理工作的，它出现在 20 世纪 80 年代，特点是能检测双向流量，没有轴承、齿轮等转动部件，检测管道中也无插入部件，不必安装过滤器，降低了维修费用；计量精确度高，稳定性好，其检测准确度高达±0.1%，介质的适用性较宽，可对各种介质的流量进行检测；检测范围大，可达到 100∶1；能进行多参数检测，即在检测质量流量的同时，还可检测介质密度、体积流量、温度等参数。

1.　结构和工作原理

科里奥利质量流量计由两部分组成：一部分是流体从中流过的传感器；另一部分是电子组件组成的转换器，使传感器产生振动并处理来自传感器的信息，以实现质量流量检测。传感器所用的检测管道(振动管)有 U 形、环形(双环、多环)、直管形(单直、双直)及螺旋形等几种形状，但基本原理相同。下面介绍 U 形管式的质量流量计。

U 形管科氏力质量流量计的基本结构如图 9.7.6 所示。流量计的检测管道是两根平行的 U 形管(也可以是一根)，驱动器是由激振线圈和永久磁铁组成，它使 U 形管产生垂直于

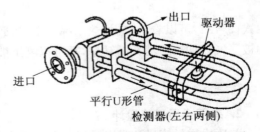

图 9.7.6　科里奥利质量流量计结构原理图

管道的角运动。位于 U 形管的两个直管管端的两个检测器用于监控驱动器的振动情况、检测管端的位移情况及两个振动管之间的振动时间差(Δt)，以便通过转换器给出流经传感器的质量流量。

　　U 形管的受力情况如图 9.7.7 所示。当 U 形管内充满流体且流速为零时，在驱动器的作用下使 U 形管振动，如图 9.7.8 所示，U 形管绕 $O-O$ 轴，按其本身的性质和流体的质量所决定的固有频率进行简单的振动，如图 9.7.9 所示。当流体的流速为 v 时，则流体在直线运动速度 v 和旋转运动角速度 ω 的作用下，对管壁产生反作用力，即科里奥利力：

$$F = 2m\omega \times v \tag{9.7.7}$$

式中：m 为流体的质量；ω 为旋转角速度矢量；v 为物体的运动矢量。

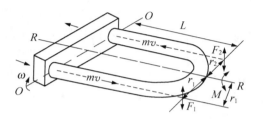

图 9.7.7　U 形管的受力分析

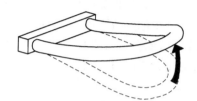

图 9.7.8　U 形管的振动

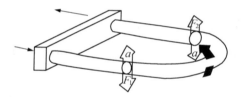

图 9.7.9　加速度与科氏力

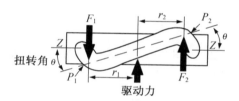

图 9.7.10　科氏力流量计测量原理

　　由于入口侧和出口侧的流向相反，越靠近 U 形管管端的振动越大，流体在垂直方向的速度变化也越大。流体在垂直方向具有相同的加速度 a，因此，当 U 形管向上振动时，流体作用于入口侧管端的是向下的力 F_1，作用于出口侧管端的是向上的力 F_2，如图 9.7.10 所示，并且大小相等，与向下振动时情况相似。

　　由于在 U 形管的两侧受到两个大小相等、方向相反的作用力，使 U 形管产生扭曲运动，U 形管管端绕 $R-R$ 轴扭曲，如图 9.7.11 所示。其扭力矩 M 为

$$M = F_1 r_1 + F_2 r_2 \tag{9.7.8}$$

　　因结构完全对称，$F_1 = F_2 = F$，$r_1 = r_2 = r$，则

$$M = 2Fr = 4\omega m v r \tag{9.7.9}$$

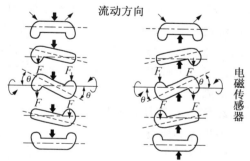

图 9.7.11　U 形管扭曲的全过程

　　又因质量流量 $q_m = m/t$，流速 $v = L/t$，其中 t 为时间，L 为 U 形管的长度，则式(9.7.9)可写成

$$M = 4\omega r L q_m \tag{9.7.10}$$

由式(9.7.10)可以看出，q_m 取决于 m、V 的乘积。

设 U 形管的弹性模量为 K_s，扭转变形角为 θ，由 U 形管的刚性作用所形成的反作用力矩为

$$T = K_s\theta \tag{9.7.11}$$

因 $T = M$，则由式(9.7.10)和式(9.7.11)可得

$$q_m = \frac{K_s}{4\omega r L}\theta$$

扭曲的全过程如图 9.7.11 所示。在扭曲运动中，U 形管管端处于不同位置时，其管端轴线与 $Z-Z$ 水平线间的夹角是在不断变化的，只有在其管端轴线越过振动中心位置时 θ 角最大。在稳定流动时，这个最大角 θ 是恒定的。在如图 9.7.6 所示的位置上安装两个位移检测器，就可以分别检测出入口管端和出口管端越过中心位置时的 θ 角。前面提到，当流体的流速为零时，即流体不流动时，U 形管只作简单的上、下振动，此时管端的扭曲角 θ 为零，入口管端和出口管端同时越过中心位置。随着流量的增大，扭转角 θ 也增大，而且入口管端先于出口管端越过中心位置的时间差 Δt 也增大。

假定管端在中心位置时的振动速度为 v_t，从图 9.7.10 可知存在如下关系

$$\sin\theta = \frac{v_t}{2r}\Delta t \tag{9.7.12}$$

式中：Δt 为图中点 p_1 和 p_2 横穿 $z-z$ 轴水平线的时间差。由于 θ 很小，则 $\sin\theta = \theta$，且 $v_t = L\omega$，则可得

$$\theta = \frac{\omega L}{2r}\Delta t \tag{9.7.13}$$

并由式(9.7.12)和式(9.7.13)可得如下关系

$$q_m = \frac{K_s}{4\omega r L} \times \frac{\omega L}{2r}\Delta t = \frac{K_s}{8r^2}\Delta t \tag{9.7.14}$$

式中：K_s 和 r 是由 U 形管所用材料和几何尺寸所确定的常数。

由式(9.7.14)可见，科氏力质量流量计中的质量流量 q_m 与时间差 Δt 成正比。而这个时间差 Δt 可以通过安装在 U 形管端部的两个位移检测器所输出的电压的相差测量出来。在二次仪表中将相位信号进行整形放大之后，以时间积分得出与质量流量成比例的信号，给出质量流量。

2. 科里奥利质量流量计的特点

科里奥利质量流量计的优点：

(1) 精度高，一般为 $\pm 0.25\%$，最高读数可达到流量的 $\pm 0.1\%$。

(2) 可实现直接的质量流量测量，与被测流体的温度、压力、黏度和组分等参数无关。

(3) 无前后直管段要求。

(4) 无直接接触和活动部件及阻挡物，维护简单。

(5) 量程比宽，可达 $100:1$。

（6）可进行各种液体（包括含气泡的液体、深冷液体）、高黏度（1000CPS 以上）和非牛顿流体的测量。除可测原油、重油、成品油外，还可测果浆、纸浆、化妆品、涂料、乳浊液等。

（7）动态特性好。

科里奥利质量流量计存在的不足：

（1）适合中小管径的流量测量，大管径的使用还受到一定的限制。

（2）管道振动和安装地点的振动会影响流量计的正常测量。

（3）被测介质的温度不能太高，一般不超过 205℃。

（4）压损较大。

（5）对低压、低密度的气体目前尚不能测量。

9.8　流量仪表的选用

目前国际上使用的流量计已超过 100 种，在测量流量时由于测量原理、测量方法和结构都有各自的特性，测量操作和使用方法也不一样。为了保证测量结果准确可靠，充分研究测量条件、选用合适的流量仪表就显得很重要。

要正确和有效地选择流量测量方法和仪表，必须熟悉仪表和所使用流体特性，同时还要考虑经济因素。一般流量仪表选型可以从仪表性能、流体特性、安装条件、环境条件和经济因素五个方面考虑。

1. 流量计的性能和流量测量能力

（1）在工程上，要求了解流量计的测量范围和总的准确度。对于用于贸易输送的流量计，其准确度等级优于 GB17167 - 2006 所规定的指标，如对于成品油，准确度等级为 0.2；对于天然气，准确度等级为 0.5 或 1.0。

（2）通常流量计是在一个特定的流量下使用，还是在一个流量范围内使用。

（3）采用的流量计是否仅为了进行流量控制，如仅为了进行流量控制，必要的响应频率是多少。（对于小口径管道的流量控制，通常要求 0.1s）

（4）被测流量的范围是多少，偶然可能会遇到的最大与最小流量值是多少。

2. 流体特性方面

（1）被测流体是液体、气体还是蒸汽。

（2）被测流体是洁净的、脏污的还是含湿气流或浆液的。

（3）被测流体是否有腐蚀性，是否有导电性。

3. 流量计的安装条件

（1）计划运行的流量测量是在明渠上，还是在封闭的管道内。

（2）管道的内径尺寸是多少。

（3）工作状态下流体的管道雷诺数是多少。

（4）计划安装的流量计的上、下游各有多长的直管段，在其上游是何种扰流件。

（5）是否需要/能否使用流动调整器。

（6）工艺管道是否有过量的振动。

（7）流体的流动是定常/稳定的，还是脉动的。

（8）环境温度和湿度条件是多少。

4. 环境条件

（1）工艺过程的工作条件如何。

（2）环境温度和压力的极限值是多少。

（3）对电磁干扰、安全性、防爆等有何特殊要求。

5. 经济因素

在经济方面应综合考虑以下费用：

（1）一次检测装置、二次仪表和附属设备的购置费。

（2）安装费，包括劳务费和配管费。

（3）为使流量计运行的耗能费和补偿总的永久压力损失的泵送费。

（4）维护费与仪表可靠性的比较。

（5）是否有备件，是否有售后服务的方便条件。

（6）在未来的使用场合，可能的用途。

（7）试用一种新型流量计的风险。

对某一使用场所可采用的仪表可能有几种方案，如选择时只凭以往经验或单纯考虑初装费用贸然做出决定，可能失去了选择最适合仪表的机会。例如仪表的流量范围和实际流量匹配不够，对测量要求不高的场所选用过于复杂和昂贵的仪表等，都是选用不当的例子，有时候还会产生事故。总的来说，要准确选择合适的流量测量仪表，除了在理论上了解各类仪表的性能外，熟悉工艺，针对现场流体的实际状况做出正确的判断也是非常重要的。只有将两者有机地结合起来，才能避免在仪表选择中出现失误。

思考题与习题

1. 什么是流量和总（流）量，常见的流量测量方法有哪些？
2. 什么是标准的节流装置，它们各有什么特点？
3. 标准节流装置有哪几部分组成，常用的取压方式有哪几种？
4. 试述节流式差压流量计的测量原理。
5. 试述电磁流量计的工作原理，并指出其应用特点。
6. 为什么电磁流量计的接地很重要？ 应如何接地？
7. 简述涡轮流量计的组成及测量原理。
8. 涡街流量计是如何工作的，它有什么特点？
9. 超声流量计的特点是什么？ 其测速方法有哪几种？
9. 何为超声波流量计的频差法，有何特点？
10. 质量流量测量有哪些方法？
11. 科里奥利质量流量计是根据什么原理工作的？
12. 科里奥利质量流量计有什么优点？

第 10 章　物位检测

10.1　物位检测方法

物位是指储存容器或工业生产设备里的液体、粉粒状固体、气体之间的分界面位置,也可以是互不相溶的两种液体间由于密度不等而形成的界面位置。在生产过程中常需要对容器中储存的固体和液体的储量进行测量,以保证生产工艺正常运行和进行经济核算。这种测量可通过检测储物在容器中的积存高度来实现。

各种物料的性质千差万别,物位测量方法也很多,所用仪表、传感器也各具特色。物位测量是指液位、料位和相界面的测量,测量固体料位的仪表称为料位计,测量液位的仪表称为液位计,测量分界面位置的仪表称为界面计。

物位不仅是物料耗量或产量计量的参数,也是保证连续生产和设备安全的重要参数。特别是在现代工业中,生产规模大,速度高,且常有高温、高压、强腐蚀性或易燃易爆物料,对于物位的监视和自动控制更是至关重要。

在确定物位检测的方法时,必须明确物位检测的工艺特点。流动性好的流体,其液面通常是水平的。但在某些生产过程中,液面会出现波浪、沸腾或起泡沫等现象,形成虚假液面,相界位则受到界面不清、有浑浊的影响。固体料位因为固体的流动性差,在自然堆积的状态下有不滑坡的最大倾角叫安息角。由于容器结构会使物料不易流动形成的滞后区。安息角和滞后区以及固体颗粒间的空隙等,对物料的体积量和质量储量的测量都会带来影响。

物位检测的另一个普遍问题是盲区。例如用浮子法测液位时,浮子的底部触及容器底面之后就不能再降低,浮子顶部触及容器顶面之后也不能再升高,因而有盲区。用超声法测量物位时,受到距离太小无法分辨的限制,也存在盲区。此外,有时容器几何形状和传感器安装位置配合不当会出现死角,超声法和放射线法都存在死角问题。粉粒体料位还有滞留区。

各种物料的性质各异,物位测量的方法很多,但无论是哪一种测量方法,一般都可以归结为测量某些物理参数,如测量高度、压力(压差)、电容、γ 射线强度和声阻等。

根据我国生产的物位测量仪表系列和工厂生产实际应用情况,液位测量占有相当大的比重,故本章主要介绍工厂常用的液位测量仪表,其他物位测量仪表可参阅有关技术文献。

10.2　常用物位检测仪表

物位检测仪表按测量方式可分为连续测量和定点测量两大类。连续测量方式能持续测量物位的变化。定点测量方式则只检测物位是否达到上限、下限或某个固定位置,定点测量仪表一般称为物位开关。

物位检测仪表按所使用的物理原理可分为:

(1) 直读式物位测量仪表:直接用与被测容器连通的玻璃管或玻璃板来显示容器中的液位高度,是最原始但仍应用较多的物位测量仪表。

(2) 浮子式物位测量仪表:一种利用浮子的比重比所测液体的比重稍小的特点,使浮子漂在液面上并随液面的升高或下降来反映液位的容器,也是一种应用最早并且应用范围很广的物位测量仪表。

(3) 静压式物位测量仪表:利用液柱或物料堆积对某定点产生压力,测量该点压力或测量该点与另一参考点的压差而间接测量物位的仪表。

(4) 电磁式物位测量仪表:将物位的变化转换为电量的变化,进行间接测量物位的仪表,如电容式、电感式和电阻式物位计等。

此外,还有辐射式、声波式、微波式、光学式、激光式、射流式、称重式、热敏式、音叉式等多种类型,并且新原理、新品种仍在不断发展中。

物位仪表按仪表的功能来分则有连续测量、定点报警、控制、指示、记录、远传、报警、调节等若干种。

10.2.1　电容式物位传感器

利用物料介电常数恒定时极间电容正比于物位的原理,可构成电容式物位传感器。特点是无可动部件,与物料密度无关,但要求物料的介电常数与空气介电常数差别大,且需要高频电路。

电容式物位传感器的电极结构如图 10.2.1 所示。图 10.2.1(a)适用于导电容器中的绝缘性物料,且容器为立式圆筒形,器壁为一极,其间构成的电容 C_x 与物位成比例。也可悬挂带重锤的软导线作为电极。图 10.2.1(b)适用于非金属容器,或虽为金属容器但非立式圆筒形,物料为绝缘性的。这时在棒状电极周围用绝缘支架套装金属筒,筒上下开口,或整体上均匀分布多个孔,使内外物位相同。中央圆棒和与之同轴的套筒构成电极,其间电容和容器形状无关,只取决于物位。这种电极只用于液位,粉粒体容易滞留在极间的情况。图 10.2.1(c)用于导电性物料,其形状

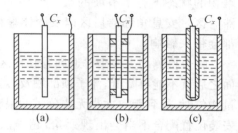

图 10.2.1　电容物位传感器的电极

位置和图 10.2.1(a)一样。但中央圆棒电极上包有绝缘材料,电容 C_x 是由绝缘材料的介电常数和物位决定的,与物料的介电常数无关,导电物料使筒壁与中央电极间的距离缩短为绝缘层的厚度,物位升降相当于电极面积改变。

电容法也用于粉粒体的料位测量,但应注意物料中含水分时将对测量结果影响很大。

例如干燥的土壤介电常数约为 1.9,含水 19% 时达到 8,何况水分还会造成漏电。即使采用绝缘层的电极,效果也不佳。所以,电容法只宜用于干燥粉粒体或水分含量恒定不变的粉粒体。

稍有黏着性的不导电液体仍可用裸露电极,若黏着性液体有导电性,即使采用绝缘层电极也不能工作,因为黏附在电极上的导电液不脱落会造成虚假液位。这种情况下只能借助隔离膜将压力传到非黏性液体上,再用电容法测量。

10.2.2　压力式液位变送器

1. 单法兰及双法兰液位计

利用压力或差压变送器可以很方便地测量液位,且能输出标准气压信号或电流信号。

对于上端与大气相通的开口容器,可在底部接压力表,根据液柱下端压力得知液位,如图 10.2.2(a)所示。由于容器与压力表间只需一个法兰将管路连接,故称为“单法兰液位计”。其测量原理是:

$$H = \frac{p}{\rho g}$$

式中:H 为液位高度,单位为 m;g 为重力加速度,单位为 m/s^2;ρ 为液体的密度,单位为 kg/m^3;p 为容器底部的压力,单位为 Pa。

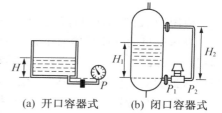

(a) 开口容器式　　(b) 闭口容器式

图 10.2.2　单法兰及双法兰液位计

在 ρ、g 皆为常数且已知的情况下,压力 p 与液位 H 成正比,可直接在压力表上按液位进行刻度。倘若将压力表改为压力变送器,就成为液位变送装置。

如果压力表或压力变送器不可能安装在与容器底部相同高度处,则管内的液柱压力必须用零点迁移法抵消。

对于黏稠液体或有凝结性的液体,应在导压管的入口处加隔离膜片,导压管内充入硅油,借助硅油传递压力。利用隔离膜片和硅油,单法兰方式甚至可用来粗略地测量粉粒体料位。但是严格地说,粉粒体底部压力和料位并不完全成正比。这是因为颗粒间及颗粒与器壁间有摩擦阻力,在距料面一定高度下,压力就保持常数,与料位无关了。所以这种方法多半用在不很高的料位范围里作料位报警开关,即位式作用传感器。

将变面积式电容压力变送器悬挂在容器里,使其受压膜片处于最低液位高度处,便可从软导线上得到对应于液位的标准电流信号。但它只适用于开口容器,即液面以上为环境大气压力的情况下才能使用,否则输出信号就是液柱高度所产生的压力与液上气体压力之和。

这种用软导线悬挂在液体里的液位变送器不需要在容器上开孔,也不用法兰,高度又便于调整。但要注意液体温度不可超过变送器所能承受的极限,容器内有搅拌装置或流体剧烈流动的场合也不能使用。如果液体稍有黏性或受冷后易凝固,不能用导管引出时,用这种悬挂式变送器却很合适,它不必采用隔离膜片和硅油传压等措施。

对于上端和大气隔绝的闭口容器,多半其上部空间与大气压力不等,必须采用图 10.2.2(b)方式,用两个法兰分别将液相和气相压力导至差压变送器,利用 p_1 和 p_2 之差反映液位,这就叫做“双法兰液位计”。

设容器上部空间的压力为 p,则

$$p_1 = p + H_1 \rho g \tag{10.2.1}$$

$$p_2 = p \tag{10.2.2}$$

由式(10.2.1)和式(10.2.2)可得

$$p_1 - p_2 = H_1 \rho g \tag{10.2.3}$$

即被测液位 H_1 与差压(p_1-p_2)成正比。但这种情况只限于上部空间为干燥气体时成立。假如上部为蒸汽或其他能冷凝成液态的气体,则 P_2 端的导管里必然会形成液柱,其高度为 H_2,于是

$$p_2 = p + H_2 \rho g \tag{10.2.4}$$

式(10.2.1)和式(10.2.4)相减,可得

$$p_1 - p_2 = (H_1 - H_2) \rho g \tag{10.2.5}$$

由图 10.2.2(b)可知,$H_2 > H_1$,故差压变送器的高压端是 p_2,低压端是 p_1。

导压管里的液体只传递压力,并不流动,所以液柱 H_2 为常数。利用零点迁移的办法能够把式(10.2.5)的后一项消除,使压差变送器的输出直接反映被测液位 H_1。可见,即使差压变送器的安装位置与容器底部等高,由于导压管内有液柱 H_2,也必须进行零点迁移。如果安装位置与容器底部不等高,还要把其影响考虑进去。

有时双法兰的两个导压管入口也都用隔离膜片和硅油,使它能测量黏稠、有沉淀、有腐蚀或易冻结的液体。

2. 吹气法液位计

开口容器里的液体,可由极简单实用的方法转变为标准气压信号,即图 10.2.3 所示的吹气法。

利用压缩空气自管 1 经过恒节流孔 2 送往管 3,自容器底部附近吹入液体中,必然会形成气泡升起。导管 3 的出口气阻取决于液位,所以管 3 内的空气压力如同喷嘴挡板机构的背压一样,能反映液位高度。若安装压力表则可就地指示液位,若接至气动功率放大器,就能输出 $1.96 \times 10^4 \sim 9.8 \times 10^4 \mathrm{Pa}$ 范围内的标准气压信号。当然,假如接电动压力变送器,也可输出 $4 \sim 20 \mathrm{mA}$ 或 $0 \sim 10 \mathrm{mA}$ 的标准电流信号。

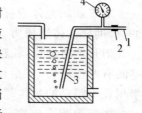

图 10.2.3 吹气法液位计

此法最适合于腐蚀性液体,只需选择耐腐蚀的导管 3,其他部分不必考虑腐蚀问题。但是,对于闭口容器根本不适用。

注意吹气流量不宜过大,在液位最高时有气泡升起即可,常用可调节的节流阀代替恒节流孔,以便控制流量。

10.2.3 浮力式液位传感器

利用液体浮力测液位的原理应用广泛,靠浮子随液面升降的位移反映液位来变化的,属于恒浮力式;靠液面升降对物体浮力改变反映液位的,属于变浮力式。

1. 恒浮力式

水塔里的水位常用图 10.2.4 所示方法指示。液面上的浮子 1 由绳索滑轮 2 与塔外的重锤 3 相连，重锤上的指针位置便可反映水位。但标尺越下行代表水位越高，与直观印象恰恰相反。若使指针动作方向与水位变化方向一致，应增加滑轮数目，但此时摩擦阻力就会加大，误差增加。

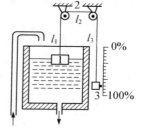

图 10.2.4　浮子重锤液位计
1-浮子；2-滑轮；3-重锤

自由状态下的浮子能跟随液面升降，这是众人皆知的水涨船高规律。然而液位计里的浮子总要通过某种传动方式把位移传到容器外，所以浮子不可能完全自由漂浮。图 10.2.4 所示便是靠绳索重锤传动，浮子上承受的力有重锤的重力、绳索长度 l_1 与 l_3 不等时绳索本身的重力以及滑轮的摩擦力。这些外力是浮子的载荷，载荷改变将使浮子吃水线相对于浮子上下移动，因而使读数出现误差。

一般采用钢丝绳传动时，温度引起的长度变化基本上被支架膨胀所抵消，可以忽略其影响。但用尼龙绳或有机纤维绳索时，长度变化的影响可能很大，原因不一定是温度，有时湿度是主要因素。

绳索长度恒定时，液位的绝对误差 ΔH 可以看成是浮子在吃水线上下的移动量。忽略绳索本身重量和摩擦阻力，则浮子顶部不沉入液下的条件是

$$G < W + \rho g V$$

式中：G 为浮子重力，单位为 N；W 为重锤重力，单位为 N；ρ 为液体密度，单位为 kg/m^3；g 为重力加速度，单位为 m/s^2；V 为浮子体积，单位为 m^3。

浮子底部不脱离液面的条件是：

$$G > W$$

所以设计时应满足：

$$W < G < W + \rho g V$$

为使吃水线在浮子中央，应使：

$$G - W = \rho g \frac{V}{2}$$

考虑到绳索重力及滑轮摩擦阻力，在液位最低时仍然能保证绳索张紧而不松弛，则必须满足：

$$W \geq (l_{1max} - l_{3min}) \rho_l g + F_f$$

式中：l_{1max}、l_{3min} 分别为液位最低时，图 10.2.4 中左右垂直段绳索的长度，单位为 m；ρ_l 为每单位长度绳索的质量，单位为 kg/m；F_f 为绳轮系统的总摩擦阻力，单位为 N。

绳重对浮子施加的载荷随液位而变，相当于在恒定的重锤重力 W 之上附加了变动成分，肯定会引起误差。但这种误差有规律，能够在刻度时予以修正。

摩擦阻力 F_f 引起的误差最大，且与运动方向有关，无法修正，唯有加大浮子的定位力以减小其影响。浮子的定位力 F_d 是指吃水线移动 ΔH 所引起的浮力增量 ΔF。而 $\Delta F = \rho g \Delta V$，故可得定位力表达式为

$$F_d = \frac{\Delta F}{\Delta H} = \frac{\rho g \Delta V}{\Delta H} = \rho g \frac{\pi}{4} D^2$$

可见,采用大直径的浮子能显著地增大定位力,这是减少摩擦阻力误差的最有效途径,尤其当被测介质密度小时,此点更为重要。

2. 变浮力式

变浮力式液位计俗称"浮筒"液位计,其原理如图10.2.5所示。将一封闭的中空金属筒悬挂在容器中,筒的重量大于同体积的液体重量。因此,若不悬挂就会下沉,所以严格地说应该称为"沉筒"。筒的重心低于其几何中心,无论液位高低如何,总能保持直立姿势,其下部浸在液中,受到浮力作用。设筒重为 G,浮力为 W,则悬挂点所受力 F 为

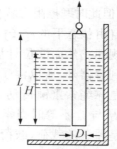

$$F = G - W \qquad (10.2.6)$$

图 10.2.5　变浮力式液位计

又知浮力 W 为

$$W = \frac{\pi}{4} D^2 \rho g H \qquad (10.2.7)$$

式中:D 为筒的直径,单位为 m;ρ 为液体密度,单位为 kg/m³;g 为重力加速度,单位为N/kg;H 为液位,单位为 m(自筒底算起)。

将式(10.2.7)代入式(10.2.6)得

$$F = G - \frac{\pi}{4} D^2 \rho g H \qquad (10.2.8)$$

式(10.2.8)中除 H 外皆为常数,故力 F 与液位 H 呈线性关系,液位越高力越小。倘若经过弹簧悬挂,使力 F 变为筒的位移,则液位越高筒向上的位移越大,且两者间成正比关系。

显然,利用力传感器或弹簧与位移传感器,都能把液位变为电信号或气信号。筒重 G 可用零点迁移法消去。

为了提高灵敏度,应使 H 前的系数尽量大,所以筒的直径 D 也是越大越有利。

变浮力法也能测两种液体的分界面位置,这时处于上层的轻液应完全浸没筒的上端。若用 L 代表筒的总长,H 代表界位高度(从筒下端算起),则式(10.2.8)应改写为

$$F = G - \frac{\pi}{4} D^2 g \left[\rho_1 (L - H) + \rho_2 H \right] \qquad (10.2.9)$$

式中:ρ_1 为轻液的密度;ρ_2 为重液的密度;其余符号同前。

式(10.2.9)可以改写为

$$F = G - \frac{\pi}{4} D^2 g \left[\rho_1 L + \Delta \rho H \right] \qquad (10.2.10)$$

式(10.2.10)中,$\Delta \rho = \rho_2 - \rho_1$,其方括弧内第一项为常数,欲提高灵敏度,除采用大直径沉筒外,还应使两种液体密度差较大,这样才有较大的界位信号。

需要指出的是,当沉筒全部浸入单一液体中时,式(10.2.8)里的 $H = L$ 成为常数,则可用于测液体的密度 ρ。如果液体上下层的温度不等,上层温度高密度小,下层温度低密度

大,所测出的是平均密度。

　　用变浮力法构成位式传感器也很容易,如图 10.2.6 所示。将圆柱形重力分别为 G_1 和 G_2 的重物 1 和 2 串联悬挂在弹簧 3 所吊装的杠杆 4 上,液位正常时 1 在液面以下,2 在液面以上,其合力 F 恰使杠杆右端的电接点处于断开状态。若液位超过上限值,2 的浮力使合力 F 减小,接点 A 与 C 通。若液位低于下限值,1 的浮力消失使 F 加大,接点 A 与 B 通。改变 1 和 2 的高度即可调整上下限值。为使接点切换值很精确,重物 1 和 2 的直径应尽量大。

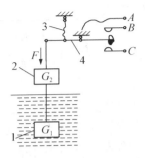

图 10.2.6　位式变浮力液位传感器

10.3　物位检测仪表的选用

　　物位仪表应在深入了解工艺条件、被测介质的性质、测量控制系统要求的前提下,根据物位仪表自身的特性进行合理的选配。

　　根据仪表的应用范围,液面和界面测量应优选差压式仪表、浮筒式仪表和浮子式仪表。当不满足要求时,可选用电容式、辐射式等仪表。

　　仪表的结构形式和材质应根据被测介质的特性来选择。主要考虑的因素为压力、温度、腐蚀性、导电性;是否存在聚合、黏稠、沉淀、结晶、结膜、气化、起泡等现象;密度和黏度变化;液体中含悬浮物的多少;液面扰动的程度以及固体物料的粒度。

　　仪表的显示方式和功能,应根据工艺操作及系统组成的要求确定。当要求信号传输时,可选择具有模拟信号输出功能或数字信号输出功能的仪表。

　　仪表量程应根据工艺对象实际需要显示的范围或实际变化范围确定。除供容积计量用的物位仪表外,一般应使正常物位处于仪表量程的 50% 左右。

　　仪表计量单位采用 m 和 mm 时,显示方式为直读物位高度值。如计量单位为 % 时,显示方式为 0～100% 线性相对满量程高度。

　　仪表精度应根据工艺要求选择,但供容积计量用的物位仪表,其精度等级应在 0.5 级以上。

　　物位仪表选型如表 10.3.1 所示。

表 10.3.1　液位、界面、料位测量仪表选型表

仪表名称　　测量名称	液体		液/液界面		泡沫液体		脏污液体		粉状固体		粒状固体		块状固体		黏湿性固体	
	位式	连续	位式	连续	位式	连续	位式	连续	位式	连续	位式	连续	位式	连续	位式	连续
差压式	可	好	可	可	—	—	可	可	—	—	—	—	—	—	—	—
浮筒式	好	可	可	可	—	—	差	可	—	—	—	—	—	—	—	—
磁性浮子式	好	好	—	—	差	差	差	差	—	—	—	—	—	—	—	—

续　表

仪表名称＼测量名称	液体		液/液界面		泡沫液体		脏污液体		粉状固体		粒状固体		块状固体		黏湿性固体	
	位式	连续	位式	连续	位式	连续	位式	连续	位式	连续	位式	连续	位式	连续	位式	连续
电容式	好	好	好	好	好	可	好	差	可	可	好	可	可	可	好	可
带式浮子式	差	好	—	—	—	—	—	差	—	—	—	—	—	—	—	—
吹气式	好	好	—	—	—	—	差	可	—	—	—	—	—	—	—	—
电极式(电接触式)	好	—	差	—	好	—	好	—	差	—	差	—	差	—	好	—
辐射式	好	好	—	—	—	—	好	好	好	好	好	好	好	好	好	好

注：表中"—"表示不能选用

思考题与习题

1. 按工作原理不同，物位测量仪表有哪些类型？

2. 简述电容式物位计测导电及非导电介质物位时，其测量原理有什么不同？

3. 在浮力式液位计、差压式液位计、电容式液位计三种检测液位的仪表中，受被测液位密度影响的有哪些？并说明原因。

附录 1　铂热电阻分度表

分度号：Pt100　　　　　　　　　　　　$R_0 = 100.00\Omega$

温度(℃)	0	1	2	3	4	5	6	7	8	9
	电阻值(Ω)									
−200	18.52									
−190	22.83	22.40	21.97	21.54	21.11	20.68	20.25	19.82	19.38	18.95
−180	27.10	26.67	26.24	25.82	25.39	24.97	24.54	24.11	23.68	23.25
−170	31.34	30.91	30.49	30.07	29.64	29.22	28.80	28.37	27.95	27.52
−160	35.54	35.12	34.70	34.28	33.86	33.44	33.02	32.60	32.18	31.76
−150	39.72	39.31	38.89	38.47	38.05	37.64	37.22	36.80	36.38	35.96
−140	43.88	43.46	43.05	42.63	42.22	41.80	41.39	40.97	40.56	40.14
−130	48.00	47.59	47.18	46.77	46.36	45.94	45.53	45.12	44.70	44.29
−120	52.11	51.70	51.29	50.88	50.47	50.06	49.65	49.24	48.83	48.42
−110	56.19	55.79	55.38	54.97	54.56	54.15	53.75	53.34	52.93	52.52
−100	60.26	59.85	59.44	59.04	58.63	58.23	57.82	57.41	57.01	56.60
−90	64.30	63.90	63.49	63.09	62.68	62.28	61.88	61.47	61.07	60.66
−80	68.33	67.92	67.52	67.12	66.72	66.31	65.91	65.51	65.11	64.70
−70	72.33	71.93	71.53	71.13	70.73	70.33	69.93	69.53	69.13	68.73
−60	76.33	75.93	75.53	75.13	74.73	74.33	73.93	73.53	73.13	72.73
−50	80.31	79.91	79.51	79.11	78.72	78.32	77.92	77.52	77.12	76.73
−40	84.27	83.87	83.48	83.08	82.69	82.29	81.89	81.50	81.10	80.70
−30	88.22	87.83	87.43	87.04	86.64	86.25	85.85	85.46	85.06	84.67
−20	92.16	91.77	91.37	90.98	90.59	90.19	89.80	89.40	89.01	88.62
−10	96.09	95.69	95.30	94.91	94.52	94.12	93.73	93.34	92.95	92.55
0	100.00	99.61	99.22	98.83	98.44	98.04	97.65	97.26	96.87	96.48
0	100.00	100.39	100.78	101.17	101.56	101.95	102.34	102.73	103.12	103.51
10	103.90	104.29	104.68	105.07	105.46	105.85	106.24	106.63	107.02	107.40
20	107.79	108.18	108.57	108.96	109.35	109.73	110.12	110.51	110.90	111.29
30	111.67	112.06	112.45	112.83	113.22	113.61	114.00	114.38	114.77	115.15
40	115.54	115.93	116.31	116.70	117.08	117.47	117.86	118.24	118.63	119.01
50	119.40	119.78	120.17	120.55	120.94	121.32	121.71	122.09	122.47	122.86
60	123.24	123.63	124.01	124.39	124.78	125.16	125.54	125.93	126.31	126.69
70	127.08	127.46	127.84	128.22	128.61	128.99	129.37	129.75	130.13	130.52
80	130.90	131.28	131.66	132.04	132.42	132.80	133.18	133.57	133.95	134.33
90	134.71	135.09	135.47	135.85	136.23	136.61	136.99	137.37	137.75	138.13

续　表

温度(℃)	0	1	2	3	4	5	6	7	8	9
	电阻值(Ω)									
100	138.51	138.88	139.26	139.64	140.02	140.40	140.78	141.16	141.54	141.91
110	142.29	142.67	143.05	143.43	143.80	144.18	144.56	144.94	145.31	145.69
120	146.07	146.44	146.82	147.20	147.57	147.95	148.33	148.70	149.08	149.46
130	149.83	150.21	150.58	150.96	151.33	151.71	152.08	152.46	152.83	153.21
140	153.58	153.96	154.33	154.71	155.08	155.46	155.83	156.20	156.58	156.95
150	157.33	157.70	158.07	158.45	158.82	159.19	159.56	159.94	160.31	160.68
160	161.05	161.43	161.80	162.17	162.54	162.91	163.29	163.66	164.03	164.40
170	164.77	165.14	165.51	165.89	166.26	166.63	167.00	167.37	167.74	168.11
180	168.48	168.85	169.22	169.59	169.96	170.33	170.70	171.07	171.43	171.80
190	172.17	172.54	172.91	173.28	173.65	174.02	174.38	174.75	175.12	175.49
200	175.86	176.22	176.59	176.96	177.33	177.69	178.06	178.43	178.79	179.16
210	179.53	179.89	180.26	180.63	180.99	181.36	181.72	182.09	182.46	182.82
220	183.19	183.55	183.92	184.28	184.65	185.01	185.38	185.74	186.11	186.47
230	186.84	187.20	187.56	187.93	188.29	188.66	189.02	189.38	189.75	190.11
240	190.47	190.84	191.20	191.56	191.92	192.29	192.65	193.01	193.37	193.74
250	194.10	194.46	194.82	195.18	195.55	195.91	196.27	196.63	196.99	197.35
260	197.71	198.07	198.43	198.79	199.15	199.51	199.87	200.23	200.59	200.95
270	201.31	201.67	202.03	202.39	202.75	203.11	203.47	203.83	204.19	204.55
280	204.90	205.26	205.62	205.98	206.34	206.70	207.05	207.41	207.77	208.13
290	208.48	208.84	209.20	209.56	209.91	210.27	210.63	210.98	211.34	211.70
300	212.05	212.41	212.76	213.12	213.48	213.83	214.19	214.54	214.90	215.25
310	215.61	215.96	216.32	216.67	217.03	217.38	217.74	218.09	218.44	218.80
320	219.15	219.51	219.86	220.21	220.57	220.92	221.27	221.63	221.98	222.33
330	222.68	223.04	223.39	223.74	224.09	224.45	224.80	225.15	225.50	225.85
340	226.21	226.56	226.91	227.26	227.61	227.96	228.31	228.66	229.02	229.37
350	229.72	230.07	230.42	230.77	231.12	231.47	231.82	232.17	232.52	232.87
360	233.21	233.56	233.91	234.26	234.61	234.96	235.31	235.66	236.00	236.35
370	236.70	237.05	237.40	237.74	238.09	238.44	238.79	239.13	239.48	239.83
380	240.18	240.52	240.87	241.22	241.56	241.91	242.26	242.60	242.95	243.29
390	243.64	243.99	244.33	244.68	245.02	245.37	245.71	246.06	246.40	246.75
400	247.09	247.44	247.78	248.13	248.47	248.81	249.16	249.50	249.85	250.19
410	250.53	250.88	251.22	251.56	251.91	252.25	252.59	252.93	253.28	253.62
420	253.96	254.30	254.65	254.99	255.33	255.67	256.01	256.35	256.70	257.04
430	257.38	257.72	258.06	258.40	258.74	259.08	259.42	259.76	260.10	260.44
440	260.78	261.12	261.46	261.80	262.14	262.48	262.82	263.16	263.50	263.84
450	264.18	264.52	264.86	265.20	265.53	265.87	266.21	266.55	266.89	267.22
460	267.56	267.90	268.24	268.57	268.91	269.25	269.59	269.92	270.26	270.60
470	270.93	271.27	271.61	271.94	272.28	272.61	272.95	273.29	273.62	273.96
480	274.29	274.63	274.96	275.30	275.63	275.97	276.30	276.64	276.97	277.31
490	277.64	277.98	278.31	278.64	278.98	279.31	279.64	279.98	280.31	280.64

温度(℃)	0	1	2	3	4	5	6	7	8	9
	电阻值(Ω)									
500	280.98	281.31	281.64	281.98	282.31	282.64	282.97	283.31	283.64	283.97
510	284.30	284.63	284.97	285.30	285.63	285.96	286.29	286.62	286.85	287.29
520	287.62	287.95	288.28	288.61	288.94	289.27	289.60	289.93	290.26	290.59
530	290.92	291.25	291.58	291.91	292.24	292.56	292.89	293.22	293.55	293.88
540	294.21	294.54	294.86	295.19	295.52	295.85	296.18	296.50	296.83	297.16
550	297.49	297.81	298.14	298.47	298.80	299.12	299.45	299.78	300.10	300.43
560	300.75	301.08	301.41	301.73	302.06	302.38	302.71	303.03	303.36	303.69
570	304.01	304.34	304.66	304.98	305.31	305.63	305.96	306.28	306.61	306.93
580	307.25	307.58	307.90	308.23	308.55	308.87	309.20	309.52	309.84	310.16
590	310.49	310.81	311.13	311.45	311.78	312.10	312.42	312.74	313.06	313.39
600	313.71	314.03	314.35	314.67	314.99	315.31	315.64	315.96	316.28	316.60
610	316.92	317.24	317.56	317.88	318.20	318.52	318.84	319.16	319.48	319.80
620	320.12	320.43	320.75	321.07	321.39	321.71	322.03	322.35	322.67	322.98
630	323.30	323.62	323.94	324.26	324.57	324.89	325.21	325.53	325.84	326.16

附录 2　铜热电阻分度表

分度号：Cu100　　　　　　　　　　　　　$R_0 = 100.00\Omega$

温度(℃)	0	1	2	3	4	5	6	7	8	9
	电阻值(Ω)									
−50	78.49	—	—	—	—	—	—	—	—	—
−40	82.80	82.36	81.94	81.50	81.08	80.64	80.20	79.78	79.34	78.92
−30	87.10	86.68	86.24	85.82	85.38	84.96	84.54	84.10	83.66	83.22
−20	91.40	90.98	90.54	90.12	89.68	89.26	88.82	88.40	87.96	87.54
−10	95.70	95.28	94.84	94.42	93.98	93.56	93.12	92.70	92.36	91.84
−0	100.00	99.56	99.14	98.70	98.28	97.84	97.42	97.00	96.56	96.14
0	100.00	100.42	100.86	101.28	101.72	102.14	102.56	103.00	103.42	103.66
10	104.28	104.72	105.14	105.56	106.00	106.42	106.86	107.28	107.72	108.14
20	108.56	109.00	109.42	109.84	110.28	110.70	111.14	111.56	112.00	112.42
30	112.84	113.28	113.70	114.14	114.56	114.98	115.42	115.84	116.26	116.70
40	117.12	117.56	117.98	118.40	118.84	119.26	119.70	120.12	120.54	120.98
50	121.40	121.84	122.26	122.68	123.12	123.54	123.96	124.40	124.82	125.26
60	125.68	126.10	126.54	126.96	127.40	127.82	128.24	128.68	129.10	129.52
70	129.96	130.38	130.82	131.24	131.66	132.10	132.52	132.96	133.38	133.80
80	134.24	134.66	135.08	135.52	135.94	136.38	136.80	137.24	137.66	138.08
90	138.52	138.94	139.36	139.80	140.22	140.66	141.08	141.52	141.94	142.36
100	142.80	143.22	143.66	144.08	144.50	144.94	145.36	145.80	146.22	146.66
110	147.08	147.50	147.94	148.36	148.80	149.22	149.66	150.08	150.52	150.94
120	151.36	151.80	152.22	152.66	153.08	153.52	153.94	154.38	154.80	155.24
130	155.66	156.10	156.52	156.96	157.38	157.82	158.24	158.68	159.10	159.54
140	159.96	160.40	160.82	161.26	161.68	162.12	162.54	162.98	163.40	163.84
150	164.27	—	—	—	—	—	—	—	—	—

分度号：Cu50　　　　　　　　　　　　　　　　　　$R_0 = 50.00\Omega$

温度（℃）	0	1	2	3	4	5	6	7	8	9
	电阻值（Ω）									
−50	39.24	—	—	—	—	—	—	—	—	—
−40	41.40	41.18	40.97	40.75	40.54	40.32	40.10	39.89	39.67	39.46
−30	43.55	43.34	43.12	42.91	42.69	42.48	42.27	42.05	41.83	41.61
−20	45.70	45.49	45.27	45.06	44.84	44.63	44.41	44.20	43.93	43.72
−10	47.85	47.64	47.42	47.21	46.99	46.78	46.56	46.35	46.13	45.97
−0	50.00	49.78	49.57	49.35	49.14	48.92	48.71	48.50	48.28	48.07
0	50.00	50.21	50.43	50.64	50.86	51.07	51.28	51.50	51.71	51.93
10	52.14	52.36	52.57	52.78	53.00	53.21	53.43	53.64	53.86	54.07
20	54.28	54.50	54.71	54.92	55.14	55.35	55.57	55.73	56.00	56.21
30	56.42	56.64	56.85	57.07	57.28	57.49	57.71	57.92	58.14	58.35
40	58.56	58.78	58.99	59.20	59.42	59.63	59.85	60.06	60.27	60.49
50	60.70	60.92	61.13	61.34	61.56	61.77	61.98	62.20	62.41	62.62
60	62.84	63.05	63.27	63.48	63.70	63.91	64.12	64.34	64.55	64.76
70	64.98	65.19	65.41	65.62	65.83	66.05	66.26	66.48	66.69	66.90
80	67.12	67.33	67.54	67.76	67.97	68.19	68.40	68.62	68.83	69.04
90	69.26	69.47	69.68	69.90	70.11	70.33	70.54	70.76	70.97	71.18
100	71.40	71.61	71.83	72.04	72.25	72.47	72.68	72.90	73.11	73.33
110	73.54	73.75	73.97	74.19	74.40	74.61	74.83	75.04	75.26	75.47
120	75.68	75.90	76.11	76.33	76.54	76.76	76.97	77.19	77.40	77.62
130	77.83	78.05	78.26	78.48	78.69	78.91	79.12	79.34	79.55	79.77
140	79.98	80.20	80.41	80.63	80.84	81.05	81.27	81.49	81.70	81.92
150	82.13	—	—	—	—	—	—	—	—	—

附录 3 铂铑 10—铂热电偶分度表

分度号:S　　　　　　　　参考端温度为 0℃

温度(℃)	0	1	2	3	4	5	6	7	8	9
	热电势(mV)									
0	0.000	0.005	0.011	0.016	0.022	0.027	0.033	0.038	0.044	0.050
10	0.055	0.061	0.067	0.072	0.078	0.084	0.090	0.095	0.101	0.107
20	0.113	0.119	0.125	0.131	0.137	0.143	0.149	0.155	0.161	0.167
30	0.173	0.179	0.185	0.191	0.197	0.204	0.210	0.216	0.222	0.229
40	0.235	0.241	0.248	0.254	0.260	0.267	0.273	0.280	0.286	0.292
50	0.299	0.305	0.312	0.319	0.325	0.332	0.338	0.345	0.352	0.358
60	0.365	0.372	0.378	0.385	0.392	0.399	0.405	0.412	0.419	0.426
70	0.433	0.440	0.446	0.453	0.460	0.467	0.474	0.481	0.488	0.495
80	0.502	0.509	0.516	0.523	0.530	0.538	0.545	0.552	0.559	0.566
90	0.573	0.580	0.588	0.595	0.602	0.609	0.617	0.624	0.631	0.639
100	0.646	0.653	0.661	0.668	0.675	0.683	0.690	0.698	0.705	0.713
110	0.720	0.727	0.735	0.743	0.750	0.758	0.765	0.773	0.780	0.788
120	0.795	0.803	0.811	0.818	0.826	0.834	0.841	0.849	0.857	0.865
130	0.872	0.880	0.888	0.896	0.903	0.911	0.919	0.927	0.935	0.942
140	0.950	0.958	0.966	0.974	0.982	0.990	0.998	1.006	1.013	1.021
150	1.029	1.037	1.045	1.053	1.061	1.069	1.077	1.085	1.094	1.102
160	1.110	1.118	1.126	1.134	1.142	1.150	1.158	1.167	1.175	1.183
170	1.191	1.199	1.207	1.216	1.224	1.232	1.240	1.249	1.257	1.265
180	1.273	1.282	1.290	1.298	1.307	1.315	1.323	1.332	1.340	1.348
190	1.357	1.365	1.373	1.382	1.390	1.399	1.407	1.415	1.424	1.432
200	1.441	1.449	1.458	1.466	1.475	1.483	1.492	1.500	1.509	1.517
210	1.526	1.534	1.543	1.551	1.560	1.569	1.577	1.586	1.594	1.603
220	1.612	1.620	1.629	1.638	1.646	1.655	1.663	1.672	1.681	1.690

温度(℃)	0	1	2	3	4	5	6	7	8	9
	热电势(mV)									
230	1.698	1.707	1.716	1.724	1.733	1.742	1.751	1.759	1.768	1.777
240	1.786	1.794	1.803	1.812	1.821	1.829	1.838	1.847	1.856	1.865
250	1.874	1.882	1.891	1.900	1.909	1.918	1.927	1.936	1.944	1.953
260	1.962	1.971	1.980	1.989	1.998	2.007	2.016	2.025	2.034	2.043
270	2.052	2.061	2.070	2.078	2.087	2.096	2.105	2.114	2.123	2.132
280	2.141	2.151	2.160	2.169	2.178	2.187	2.196	2.205	2.214	2.223
290	2.232	2.241	2.250	2.259	2.268	2.277	2.287	2.296	2.305	2.314
300	2.323	2.332	2.341	2.350	2.360	2.369	2.378	2.387	2.396	2.405
310	2.415	2.424	2.433	2.442	2.451	2.461	2.470	2.479	2.488	2.497
320	2.507	2.516	2.525	2.534	2.544	2.553	2.562	2.571	2.581	2.590
330	2.599	2.609	2.618	2.627	2.636	2.646	2.655	2.664	2.674	2.683
340	2.692	2.702	2.711	2.720	2.730	2.739	2.748	2.758	2.767	2.776
350	2.786	2.795	2.805	2.814	2.823	2.833	2.842	2.851	2.861	2.870
360	2.880	2.889	2.899	2.908	2.917	2.927	2.936	2.946	2.955	2.965
370	2.974	2.983	2.993	3.002	3.012	3.021	3.031	3.040	3.050	3.059
380	3.069	3.078	3.088	3.097	3.107	3.116	3.126	3.135	3.145	3.154
390	3.164	3.173	3.183	3.192	3.202	3.212	3.221	3.231	3.240	3.250
400	3.259	3.269	3.279	3.288	3.298	3.307	3.317	3.326	3.336	3.346
410	3.355	3.365	3.374	3.384	3.394	3.403	3.413	3.423	3.432	3.442
420	3.451	3.461	3.471	3.480	3.490	3.500	3.509	3.519	3.529	3.538
430	3.548	3.558	3.567	3.577	3.587	3.596	3.606	3.616	3.626	3.635
440	3.645	3.655	3.664	3.674	3.684	3.694	3.703	3.713	3.723	3.732
450	3.742	3.752	3.762	3.771	3.781	3.791	3.801	3.810	3.820	3.830
460	3.840	3.850	3.859	3.869	3.879	3.889	3.898	3.908	3.918	3.928
470	3.938	3.947	3.957	3.967	3.977	3.987	3.997	4.006	4.016	4.026
480	4.036	4.046	4.056	4.065	4.075	4.085	4.095	4.105	4.115	4.125
490	4.134	4.144	4.154	4.164	4.174	4.184	4.194	4.204	4.213	4.223
500	4.233	4.243	4.253	4.263	4.273	4.283	4.293	4.303	4.313	4.323
510	4.332	4.342	4.352	4.362	4.372	4.382	4.392	4.402	4.412	4.422

续　表

温度(℃)	0	1	2	3	4	5	6	7	8	9
	热电势(mV)									
520	4.432	4.442	4.452	4.462	4.472	4.482	4.492	4.502	4.512	4.522
530	4.532	4.542	4.552	4.562	4.572	4.582	4.592	4.602	4.612	4.622
540	4.632	4.642	4.652	4.662	4.672	4.682	4.692	4.702	4.712	4.722
550	4.732	4.742	4.752	4.762	4.772	4.782	4.793	4.803	4.813	4.823
560	4.833	4.843	4.853	4.863	4.873	4.883	4.893	4.904	4.914	4.924
570	4.934	4.944	4.954	4.964	4.974	4.984	4.995	5.005	5.015	5.025
580	5.035	5.045	5.055	5.066	5.076	5.086	5.096	5.106	5.116	5.127
590	5.137	5.147	5.157	5.167	5.178	5.188	5.198	5.208	5.218	5.228
600	5.239	5.249	5.259	5.269	5.280	5.290	5.300	5.310	5.320	5.331
610	5.341	5.351	5.361	5.372	5.382	5.392	5.402	5.413	5.423	5.433
620	5.443	5.454	5.464	5.474	5.485	5.495	5.505	5.515	5.526	5.536
630	5.546	5.557	5.567	5.577	5.588	5.598	5.608	5.618	5.629	5.639
640	5.649	5.660	5.670	5.680	5.691	5.701	5.712	5.722	5.732	5.743
650	5.753	5.763	5.774	5.784	5.794	5.805	5.815	5.826	5.836	5.846
660	5.857	5.867	5.878	5.888	5.898	5.909	5.919	5.930	5.940	5.950
670	5.961	5.971	5.982	5.992	6.003	6.013	6.024	6.034	6.044	6.055
680	6.065	6.076	6.086	6.097	6.107	6.118	6.128	6.139	6.149	6.160
690	6.170	6.181	6.191	6.202	6.212	6.223	6.233	6.244	6.254	6.265
700	6.275	6.286	6.296	6.307	6.317	6.328	6.338	6.349	6.360	6.370
710	6.381	6.391	6.402	6.412	6.423	6.434	6.444	6.455	6.465	6.476
720	6.486	6.497	6.508	6.518	6.529	6.539	6.550	6.561	6.571	6.582
730	6.593	6.603	6.614	6.624	6.635	6.646	6.656	6.667	6.678	6.688
740	6.699	6.710	6.720	6.731	6.742	6.752	6.763	6.774	6.784	6.795
750	6.806	6.817	6.827	6.838	6.849	6.859	6.870	6.881	6.892	6.902
760	6.913	6.924	6.934	6.945	6.956	6.967	6.977	6.988	6.999	7.010
770	7.020	7.031	7.042	7.053	7.064	7.074	7.085	7.096	7.107	7.117
780	7.128	7.139	7.150	7.161	7.172	7.182	7.193	7.204	7.215	7.226
790	7.236	7.247	7.258	7.269	7.280	7.291	7.302	7.312	7.323	7.334
800	7.345	7.356	7.367	7.378	7.388	7.399	7.410	7.421	7.432	7.443

温度(℃)	0	1	2	3	4	5	6	7	8	9
	热电势(mV)									
810	7.454	7.465	7.476	7.487	7.497	7.508	7.519	7.530	7.541	7.552
820	7.563	7.574	7.585	7.596	7.607	7.618	7.629	7.640	7.651	7.662
830	7.673	7.684	7.695	7.706	7.717	7.728	7.739	7.750	7.761	7.772
840	7.783	7.794	7.805	7.816	7.827	7.838	7.849	7.860	7.871	7.882
850	7.893	7.904	7.915	7.926	7.937	7.948	7.959	7.970	7.981	7.992
860	8.003	8.014	8.026	8.037	8.048	8.059	8.070	8.081	8.092	8.103
870	8.114	8.125	8.137	8.148	8.159	8.170	8.181	8.192	8.203	8.214
880	8.226	8.237	8.248	8.259	8.270	8.281	8.293	8.304	8.315	8.326
890	8.337	8.348	8.360	8.371	8.382	8.393	8.404	8.416	8.427	8.438
900	8.449	8.460	8.472	8.483	8.494	8.505	8.517	8.528	8.539	8.550
910	8.562	8.573	8.584	8.595	8.607	8.618	8.629	8.640	8.652	8.663
920	8.674	8.685	8.697	8.708	8.719	8.731	8.742	8.753	8.765	8.776
930	8.787	8.798	8.810	8.821	8.832	8.844	8.855	8.866	8.878	8.889
940	8.900	8.912	8.923	8.935	8.946	8.957	8.969	8.980	8.991	9.003
950	9.014	9.025	9.037	9.048	9.060	9.071	9.082	9.094	9.105	9.117
960	9.128	9.139	9.151	9.162	9.174	9.185	9.197	9.208	9.219	9.231
970	9.242	9.254	9.265	9.277	9.288	9.300	9.311	9.323	9.334	9.345
980	9.357	9.368	9.380	9.391	9.403	9.414	9.426	9.437	9.449	9.460
990	9.472	9.483	9.495	9.506	9.518	9.529	9.541	9.552	9.564	9.576
1000	9.587	9.599	9.610	9.622	9.633	9.645	9.656	9.668	9.680	9.691
1010	9.703	9.714	9.726	9.737	9.749	9.761	9.772	9.784	9.795	9.807
1020	9.819	9.830	9.842	9.853	9.865	9.877	9.888	9.900	9.911	9.923
1030	9.935	9.946	9.958	9.970	9.981	9.993	10.005	10.016	10.028	10.040
1040	10.051	10.063	10.075	10.086	10.098	10.110	10.121	10.133	10.145	10.156
1050	10.168	10.180	10.191	10.203	10.215	10.227	10.238	10.250	10.262	10.273
1060	10.285	10.297	10.309	10.320	10.332	10.344	10.356	10.367	10.379	10.391
1070	10.403	10.414	10.426	10.438	10.450	10.461	10.473	10.485	10.497	10.509
1080	10.520	10.532	10.544	10.556	10.567	10.579	10.591	10.603	10.615	10.626
1090	10.638	10.650	10.662	10.674	10.686	10.697	10.709	10.721	10.733	10.745

续 表

温度(℃)	0	1	2	3	4	5	6	7	8	9
	热电势(mV)									
1100	10.757	10.768	10.780	10.792	10.804	10.816	10.828	10.839	10.851	10.863
1110	10.875	10.887	10.899	10.911	10.922	10.934	10.946	10.958	10.970	10.982
1120	10.994	11.006	11.017	11.029	11.041	11.053	11.065	11.077	11.089	11.101
1130	11.113	11.125	11.136	11.148	11.160	11.172	11.184	11.196	11.208	11.220
1140	11.232	11.244	11.256	11.268	11.280	11.291	11.303	11.315	11.327	11.339
1150	11.351	11.363	11.375	11.387	11.399	11.411	11.423	11.435	11.447	11.459
1160	11.471	11.483	11.495	11.507	11.519	11.531	11.542	11.554	11.566	11.578
1170	11.590	11.602	11.614	11.626	11.638	11.650	11.662	11.674	11.686	11.698
1180	11.710	11.722	11.734	11.746	11.758	11.770	11.782	11.794	11.806	11.818
1190	11.830	11.842	11.854	11.866	11.878	11.890	11.902	11.914	11.926	11.939
1200	11.951	11.963	11.975	11.987	11.999	12.011	12.023	12.035	12.047	12.059
1210	12.071	12.083	12.095	12.107	12.119	12.131	12.143	12.155	12.167	12.179
1220	12.191	12.203	12.216	12.228	12.240	12.252	12.264	12.276	12.288	12.300
1230	12.312	12.324	12.336	12.348	12.360	12.372	12.384	12.397	12.409	12.421
1240	12.433	12.445	12.457	12.469	12.481	12.493	12.505	12.517	12.529	12.542
1250	12.554	12.566	12.578	12.590	12.602	12.614	12.626	12.638	12.650	12.662
1260	12.675	12.687	12.699	12.711	12.723	12.735	12.747	12.759	12.771	12.783
1270	12.796	12.808	12.820	12.832	12.844	12.856	12.868	12.880	12.892	12.905
1280	12.917	12.929	12.941	12.953	12.965	12.977	12.989	13.001	13.014	13.026
1290	13.038	13.050	13.062	13.074	13.086	13.098	13.111	13.123	13.135	13.147
1300	13.159	13.171	13.183	13.195	13.208	13.220	13.232	13.244	13.256	13.268
1310	13.280	13.292	13.305	13.317	13.329	13.341	13.353	13.365	13.377	13.390
1320	13.402	13.414	13.426	13.438	13.450	13.462	13.474	13.487	13.499	13.511
1330	13.523	13.535	13.547	13.559	13.572	13.584	13.596	13.608	13.620	13.632
1340	13.644	13.657	13.669	13.681	13.693	13.705	13.717	13.729	13.742	13.754
1350	13.766	13.778	13.790	13.802	13.814	13.826	13.839	13.851	13.863	13.875
1360	13.887	13.899	13.911	13.924	13.936	13.948	13.960	13.972	13.984	13.996
1370	14.009	14.021	14.033	14.045	14.057	14.069	14.081	14.094	14.106	14.118
1380	14.130	14.142	14.154	14.166	14.178	14.191	14.203	14.215	14.227	14.239
1390	14.251	14.263	14.276	14.288	14.300	14.312	14.324	14.336	14.348	14.360

续　表

温度(℃)	0	1	2	3	4	5	6	7	8	9
	热电势(mV)									
1400	14.373	14.385	14.397	14.409	14.421	14.433	14.445	14.457	14.470	14.482
1410	14.494	14.506	14.518	14.530	14.542	14.554	14.567	14.579	14.591	14.603
1420	14.615	14.627	14.639	14.651	14.664	14.676	14.688	14.700	14.712	14.724
1430	14.736	14.748	14.760	14.773	14.785	14.797	14.809	14.821	14.833	14.845
1440	14.857	14.869	14.881	14.894	14.906	14.918	14.930	14.942	14.954	14.966
1450	14.978	14.990	15.002	15.015	15.027	15.039	15.051	15.063	15.075	15.087
1460	15.099	15.111	15.123	15.135	15.148	15.160	15.172	15.184	15.196	15.208
1470	15.220	15.232	15.244	15.256	15.268	15.280	15.292	15.304	15.317	15.329
1480	15.341	15.353	15.365	15.377	15.389	15.401	15.413	15.425	15.437	15.449
1490	15.461	15.473	15.485	15.497	15.509	15.521	15.534	15.546	15.558	15.570
1500	15.582	15.594	15.606	15.618	15.630	15.642	15.654	15.666	15.678	15.690
1510	15.702	15.714	15.726	15.738	15.750	15.762	15.774	15.786	15.798	15.810
1520	15.822	15.834	15.846	15.858	15.870	15.882	15.894	15.906	15.918	15.930
1530	15.942	15.954	15.966	15.978	15.990	16.002	16.014	16.026	16.038	16.050
1540	16.062	16.074	16.086	16.098	16.110	16.122	16.134	16.146	16.158	16.170
1550	16.182	16.194	16.205	16.217	16.229	16.241	16.253	16.265	16.277	16.289
1560	16.301	16.313	16.325	16.337	16.349	16.361	16.373	16.385	16.396	16.408
1570	16.420	16.432	16.444	16.456	16.468	16.480	16.492	16.504	16.516	16.527
1580	16.539	16.551	16.563	16.575	16.587	16.599	16.611	16.623	16.634	16.646
1590	16.658	16.670	16.682	16.694	16.706	16.718	16.729	16.741	16.753	16.765
1600	16.777	16.789	16.801	16.812	16.824	16.836	16.848	16.860	16.872	16.883
1610	16.895	16.907	16.919	16.931	16.943	16.954	16.966	16.978	16.990	17.002
1620	17.013	17.025	17.037	17.049	17.061	17.072	17.084	17.096	17.108	17.120
1630	17.131	17.143	17.155	17.167	17.178	17.190	17.202	17.214	17.225	17.237
1640	17.249	17.261	17.272	17.284	17.296	17.308	17.319	17.331	17.343	17.355
1650	17.366	17.378	17.390	17.401	17.413	17.425	17.437	17.448	17.460	17.472
1660	17.483	17.495	17.507	17.518	17.530	17.542	17.553	17.565	17.577	17.588
1670	17.600	17.612	17.623	17.635	17.647	17.658	17.670	17.682	17.693	17.705
1680	17.717	17.728	17.740	17.751	17.763	17.775	17.786	17.798	17.809	17.821
1690	17.832	17.844	17.855	17.867	17.878	17.890	17.901	17.913	17.924	17.936
1700	17.947	—	—	—	—	—	—	—	—	—

附录 4　镍铬—镍硅热电偶分度表

分度号:K　　　　　　　　　　　　　　参考端温度为 0℃

温度(℃)	0	1	2	3	4	5	6	7	8	9
	热电势(mV)									
0	0.000	0.039	0.079	0.119	0.158	0.198	0.238	0.277	0.317	0.357
10	0.397	0.437	0.477	0.517	0.557	0.597	0.637	0.677	0.718	0.758
20	0.798	0.838	0.879	0.919	0.960	1.000	1.041	1.081	1.122	1.163
30	1.203	1.244	1.285	1.326	1.366	1.407	1.448	1.489	1.530	1.571
40	1.612	1.653	1.694	1.735	1.776	1.817	1.858	1.899	1.941	1.982
50	2.023	2.064	2.106	2.147	2.188	2.230	2.271	2.312	2.354	2.395
60	2.436	2.478	2.519	2.561	2.602	2.644	2.685	2.727	2.768	2.810
70	2.851	2.893	2.934	2.976	3.017	3.059	3.100	3.142	3.184	3.225
80	3.267	3.308	3.350	3.391	3.433	3.474	3.516	3.557	3.599	3.640
90	3.682	3.723	3.765	3.806	3.848	3.889	3.931	3.972	4.013	4.055
100	4.096	4.138	4.179	4.220	4.262	4.303	4.344	4.385	4.427	4.468
110	4.509	4.550	4.591	4.633	4.674	4.715	4.756	4.797	4.838	4.879
120	4.920	4.961	5.002	5.043	5.084	5.124	5.165	5.206	5.247	5.288
130	5.328	5.369	5.410	5.450	5.491	5.532	5.572	5.613	5.653	5.694
140	5.735	5.775	5.815	5.856	5.896	5.937	5.977	6.017	6.058	6.098
150	6.138	6.179	6.219	6.259	6.299	6.339	6.380	6.420	6.460	6.500
160	6.540	6.580	6.620	6.660	6.701	6.741	6.781	6.821	6.861	6.901
170	6.941	6.981	7.021	7.060	7.100	7.140	7.180	7.220	7.260	7.300
180	7.340	7.380	7.420	7.460	7.500	7.540	7.579	7.619	7.659	7.699
190	7.739	7.779	7.819	7.859	7.899	7.939	7.979	8.019	8.059	8.099
200	8.138	8.178	8.218	8.258	8.298	8.338	8.378	8.418	8.458	8.499
210	8.539	8.579	8.619	8.659	8.699	8.739	8.779	8.819	8.860	8.900
220	8.940	8.980	9.020	9.061	9.101	9.141	9.181	9.222	9.262	9.302

续　表

温度(℃)	0	1	2	3	4	5	6	7	8	9
	热电势(mV)									
230	9.343	9.383	9.423	9.464	9.504	9.545	9.585	9.626	9.666	9.707
240	9.747	9.788	9.828	9.869	9.909	9.950	9.991	10.031	10.072	10.113
250	10.153	10.194	10.235	10.276	10.316	10.357	10.398	10.439	10.480	10.520
260	10.561	10.602	10.643	10.684	10.725	10.766	10.807	10.848	10.889	10.930
270	10.971	11.012	11.053	11.094	11.135	11.176	11.217	11.259	11.300	11.341
280	11.382	11.423	11.465	11.506	11.547	11.588	11.630	11.671	11.712	11.753
290	11.795	11.836	11.877	11.919	11.960	12.001	12.043	12.084	12.126	12.167
300	12.209	12.250	12.291	12.333	12.374	12.416	12.457	12.499	12.540	12.582
310	12.624	12.665	12.707	12.748	12.790	12.831	12.873	12.915	12.956	12.998
320	13.040	13.081	13.123	13.165	13.206	13.248	13.290	13.331	13.373	13.415
330	13.457	13.498	13.540	13.582	13.624	13.665	13.707	13.749	13.791	13.833
340	13.874	13.916	13.958	14.000	14.042	14.084	14.126	14.167	14.209	14.251
350	14.293	14.335	14.377	14.419	14.461	14.503	14.545	14.587	14.629	14.671
360	14.713	14.755	14.797	14.839	14.881	14.923	14.965	15.007	15.049	15.091
370	15.133	15.175	15.217	15.259	15.301	15.343	15.385	15.427	15.469	15.511
380	15.554	15.596	15.638	15.680	15.722	15.764	15.806	15.849	15.891	15.933
390	15.975	16.017	16.059	16.102	16.144	16.186	16.228	16.270	16.313	16.355
400	16.397	16.439	16.482	16.524	16.566	16.608	16.651	16.693	16.735	16.778
410	16.820	16.862	16.904	16.947	16.989	17.031	17.074	17.116	17.158	17.201
420	17.243	17.285	17.328	17.370	17.413	17.455	17.497	17.540	17.582	17.624
430	17.667	17.709	17.752	17.794	17.837	17.879	17.921	17.964	18.006	18.049
440	18.091	18.134	18.176	18.218	18.261	18.303	18.346	18.388	18.431	18.473
450	18.516	18.558	18.601	18.643	18.686	18.728	18.771	18.813	18.856	18.898
460	18.941	18.983	19.026	19.068	19.111	19.154	19.196	19.239	19.281	19.324
470	19.366	19.409	19.451	19.494	19.537	19.579	19.622	19.664	19.707	19.750
480	19.792	19.835	19.877	19.920	19.962	20.005	20.048	20.090	20.133	20.175
490	20.218	20.261	20.303	20.346	20.389	20.431	20.474	20.516	20.559	20.602
500	20.644	20.687	20.730	20.772	20.815	20.857	20.900	20.943	20.985	21.028
510	21.071	21.113	21.156	21.199	21.241	21.284	21.326	21.369	21.412	21.454

续　表

温度(℃)	0	1	2	3	4	5	6	7	8	9
	热电势(mV)									
520	21.497	21.540	21.582	21.625	21.668	21.710	21.753	21.796	21.838	21.881
530	21.924	21.966	22.009	22.052	22.094	22.137	22.179	22.222	22.265	22.307
540	22.350	22.393	22.435	22.478	22.521	22.563	22.606	22.649	22.691	22.734
550	22.776	22.819	22.862	22.904	22.947	22.990	23.032	23.075	23.117	23.160
560	23.203	23.245	23.288	23.331	23.373	23.416	23.458	23.501	23.544	23.586
570	23.629	23.671	23.714	23.757	23.799	23.842	23.884	23.927	23.970	24.012
580	24.055	24.097	24.140	24.182	24.225	24.267	24.310	24.353	24.395	24.438
590	24.480	24.523	24.565	24.608	24.650	24.693	24.735	24.778	24.820	24.863
600	24.905	24.948	24.990	25.033	25.075	25.118	25.160	25.203	25.245	25.288
610	25.330	25.373	25.415	25.458	25.500	25.543	25.585	25.627	25.670	25.712
620	25.755	25.797	25.840	25.882	25.924	25.967	26.009	26.052	26.094	26.136
630	26.179	26.221	26.263	26.306	26.348	26.390	26.433	26.475	26.517	26.560
640	26.602	26.644	26.687	26.729	26.771	26.814	26.856	26.898	26.940	26.983
650	27.025	27.067	27.109	27.152	27.194	27.236	27.278	27.320	27.363	27.405
660	27.447	27.489	27.531	27.574	27.616	27.658	27.700	27.742	27.784	27.826
670	27.869	27.911	27.953	27.995	28.037	28.079	28.121	28.163	28.205	28.247
680	28.289	28.332	28.374	28.416	28.458	28.500	28.542	28.584	28.626	28.668
690	28.710	28.752	28.794	28.835	28.877	28.919	28.961	29.003	29.045	29.087
700	29.129	29.171	29.213	29.255	29.297	29.338	29.380	29.422	29.464	29.506
710	29.548	29.589	29.631	29.673	29.715	29.757	29.798	29.840	29.882	29.924
720	29.965	30.007	30.049	30.090	30.132	30.174	30.216	30.257	30.299	30.341
730	30.382	30.424	30.466	30.507	30.549	30.590	30.632	30.674	30.715	30.757
740	30.798	30.840	30.881	30.923	30.964	31.006	31.047	31.089	31.130	31.172
750	31.213	31.255	31.296	31.338	31.379	31.421	31.462	31.504	31.545	31.586
760	31.628	31.669	31.710	31.752	31.793	31.834	31.876	31.917	31.958	32.000
770	32.041	32.082	32.124	32.165	32.206	32.247	32.289	32.330	32.371	32.412
780	32.453	32.495	32.536	32.577	32.618	32.659	32.700	32.742	32.783	32.824
790	32.865	32.906	32.947	32.988	33.029	33.070	33.111	33.152	33.193	33.234
800	33.275	—	—	—	—	—	—	—	—	—

参 考 文 献

[1] 李宝健. 过程检测仪表. 北京：化学工业出版社,2006

[2] 李新光,张华,孙岩等. 过程检测技术. 北京：机械工业出版社,2004

[3] 刘元扬. 自动检测和过程控制. 北京：冶金工业出版社,2005

[4] 张宏建,王化祥等. 检测控制仪表学习指导. 北京：化学工业出版社,2006

[5] 李晓莹. 传感器与测试技术. 北京：高等教育出版社,2005

[6] 胡向东,刘京诚. 传感技术. 重庆：重庆大学出版社,2006

[7] 彭军. 传感器与检测技术. 西安：西安电子科技大学出版社,2003

[8] 杨国光. 近代光学测试技术. 杭州：浙江大学出版社,1997

[9] 周继明,江世明. 传感器技术与应用. 长沙：中南大学出版社,2005

[10] 黄贤武,郑筱霞. 传感器原理与应用. 成都：电子科技大学出版社,1999

[11] 刘英春,叶湘滨. 传感器原理设计与应用. 长沙：国防科技大学出版社,2004

[12] 栾桂冬,张金铎,金欢阳. 传感器及其应用. 西安：西安电子科技大学出版社,2002

[13] 常健生. 检测与转换技术. 北京：机械工业出版社,1998

[14] 樊尚春. 传感器技术及应用. 北京：北京航空航天大学出版社,2004

[15] 孟立凡,郑宾. 传感器原理及技术. 北京：国防工业出版社,2005

[16] 樊尚春,刘广玉. 新型传感技术及应用. 北京：中国电力出版社,2005

[17] 王雪文,张志勇. 传感器原理及应用. 北京：北京航空航天大学出版社,2004

[18] 蒋蓁,罗均,谢少荣. 微型传感器及其应用. 北京：化学工业出版社,2005

[19] 刘灿军. 实用传感器. 北京：国防工业出版社,2004

[20] 宋文绪,杨帆. 传感器与检测技术. 北京：高等教育出版社,2004

[21] 徐科军. 传感器与检测技术(第 2 版). 北京：电子工业出版社,2008

[22] 王化祥,张淑英. 传感器原理与应用(第 3 版). 天津：天津大学出版社,2007

[23] 张宏建,蒙建波. 自动检测技术与装置. 北京：化学工业出版社,2004

[24] 沈伯明. 传感器实训教程. 南京：东南大学出版社,2003

[25] 何道清. 传感器与传感器技术. 北京：科学出版社,2005

[26] 郁有文,常健,程继红. 传感器原理及工程应用. 西安：西安电子科技大学出版社,2003

[27] 刘笃仁,韩保军. 传感器原理及应用技术. 西安：西安电子科技大学出版社,2003

[28] 金发庆. 传感器技术与应用. 北京：机械工业出版社,2005

［29］孙宝元，杨宝清. 传感器及其应用手册. 北京：机械工业出版社，2004

［30］郝芸. 传感器原理与应用. 北京：电子工业出版社，2002

［31］王煜东. 传感器及应用. 北京：机械工业出版社，2004

［32］徐甲强，张全法，范福玲. 传感器技术（下册）. 哈尔滨：哈尔滨工业大学出版社，2004

［33］［日］雨宫好文［著］，洪淳赫［译］. 传感器入门. 北京：科学出版社，OHM 社，2002

［34］厉玉鸣. 化工仪表及自动化（化学工程与工艺专业适用）. 北京：化学工业出版社，2004

［35］曲波，肖圣兵，吕建平. 工业常用传感器选型指南. 北京：清华大学出版社，2002

［36］周杏鹏. 现代检测技术. 北京：高等教育出版社，2004

［37］梁森，王侃夫，黄杭美. 自动检测与转换技术. 北京：机械工业出版社，2007

［38］王建国. 检测技术及仪表. 北京：中国电力出版社，2007